創新與發展

周小其 主編

財經錢線

前 言

《創新與發展》的編寫宗旨，仍然以不同行業、系統的不同來稿，從不同的角度、不同的層次、不同的方面、不同的視角反應了創新與發展主題。這些來稿大都來自來自實踐第一線，充滿活力，對一些新觀念、新思維、新現象、新發展進行了更有力度地探索，並注重了創新與發展的特徵的發揮。來稿有的從一個具體課題展開，對一些新的概念與內涵進行了創新性研究，提出了更新的見解；有的從一個局部入手，圍繞某一個專題深入剖析，拓展了改革與創新的空間；有的立足於某個領域或體系，獨闢蹊徑，從更新的角度，闡釋了課題創新的意義，展示了課題的創新方向；有的選擇具體行業或系統，抓住研究課題本身的多元性要素，就某些概念、觀點、特徵等進行了比較完整的闡述，作出較好的創新性回答。凡此種種，作者都在一定的高度上聯繫實際，觀點鮮明，闡述獨到，

前言

　　論述充分，見解獨特，明顯地提升了研究課題的創新價值，對當前正在進行的各項改革的進一步創新發展起到了推波助瀾的作用。全書反應的創新性課題較多，覆蓋面較廣，對提高讀者論文寫作水準與提高論文創新價值有極大的幫助。同時，本書稿件統一按論文編排格式進行編排，主題清晰，結構明朗，編排得體，注重效果，突出了理論的深入淺出、作者與讀者的雙向交流，注重了本書的實用性、系統性和科學性，因而學習與借鑑的作用十分明顯。

　　本書除可以供各機關相關工作人員，企事業單位行政人員、管理人員、行銷人員，工會工作人員等學習使用外，還可以作為論文範本，為相應的職稱論文評審提供直接的參考依據，並且資料、學習、參考、借鑑、交流等綜合作用相得益彰，其互動性必將進一步增強。

　　本書由主編周小其全面負責，提出全書總綱，具體確定編發框架，制定編審要目，同時對全書進行統稿與總纂。在本書編審過程中，我們謹向相關參考文獻和相關參考資料的原作者表示敬意和衷心的感謝；向支持本書出版的出版社同仁、所有關心和支持本書編發的人士以及參編人員表示衷心的謝意！

　　本書編寫時間緊迫，尚有不妥之處，懇請有關專家和讀者批評指正，使本書更為完善。

周小其

目 錄

1 **新聞語言表達的相對性分析**
　周小其

20 **現代城市行銷的相關要素創新**
　周小其

39 **對醫院績效管理考核的基本認識**
　劉　勇

64 **談談企業文化建設應注意的幾個問題**
　曾文鵬

81 **試論高危行業安全生產責任風險抵押金的保險運作**
　馮忠明

96 **加強改制企業黨建工作的幾點思考**
　杜強明

110 **實施鋼琴教學應注意的教學內容**
　周媛媛

目　錄

129　**簡析醫療護理工作的管理創新**
　　　劉　萍

147　**現代市場行銷的基本形式與創新運用**
　　　劉成根

166　**構建和諧企業的幾個對策**
　　　高思忠

185　**創新企業人才隊伍建設的基本認識**
　　　楊　珣　周小其

202　**企業員工主人翁地位法定化的思考**
　　　周小其　曾文鵬

221　**再探企業員工主人翁地位建設**
　　　周小其　吳向東

239　**企業文化建設與思想政治工作的互動**
　　　王　勇

254　**現代市場行銷的管理過程**
　　　李　佳

271	**企業黨建的創先爭優活動之我見** 朱少波
286	**試析經濟全球化條件下如何弘揚愛國主義** 劉國偉
298	**企業行政管理執行力問題淺析** 周小其　梁湘麗
316	**現代企業行政管理要素的創新分析** 駱美容　劉鎏
337	**構建企業和諧勞動關係的基本分析** 陳正宗　周小其
357	**深化企業制度建設的創新認識** 楊珣　周小其

新聞語言表達的相對性分析

周小其　　　　　　　　　　　　　　　　（四川工人日報社）

　　[**摘要**] 把握新聞語言表達的相對性內涵、特點，針對新聞語言表達的相對性誤區，提出了注重新聞語言相對性表達的易讀性方法，進而提高對新聞語言表達相對性的全新理解並對此進行了新的探討。

　　[**關鍵詞**] 新聞語言　相對性

　　中圖分類號　H085.4　　**文獻標示碼**　A

　　客觀事物總是存在著相對性。新聞語言是廣泛用於思想、情感、行為等交流的結構化語言體系。它作為一種特定的語言表現形式，通過對語言進行組合與利用，以傳播使之意義化、信息化與形象化，並滿足大眾對新聞的需求。新聞語言表達的豐富性和內聚力，展示了新聞語言的特有表現力與影響力。從新聞語言表達的效果、影響等層面看，其語言表達的相對性特質尤為明顯，因而對新聞語言的正確表達有相當重要的引導作用。

　　內涵是指一個概念所反應的事物的本質屬性的總和，也就是概念的內容。新聞語言表達的相對性也具有特定的概念與內

容：一是大眾受到新聞語言的某些支配不是絕對的，存在交流互動的相對形式；二是有自己相對的形式與分類；三是它可以作為觀察與認識世界的透鏡，對我們感覺經驗中的某些意義進行不同詮釋與啟發；四是它對來自大眾語言的習慣認識與理解所進行的任何的語言解釋同樣是相對的；五是它作為一種比較特殊的語言形式，始終是語言的一種利用與再現，表達的相對性非常明顯。基於新聞語言也是表達意思、交流思想的工具和一種特別的語言載體，其意義、內涵、信息、概念，包括不同表達方式、語義、語形等，總會相對地體現新聞語言表達的共通性、穩定性、延伸性，提示出基本詞義不斷引申、演化和外延性不斷擴大的變數，擴展了新聞語言表達的相對性的生存與發展空間。

新聞語言表達的相對性特點是明顯的、多樣的。

(一) 新聞語言表達存在詞彙的相對性選擇

由於人們思考、認知、意識等的不同，新聞語言發展受到人們感知分類與不同世界觀的影響，會出現許多相對不同的詞彙選擇和表達方式。如表示「駱駝」一詞含義的，在阿拉伯語中有大約6000個。在漢語中，與「看」一詞寓意緊密相關的詞，如「望」、「瞧」等有100多個。我們只能選擇其中最有表現意義的「這一個」或「那一個」進行恰當的意義表達。比如，美國西部印第安人中的霍比人語言沒有不可數名詞的概念，歐洲人說「一杯水」，霍比人說「水」。在霍比人眼中沒有夏天，「白天才是熱的，夏天是不熱的」。此外，對日本婦女的一項調查顯示，當用英語詢問其職業願望時，多數人願意做教師，而用日語詢問時，更多的人則選擇了「家庭主婦」；中國女性用英語詢問其職業選擇時的多數回答是做教師，用漢語詢問的回答則更多是「公務員」。新聞語言表達對詞彙的相對性選擇同樣具有可比性。研究表明：一般女性多用副詞、嘆詞、形容詞，

關注人，愛提問，樂於解釋，語言表達比較細膩；男性則相反，用語坦率、直接，慷慨激情，注意語言表達的連貫，注重對一些形象的構建。

(二) 新聞語言的表達存在相對性的意義融通

我們不是簡單地運用理論給事物貼上詞彙標籤，而是通過交流和互動來創造或反應現實。我們經常使用外來詞彙，如馬達、冰激凌、康拜因、芭蕾、交響樂等進行意義的溝通，目的在於表達不同形式與讀音的詞彙可能共同的內涵或意思。新聞語言的融通不同於對詞彙的相對性選擇，更側重於詞彙或短語的意義融通，出現意義上的「這一類」或「哪一類」。事實上，我們常常以語言來判斷人的性格、脾氣等，從中去分析一類人的不同素質、能力、性格等狀況。所謂小說中的張飛、李逵等豪言壯語，氣勢如牛，聲似洪鐘，是一種「猛男人」類型的意義融通。如若男士說話帶呼吸聲，音調抑揚頓挫，會被認為是藝術性格；帶喉音略有嘶啞，被認為是年紀偏大，成熟老練；既帶喉音又帶胸腔等共鳴的就有磁力，在女性眼裡就可能是可依靠的「大樹」或「港灣」。又如，使用語言愛用短句，突出氣勢，其性格就可能直率外向，辦事比較干練；用語平鋪直敘，語言平平，就可能就被認為是能力不足、單調乏味，沒有吸引力與可信度。對於女性人物用語，說話帶呼吸聲被認為有女人味；聲音緊張、頻率快捷、表達急躁，被認為是易動感情，脾氣不好，粗心大意；聲音細小、語調緩慢，被認為是不成熟、懶惰；聲音細柔，略帶鼻音、有甜潤之感就是撒嬌、示愛、關係親密或性感的表示；經常提問、話語冗長，則是沒信心、愛猜疑、無自信的表現，等等。我們還可以看到，教師擅長說道，用語既婉轉又直露，力求讓對方接受；醫護人員用語注意柔和、與人無爭；藝術家用語長於頻率與節奏；研究人員用語看重空間與準確，等等。新聞語言表達存在相對性的意義融通與表達，

同樣具表現力與形象感，是源於相對融通，不絕對化地使用語言非常明顯。

(三) 新聞語言表達與非語言表達存在相對性互動

新聞語言的表達與非語言的表達都是以調節、強調、補充、替代、重複、否定等表現形式進行的一種意義聯動。美國戈登·修易斯的研究認為，人體可以做出1000種以上的動作或姿勢；伯德惠特指出，僅人的臉部就可以有2.5萬種不同的表情。同時，研究人員發現人的眼睛可以傳遞的信息量相當於語言可以傳遞的信息量。於梅瑞賓發現，在人的全部信息傳遞中，有55%是靠無聲進行的，有38%是靠聲音，語言所傳遞的信息只占了7%。20世紀60年代美國學者梅拉比安和費里斯的實驗也證明：人的全部感覺=7%的語言感覺+38%的聲音感覺+55%的面部感覺。伯德惠特的研究表明，人們面對面交流，其有聲信號低於35%，65%的交流信號是在無聲狀態下進行的。一個人平均每天用10分鐘說話，平均每句話用2.5秒，剩下的時間是靠非語言手段來進行信息交流的。美國哈佛大學研究人員利用照片研究，證明了人們快樂、悲傷、害怕、厭惡、生氣、興趣、驚奇七種基本情緒客觀存在，並同樣存在非語言表達的形態。以上說明：新聞語言不僅自身存在用語的相對性，與其他非語言形態或體系同樣存在相對性，並且還有意義上的關聯與互動；新聞語言的相對性常常影響並決定著具體的用語方式，但不是簡單的非此即彼、去掉中間層次的二元價值思維方式的判斷；它們互動的關係非常密切，排斥少而互動多，有明顯的共同趨向和表達願望。

(四) 新聞語言表達相對性的能動作用明顯

新聞語言表達相對性在詞彙或短語的選擇與意義的表達上都有獨特的空間，並且可以跨越新聞的專用語、專業語、數字

用語等用語範疇，進行更多的能動：可以促進新聞文本的形成，影響新聞各種要素的綜合利用；對新聞事件提供不同的詞彙選擇並進行不同的語言表達；能突出「倒金字塔」或「金字塔」等不同結構形式的相對特徵；有助於「5『W』+『H』」新聞要素的正確組合與選用；體現新聞導語的不同類別、形式的特點等；對新聞報導背景材料進行對比、說明或註釋等不同側重點的表述，等等，並一直以相對選擇、相對表達來施之於影響。

普通語義學以指稱理論為基礎，認為語言的一些特性極容易造成語言誤用。忽視對新聞語言的相對性表達是其中原因之一。經常看電視或報紙的人常常對一些已經看似明確的問題存在高估的現象：如果電視中有20%以上的角色與法律有關，那麼會過高估計實際從事法律工作的總人數2%以上；看到電視、報紙等對犯罪的報導，不少人會不自覺地提高社會實際犯罪率3%至5%。這些偏高現象，實際上是大眾依據新聞語言提供的相關信息進行的一種相對性評估。顯然，新聞語言作為新聞報導的基本材料，它表達的相對性程度，會從語言的表達途徑貫穿並影響整個新聞事件的報導，稍不注意就會出現用語上的誤區，影響報導質量。

(一) 新聞語言中的相對性死線抽繹

死線抽繹即引出某個頭緒展開卻沒有正確表達結果的一種語言演繹過程。新聞語言總有一定的抽象性，所謂「深入淺出」地對一些高度抽象的概念進行解釋是必要的。但這種「抽繹」常常有這樣一些情況：新聞語言的使用者往往從自己的領悟、理解或把握的基點出發進行語言表達，忽視了讀者可能因為學識、理解等原因而產生誤讀，即「深入」了而沒達到真正的「淺出」。新聞語言相對性表達出現的死線抽繹的現象比較明顯。

在新聞語言的具體使用上，我們可以看到諸如「基本實現」、「明顯變化」、「更進一步」等表達幾乎成了一種慣用模式；一些數字堆砌成了一種數字游戲。甚至把用於增加的倍數用於減少，約數與定數在一句話裡同時使用，「以上」和「以下」不分是否包括了本數，「增加到」和「增加了」的概念表達不清。其結果是使抽象的東西難以具體化，叫人更難以捉摸，不得要領。此外，由於虛假同感偏差的存在，不少人通常都會過高估計自己的某些喜好，會想當然地擴大自己喜好的範圍。喜歡效益評價的，就有可能高估一些經濟指數，降低相應的風險考慮；非常自信的，可能會在更多層面表現自己的自信力。這種傾向性所造成的虛假同感偏差，缺乏置留相對性的空間或餘地，最容易輕率地運用一些不成熟的思考、不實在的數據、不全面的統計、不詳實的材料，致使在新聞語言表達的相對性上屢屢失誤，造成用詞用語的虛擬、遊離、模糊、隨意拔高或任意降低，難以真實反應出要表達的意思或內容。

（二）新聞語言簡單分類導致相對性表達的偏差

由於分類的簡單化使新聞語言的意義表達失去了相對性表達的約束，因而變得模糊不清、概念不明，出現語言的差異指認與歸類不當的情況。尤其是對同類語言差異性注意不夠，使語言表達出現內涵被移植、概念被改變的情況。如「弱勢群體」的詞意內涵被隨意擴大，於是把下崗者、愛滋病患者、受傷害女性、智障者、農民工、80後等統認為弱勢群體，並且這一詞意還在繼續擴大；對一些內涵不同的醜陋現象，動輒就歸入什麼「門」，如「豔照門」、「吃喝門」、「粗口門」等，並力求去歸納演繹他們的共性，以為可以由此創造新的詞彙並歸類，其結果是內涵混淆、概念不清、指認不明。新聞語言簡單分類導致相對性表達的偏差已經非常明顯地影響到了很多領域，其結果必然會是災難性的：為滿足一些受眾者的用語偏好，一些比

較嚴肅的詞彙或短句打破了相對性界限，盡量被口語化或方言化，甚至加入一些打諢，用低俗手段去迎合其「口味」以增加語言表達效果；為了詞彙或短句更具新意，一些新聞語言的使用者不惜獵奇，隨意改變新聞語言的詞彙構架，隨意引入一些網絡語言並予以絕對性表達，使新聞語言的表達極端化、絕對化，等等。

(三) 漠視新聞語言表達的相對性特徵而出現語言的歧義現象

無可厚非，我們利用不同的詞彙或短語來表達相同事物，可以增加其表現力度。但如果大眾並不知道是在表達同一事物，出現了不同的理解就是歧義了。談到水的治理，一位人士以「一瓶瓶裝水過濾只要7分鐘，而大自然要14年」來展開話題，另一位從中國人均淡水的佔有率強調淡水的重要，結果人們後來才發現，兩人的主題、觀點完全一致，只是措辭不同而已。還有，同樣使用一個詞但對該詞的使用有不同的意義理解而出現歧義。年輕人對「愜意」的理解更多是「爽」，對「無可奈何」常常表達出「我暈」的意思。在「蝸居」、「月光族」、「啃老族」等不少詞彙上，年輕人的認識與理解與其他人就有明顯差距，理解詞義的重點顯然不同。對相同詞彙的不同意義理解，我們不加分析地隨意運用就會歧義橫生，道此而非此的現象非常明顯。出現新聞語言的歧義現象主要原因是：一是一些詞彙的多音多義使語意不明；二是沒有注意詞彙或短語存在的相對性表達，出現不同的詞彙或短語表達同一意思的狀況；三是共同使用一個詞卻賦予了不同的意義表達；四是因為語源不同，語言生成環境不同，一些外來語與自身用語存在相對性表達的不同而造成歧義；五是使用語言的習慣不同，理解不同，相對性的表達則不同，因而出現歧義。

(四)用語呆板僵化，模式陳舊落後

所謂呆板，即慣用新聞語言的一些表達模式或形式，力求表達的四平八穩，使新聞語言相對性的表達「中性化」。如對會議的報導，在作了必要的交代後，就出現「會議指出」、「會議強調」、「會議要求」、「會議號召」等慣用表達方式。對一些新聞事件的結果作必要交代，常常有「正在進一步調查中」、「措施即將出抬」等模糊表達；對一些經濟指標慣用「同期相比」、「效果明顯」、「可比計算」等似是而非的表達，叫人難以判斷實際成果。所謂模式陳舊，即語言表達過於呆板而出現新聞式樣的模式化、板塊的凝固化。在大量文字裝填版面的情況下，加上文字可能枯燥、單調帶來的潛在影響，必然導致大眾對新聞體式的不滿。19世紀末20世紀初，義大利的經濟學家巴萊多認為，在任何一組東西中，最重要的只占其中一小部分，約20%，其餘80%儘管是多數，卻是次要的。這種統計的不平衡性在社會、經濟及生活中無處不在，這就是二八法則（又稱為二八定律、巴萊多定律）。二八法則告訴我們，不要平均地分析、處理和看待問題，抓住關鍵的少數、利用多數，運用相對性特質，可以使預期績效更具實效。新聞語言表達的相對性體現的顯然不是簡單的二八關係。我們可以發現，新聞語言表達因為事實上存在著的歸類關係、屬性差別、用語僵化和模式陳舊落後的情況，或多或少地在新聞語言上出現了所謂的「二八現象」，即常常有新聞語言的「二支配八」或「八支配二」的語言習慣。所謂「二」，就是往往用新聞語言量的少數去支配占多數語言量的大眾的「八」，即以新聞語言的特有形式使大眾被動接受所表達的新聞語言和新聞內容。慣用性的結果，就是語言公式化、模板化。反之，為迎合大眾「口味」，又出現「八」支配「二」的情況，即新聞語言口語化、方言化，出現降檔、套式現象。

(五)簡單運用二元價值判斷思維方式,出現用語的極端化

簡單運用二元價值判斷思維方式,扭曲新聞語言的相對性屬性,出現用語表達的極端化,也是新聞用語中的一大痼疾。二元價值判斷排斥中間層次,強調非此即彼,極易影響新聞語言相反或相對意義的正確表達。我們常常對大與小、東南西北、對與錯進行取捨。事實上,大與小並不能準確地表達大與小變化過程中不同階段的情況。表達方向的東南西北如果沒有某一個點的參照或對比,也難以真正判斷出具體的不同方向狀況。新聞用語非此即彼、非好即壞,用語極端化,導致判斷、結論等的絕對表達極具負面影響。極端化表現出對事物發展趨勢進行隨意的拔高或貶低,違反了新聞用語的相對性規律。如:隨意使用「實現了××宏偉目標」、「提前進入小康」、「必然實現」、「躍居首位」等詞彙或短語;誇大新聞事實,隨意加入作者個人判斷、觀點、看法,出現表達的「絕對一邊倒」等。

著名學者弗雷奇提出了閱讀易讀性公式和人情味公式。其閱讀易讀性公式為:$R.E. = 206.835 - 0.846wl - 1.015sl$。其中,$R.E.$ = 易讀分數,wl = 每100字的音節數,sl = 每一個字數句子的平均。由此公式所得的分數在0至100之間,得分越高越容易閱讀。人情味公式為:$H.I. = 3.635pw + 0.314ps$。其中,$H.I$ = 人情味分,pw = 每100字中的人稱數目,ps = 每100句子中人稱詞數目。由此公式得出的分數在0至100之間,得分越高越有人情味。兩個公式形成的易讀性測量被廣泛用於教科書評估、新聞、大眾傳播內容分析、政府公文等行業或系統。這也為新聞語言表達的相對性提供了新的易讀方法。

(一) 以增加利於相對性表達的具體詞句和相關內容提高易讀性

即依據新聞用語的相對性特性來豐富其表達形式與表達手段，力避用語與表意的絕對化傾向，給大眾思考、判斷、分析的相對空間，而不是把要表達的固有意思簡單地讓大眾接受。根據媒介議程設置的關鍵要素，我們可以利用「0/1效果」（知覺模式），以報導的某個事件會影響到大眾對該事件的感知來確定用語的相對表達形式；利用「0/2效果」（顯著性模式）強調某個事件，引起大眾對該事件的明顯關注來進行針對性較強的相對性語言的表達；利用「0/1/2…N效果」（優先順序模式）對一系列事件按優先順序排列進行不同程度的報導，以不同程度的相對性語言來進行構架，從而影響大眾對這些事件不同程度的關注或判斷，得到不同程度的感受。如今年對「兩會」，明顯減少了對會議全過程與領導人的全方位報導，而是抓住大眾關心的相關熱點，如民生、社會公平發展等進行了重點提示，給大眾留下了深刻印象。

(二) 利用新聞語言表達的相對性原理，達到文本與認知的互動

利用新聞語言表達的相對性原理，跨越到報導文本與大眾認知的相對互動，可以依據測試、評估等來檢驗新聞用語的可靠性、準確性、可行性與科學性，這已經是一項極為重要的工作。我們知道，傳統的人際傳播是指兩個人之間進行的信息活動，現在又有了新的「互動」的概念。在傳播的信息量進一步加大、其反饋價值越來越重要的情況下，傳播者與接收者之間有明顯的角色互換，並且存在信息共享的狀況。新聞報導受情景，即各種環境的影響越來越大，信息的傳播與接收已經出現

多渠道、多形式,互動頻繁的新特徵。根據傳播反饋特徵,把握好新聞報導的效果往往取決於媒體自身與大眾在傳播中的相對性意義互動,就可以避免大眾「一邊倒」、「不這樣就必然那樣」地被動接受的狀況。這種互動,新聞用語的「第一印象」至關重要。利用新聞用語的親和力、表現力和感染力,去體現新聞語言的特別表意、特有數字、特色事實、特設氛圍,從此與大眾進行有機互動,可以促進新聞語言表達相對性的進一步深化,有效提升其質量。

(三) 根據不同大眾對象,選擇不同的詞語來提高閱讀興趣以增加易讀性

新聞用語要先聲奪人,立見效果,就必須在用語上充分考慮對象的閱讀興趣、理解能力等實際狀況。依照語言命名、互動溝通、信息傳遞的主要功能,立足於新聞語言表達的易讀角度,我們應該注意新聞用語與接受對象用語的相對互動,把握兩者的相似點,表達出對象想要表達的意思,實現真正的意義溝通;利用新聞用語的相對性特徵,給對象留下易讀空間並加大信息傳遞,增加其閱讀需求與興趣;注重對大眾語言的吸收、嫁接、提煉、融和,達到語言的相對貫通;對具體詞彙或語句的選擇不絕對、不隨意、表意不曲解,表達不艱澀,盡可能地給大眾可讀、可想的空間。

(四) 在新聞語言表達的相對性上進行新的探索與研究

在新聞語言表達的相對性上進行新的探索與研究,利用事物間的相對關係實現新的互動與發展。英國的麥奎爾認為,可以從使用的媒介體或信息角度來區分新舊媒介:一是看互動程度,即指傳播者與使用者之間的互動效果;二是大眾對媒介信息的體驗程度,即指通過媒介的豐富性來感受具體的「社會感」、「社交感」、「人際感」以及「真實感」;三是自主程度,

即大眾對媒介有多大的內容控制與使用作用,可以在媒介的傳播中獲得多少屬於自己的獨立的自主性信息內容;四是媒介可以給大眾多少愉悅感,使之獲得有價值或質量的娛樂;五是媒介存在比較多的內容獨特性與私人性的內含量,在語言上存在相對性表達。新聞語言表達的相對性要進行有跨度的嘗試,即在用語的層面上,觸類旁通,舉一反三,使新聞語言的表達形成內容更豐富的易讀體系。我們可以從馬斯洛《動機與人格》一書提出的需求層次論來引發大眾對新聞語言表達相對性的認識,從而形成易讀性的一種構架或模式。我們可以這樣多層次地考慮:第一,新聞用語的易讀可以節約大量時間或精力,可以滿足大眾不同的生理需求;第二,新聞用語具有的相對性,可以進行傳播效果的多元遞進,實現傳播的效果需求;第三,新聞用語表意的恰當、準確,可以滿足大眾歸屬與喜好的需求;第四,新聞語言表達能利用相對性原理,促進傳播者與接受者的互動來滿足彼此尊重的需求;第五,新聞語言的相對性的要素可以滿足人們認知的需求;第六,語言的流暢性、表意性、形象性可以滿足人們審美的需求;第七,可以通過新聞語言相對性表達的開發與利用,展開新課題,取得相對性研究的更多成果,體現其更大價值。

(五) 注重從使用詞彙或短語的語言意義表達的互動

新聞語言表達的相對性要注重從使用詞彙或短語的主要形態到語言意義表達的互動,並與其他相關事物進行更大的意義互動。人際傳播中的意義協調管理簡稱 CMM 理論,它把一切傳播都看成是一種有意義的協作。CMM 理論有兩套特定的規則,即組成性規則和規定性規則,這可以幫助我們協調新聞語言表達詞彙與意義的相對性互動。利用組成性規則,新聞語言表達可以在詞彙或短語中進行有目的性的對比選擇。如語言貼切,用詞準確,大眾會予以肯定的回報。規定性規則更多用於對語

言相對性表達行為的回應,即大眾予以肯定之後,自己以某種意義的形式進行回應。如抓住新聞語言的意義的互動,在更高的層次上進行語言的意義表達來滿足大眾更多的需求。新聞語言的相對性表達要從主要的詞彙或短語的選擇形式,延伸到語言的相對性意義表達,並與其他事物相對互動,使新聞語言表達的相對性從其特定環境中走出來,予以更多意義,才有助於新聞語言表達相對性的延伸與發展。

顯然,對新聞語言表達相對性的全新理解有助於新聞用語的規範,更利於新聞的傳播者與受眾對象更好地相互認知與理解,並可以運用更新的互動方式,達到對新聞語言表達相對性的創新性認識,以全新理解實現認知的實質性飛躍,促進新聞語言表達的相對性延伸與發展。

(一)共同構建對新聞語言表達相對性的有效互動

20世紀70年代,美國一個名叫洛倫茲的氣象學家在解釋空氣系統理論時說,亞馬遜雨林一只蝴蝶翅膀偶爾振動,也許兩週後就會引起美國得克薩斯州的一場龍捲風。這就是著名的「蝴蝶效應」。它指出,一些初始條件十分微小的事物變化經過不斷放大,其未來狀態會出現極大的連鎖性差別效應。在今天,受「蝴蝶效應」的影響,更多的新聞受眾人群越來越相信自己的感覺和固有的認知,所以品牌媒體、新聞實效、用語特色等等,這些有形或無形的價值體現,都會成為他們選擇新聞閱讀的參考因素,影響著他們與媒體的互動程度。同樣,媒體坐而無憂的優勢地位日漸勢微,開放式的競爭讓更多媒體不得不考慮各種反應對自身發展的潛在影響。其結果就是:兩者都希望捕捉到對自身有益的「蝴蝶」,擁有「蝴蝶效應」而不會被對方所拋棄。那麼,相互依存、各取所需,以有效互動的做法,

共同提高對新聞語言表達相對性的認識，便成為了一種互動的全新手段。這種有效互動的意義在於三個關鍵要素構件的趨同性或一致性：一是雙方平等、包容，兩者的傳播與吸收出現寶貴的信息反饋，改變了以前的單向傳播的填鴨式模式，在「表達」的基礎上以互動增加了兩者的交流價值；二是取得了對新聞語言表達的相對性的共識，並且利用這種共識促進語言的交流，進而達到心靈的交流，體現了新聞語言表達的相對性績效，即這種相對性的特質表現與實際應用，使新聞語言與大眾語言出現了更深的意義對接；三是有效互動的「蝴蝶效應」實現了事實上的新聞資源和受眾資源的積極配置，互動交換，績效共享。

（二）充分應用新聞語言表達的相對性原理

按照提示語言相對性研究理論的薩爾皮—沃爾夫假說，語言表達的相對性是人們準確理解和使用語言的一種能動反應的結果，是人們從感覺經驗中分類出來的一種語言意義的形式。相對性原理決定了語言表達的多重性和豐富性，在受制於一些語言環境的條件下，相對性仍然融入了不同的語言，以語言的詞彙或短句表達著被描述對象的相似或近似的一些特徵。充分應用新聞語言表達的相對性原理，就是在設定的一個語言環境中，如設定的新聞語言環境，通過詞彙或短語表達更多被新聞語言所描述的對象存在著的相對性意義。說到領導者特質，就可能有辦事果斷、雷厲風行、說話算數、強勢作風、倡導創新、積極導向、視野廣闊、敢於變革等的描述。這些可以視為是對「一個領導者群」的描述，也可以認為是對「一個領導者」的描述，不過是他具有更多的特質罷了。推論新聞語言表達的相對性原理，不是簡單的非此即彼，而是對某一個事物或概念的相對性看法與結論。同時，相對性所特有的語言空間，可以對描述的對象有更多的施展餘地，並不是以相對來否定絕的推論。

充分應用這樣的相對性，還可以有更多詞彙或短句運用的空間、語言思維的空間、具體運作的空間以及更重要的表達空間。同樣，它可以極大地豐富使用者的學識、實踐、創新、語言選擇、表達方式等多種能力內涵。在新聞語言表達中運用相對性推論或原理，其意義遠遠超過了簡單的哲學命題。這是因為新聞語言表達的相對性的運用、價值、實效、普及、工具、交流等的動能作用是任何哲學課題所無法解決的，也是其他新聞語言要素替代不了的。

(三)利用新聞語言表達的相對性提高新聞語言的傳播能力

新聞語言表達的相對性還有一個重要的功能，就是不斷提示或強調新聞語言特性會影響人們對外部世界的感知、分類和各種認識。新聞語言表達的相對性既有社會共享性又有個人的風格性、兩者同樣對提高新聞語言的傳播能力存在著現實與潛在的影響。如運用相對性原理，憑藉指稱理論強調語言與事物之間的指代關係，我們就可以利用語言的靜止性、有限性和抽象性來避免不正確或不準確的新聞語言指代，從而避免新聞語言的絕對演繹，或詞彙的絕對嫁接與語義的交混替代。此外，利用新聞語言表達的相對性原理，我們還可以在對新聞語言基本特性的探討基礎上，對有效提高語言的傳播能力進行綜合性支撐或扶持。它主要表現在四個關鍵構建點上：其一，運用相對性原理，可以淨化新聞的語言環境，為新聞語言提供用語對比與參照矢量，能有效增加語言或詞彙的選擇性、可比性與實用性；其二，可以憑藉相對性的新聞語言表達特性，比較準確地表情達意，豐富新聞語言形象與感染力，舒張表現力，淨化傳播，提升傳播質量；其三，增長傳播可選要素，促進傳播的語言表達配置，進行資源置換，用新聞語言表達的相對性優化傳播構架、層次，助長傳播，實現優勢互補，使傳播能力更具

有能量與質量優勢，獲得更多傳播績效；其四，利用新聞語言表達的相對性資源，對整個新聞語言的表達進行補充、完善、提高，進而轉化為新聞傳播的綜合能力。如傳播的感召能力、傳播的數量與質量並舉能力、傳播的影響能力、傳播的優化能力，等等。

(四) 注重新聞語言表達相對性的自我創新

客觀事物的發展總是在相對於絕對的比對中運行，我們即可利用兩者的平衡狀態開拓自身的自由天地。在這樣的動態裡，事物發展的環境相對穩定、和諧，兼容與平靜就一種績效反應，由此產生了無數哲學意味的命題。於是我們想到了「鯰魚效應」。沙丁魚在運輸過程中成活率很低。若在沙丁魚中放一條鮎魚，其成活率會大大提高。原來鮎魚在到了一個陌生的環境後，就會「性情急躁」，四處亂遊，這對於好靜的沙丁魚來說，無疑起到了攪拌作用。反之，沙丁魚發現多了這樣一個「異己分子」，自然也很緊張，加速遊動。這樣沙丁魚缺氧的問題就迎刃而解了。它對新聞語言表達的相對性的自我創新無疑具有一種特殊的啟示：鮎魚激發活力。它主要表現在四個方面：一是新聞語言表達的相對性要不斷進行自我完善和自我創新，把更多富有生氣、表達更為貼切的相對性詞彙、短語融入運用之中，要不斷引進吸收富有相對性表現力的詞彙或短語，增強生存能力、適應能力、創新能力和運用能力，進一步豐富相對性的語言庫，強化其使用平臺。二是使用者要能夠預見相對性表達發展的方向以及現有資源與未來運作形態，能夠把相對性的系統性結構變化和功能演繹，有效地在新聞語言運用上不斷進行相對性的思考，在流程、設計、配置、績效等方面體現相對性的自我建設成效，形成表達相對性的體系或系統。三是自我創新要不斷體現模式創新。橫向和縱向模式可以擴大應用範圍、豐富語言相對性表達的內容、豐富使用手段、成就表達的創新。

單一螺旋模式可以針對某一個詞彙存在的相對性進行演繹和延伸，也可以擴大較多詞彙並進行選擇。如人這個詞，就可以利用相對性原理演繹出上百個與之有相對性關聯的詞彙。比如老人，結合與之關聯的就有中年人、年輕人、青少年等。再細化，可以從人的職業演繹出更多的近似性職業的分類、從人的性格特徵演繹出相似性格的不同的人。四是注重新聞語言表達的相對性與絕對性的互動演繹和內涵擴展的發展狀態，即利用語言表達的絕對性反襯相對性，進行相應的課題研究，反之亦然。這樣的互動，對於構建相對性體系、促進語言相對性的探索與研究在新聞語言中的開發與利用，具有非常重要的意義。

(五) 深刻理解新聞語言表達相對性的鏈動效應

從新聞語言表達的相對性看來，利用相對性原理解析新聞語言，總是從具體某些詞彙和短語開始，以特定的一個詞彙或短語來進行分析與利用，即我們通常的詞彙或短語的「由這一個連結到哪一個」的分析與利用。由此，可以形成一個相對性利用或演繹的鏈條，逐一展開利用或研究內容。正如擇業時，地點、待遇不分伯仲的兩家單位、在人生的每個十字路口等情況，我們都要面對「魚與熊掌不能兼得」的艱難選擇一樣，對於新聞語言表達的相對性運用，同樣不能同時設置兩個不同的詞彙或短語進行研究或利用，否則將使相對性的運用概念模糊，行為將陷於混亂。那麼，理解新聞語言表達相對性的鏈動效應，我們要注意選擇相關詞彙與短語的相對性的縱橫關係。當選擇「人」這個詞，就可以在人的橫向鏈條上看到關於關聯人這個詞的意義排列，亞洲人、歐洲人、澳洲人、拉丁美洲人，等等。這時你可以選擇所需要的一個研究對象，如選擇「亞洲人」，再由此進行縱向展開，具體進行中國人、日本人、泰國人等的相對性的屬性研究。由此再橫向選擇「中國人」一詞，再縱向研究中國人的「南方人」與「北方人」等的相對性。這種意義鏈

動，反應了新聞語言表達的相對性選擇特質。一個人不能由兩個以上的人來指揮，否則將使這個人無所適從。著名的「手錶定律」是指一個人同時擁有兩只手錶時會無法確定更準確的時間，反而會使看表的人失去對準確時間的信心。手錶定律給我們一種非常直觀的啓發，就是在研究新聞語言表達的相對性方面，必須注重其鏈動的形態、特徵，尤其是單一選擇縱橫展開的模式或方法。「兄弟，如果你是幸運的，你只要有一種道德而不要貪多，這樣，你過橋會更容易些。」正如偉大的哲學家尼採的這句名言一樣，只要注意新聞語言表達的相對性的鏈動方式，就可以深化對它的理解與正確運用。這裡，我們還可以運用「羊群效應」，即頭羊往哪裡走，後面的羊就跟著往哪裡走的現象，將新聞語言表達的相對性視為一種線性的順序排列，依照語言的相對性原理，對詞彙或短語進行線性的縱橫式利用與研究。

　　新聞語言表達的相對性是新聞語言運用的一種表達形式，是新聞語言中極其重要的結構性元素，始終貫穿並作用於新聞語言的利用與發展。新聞語言表達的相對性以哲學、語言學、心理學等的普遍原理和推論，以客觀事物發展的相對性形態為啓示，以語言的近似或相似的特徵、特質、特點的不同詞彙或短語表現為範本，對新聞語言的特徵、運用、發展進行了具有深度的表現，開拓了新聞語言的應用空間，不斷創新著關於表達相對性的課題。因此，繼續深化對新聞語言表達的相對性的探索、研究、運用，將其進一步發展，對這樣的課題進行研究與創新必然會取得更多研究成績，為新聞語言，乃全整個語言的進步提供更多的平臺，在促進現代社會的語言中會有更積極的表現。

參考文獻：

1. 周小其．經濟應用文寫作．4 版．成都：西南財經大學出版社，2009.
2. 許靜．傳播學概論．北京：清華大學出版社，北京：交通大學出版社，2007.
3. 施拉姆，波特．傳播學概論．陳亮，譯．北京：新華出版社，1984.
4. 菲德勒．媒介選題變化．明安香，譯．北京：華夏出版社，2000.
5. 馬斯洛．動機與人格．許金聲，譯．北京：華夏出版社，1987.

現代城市行銷的相關要素創新

周小其　　　　　　　　　　　　　　　　（四川工人日報社）

[摘要] 現代城市行銷的概念及近似概念的區別，有利於深刻地認識城市行銷功能的創新演繹，更注重城市行銷內容的創新形態，從而增強我們對現代城市行銷的再思考。

[關鍵詞] 城市行銷　概念　功能　內容　思考

中圖分類號　D207　　　文獻標示碼　A

現代城市發展戰略的一個重要內容就是城市行銷。城市行銷是中國城市發展的一個新課題，也是中國城市發展過程中的一個里程碑，對中國的城市創新性構建，開拓性發展具有非常重要的現實意義，具有極大的探索和研究價值。

從中國城市發展的過程看，城市發展主要經歷了四個階段，即城市的初級資源型階段、城市的供給型階段、城市的需求型階段和目前正在經歷的以行銷導向為特徵的城市行銷階段。目前，帶有市場行銷特色的城市行銷階段已是城市行銷發展的主流，雖然不是城市發展的最後階段，但它作為一種城市發展的新模式、新概念，表明了中國城市發展的現實狀況。

(一) 城市行銷的概念創新

行銷就是經行銷售。城市行銷的概念存在廣義與狹義的理解。從廣義的城市行銷看，它是現代市場行銷的一個重要分支或部分，具有現代市場行銷的基本內涵與特徵。從狹義的城市行銷角度看，它是一種特指概念，即城市行銷就是把城市地區現實和未來的發展視為產品，通過自身對城市經濟基礎的建設，把城市看做是一個高效的目標市場，以經濟復興為手段所進行的城市促銷活動，並存在著概念不斷創新演變的形態與特徵。

從以上概念展開，可以看到現代城市行銷概念要素的特徵存在著不斷創新演變的狀況：城市作為目標市場，是一種極富引力的寶貴資源，必然具有現實和潛在的經濟活力與市場優勢；城市行銷的資源闊大，門類豐富，包括城市地產、居住人口、文化教育、綜合旅遊、投資形態、產業構建、內在風貌、地理特徵、氣候條件等優勢資源，具有自身資源形成的優良條件和突出的特色，進而形成獨特的城市魅力，有相當的持續性、可選性和延伸性；城市行銷必然有明確的戰略性行銷策略，有具體的經濟復興計劃做支撐，其經濟基礎建設的龍頭作用非常明顯；城市行銷作為高效的目標市場，必然具有一個城市完備的、科學的、先進的，並具有相當親和力與和諧特色的服務體系，有放射狀的立體的聚散型網絡優勢；城市行銷能夠吸引高素質人才，有強有力的企業區域組織，並且績效明顯，質量循環可靠；進行行銷的城市有與其他城市進行優勢互動的條件，如交通、地理、文化、產品、教育、旅遊等，並且可以在互動中不斷延伸、創新，體現出城市行銷的潛在能力與潛質績效。

(二) 城市行銷與經營城市的不同含義

城市行銷與經營城市兩者意義比較接近，行銷的趨同性、可比性比較明顯，存在較多相同或近似的特徵，因此常常被一

些行銷者、城市管理者等同起來，混淆了兩者不同的概念，引起一些認識上的偏差或誤解。

1. 經營城市的概念

經營城市是指城市政府對城市的自然經濟資源、基礎設施、人文資源、管理資源等進行優化整合，實現資源優化並以高效利用、可持續發展的市場經濟行銷手段進行的經營活動。

2. 城市行銷與經營城市的區別

城市行銷與經營城市概念有很大的區別。其區別在於：一是城市行銷面沒有經營城市的涵蓋面大，前者採取的措施、吸引的行銷主體等不及經營城市。二是城市行銷實質內容小於經營城市。經營城市包括城市的社會性管理、基礎設施管理、經濟發展管理、生態環境管理，等等，管理性強，管理的對象多，整體性表現非常明顯。三是城市行銷更多依靠目標市場來行銷地區特色，而經營城市的涵義更廣泛，並且內涵與外延還在不斷擴展，已經深入到城市的規劃、建設和管理等領域。四是從發展趨勢看，城市行銷極有可能成為經營城市的一個系統或分支。同時，城市行銷自身的概念與內涵存在不斷演變的形態，呈不斷擴大與延伸的情況，其特徵、形態、內涵等與經營城市趨同性更為接近。

受現代行銷理論及實踐的影響，城市行銷形成了自身的行銷規律、行銷方式以及行銷手段，在行銷過程中形成了自己的行銷特點。依據高效目標市場，城市行銷以經濟復興為手段所進行的城市促銷活動，不僅具有鮮明的行銷特點，更具有比較獨特的行銷功能，並依靠功能的作用實效，在不斷豐富城市行銷的內容，提升著城市行銷的檔次和質量。

(一)行銷的特色功能利用更為突出

城市行銷必然要緊緊依靠行銷特色的功能發揮來促進。所謂特色功能，就是利用行銷的功能要素，突出行銷特色，以功能衍生的潛質不斷增加行銷的感召力和吸引力。城市行銷的特色功能不僅表現在行銷的鮮明特色、行銷個性特點、行銷的某些特殊表現等表象層面上，更重要的是為了突出城市行銷特色而利用一些獨特的資源或行銷優勢謀略，使行銷特色功能有淋灕盡致的發揮，以城市地區富有特色的地理資源、人文資源、產業特徵、旅遊勢態、生態狀況、投資環境等來吸引參與者。如蘇州的城市行銷中的產業園區建設，主要靠的是蘇州的文化、旅遊、生態、投資等要素優勢來突出特色功能，依託「江南水鄉」、「民居風貌」吸引了不少城市行銷的參與者；成都則以著名的「川菜」、「天府之國」的美譽、舒適的人居環境、地理與物產優勢、配套的特色旅遊、地鐵建設等受到了人們的青睞。由此可以看出，城市行銷特色功能在整個城市行銷中的重要性更為突出：利用城市地區的獨特性與典型性，張揚鮮明的行銷個性，在「你有我有，我有你無」的要素運用上先人一步，使城市行銷更富有鮮明感與形象性；利用資源特色整合手段，以特色功能提高目標市場和經濟復興質量，在促進城市的行銷中有效增加了行銷的可信度與吸引力，極容易得到預期績效；利用特色的組合與搭配，形成特色功能與其他功能的內在鏈條，可以在整體功能上構成功能優勢，促進城市行銷；利用特色功能的內涵演繹，充實了行銷內容，對整個城市行銷的發展提供了極有價值的參照物，突出了行銷的可比性、先進性、可行性和創造性。

(二)行銷的目標功能發揮更為明顯

一個城市要進行城市行銷戰略，首先要充分考慮制定科學

的和可行的行銷目標,並依據目標確定目標市場。此時發揮目標功能尤為重要。城市行銷目標功能的發揮,就在於有科學的預測和決策手段,使目標明確、市場清晰、細分嚴謹、定性準確。如利用目標功能的要素,就可以有比較準確的市場定位,最容易設計與制定出行銷的最佳組合,最容易進行目標市場的監控,使目標更具有可感性、操作性與獨特性。我們知道,任何城市行銷都要充分利用既定目標來吸引參與者實現既定的行銷目標。任何行銷目標則總要揚長避短,力求完美,達到目標的可信、清晰與新穎。這樣,如何使城市行銷的目標功能發揮更為明顯,已經成為現代城市行銷的一個嶄新課題。如目標的可用空間、目標的務實程度、目標的吸引力、目標的預測與分析,等等。根據目前城市行銷現狀,目標功能的發揮更為明顯的表現在:利用城市地區現有的資源條件和可預測的資源變化狀況,更注重突出行銷目標的新穎、先進、科學,並且具有極大的可信度、可選擇性和可操作性;利用目標功能的要素配套組合,力圖使行銷目標或市場目標,新穎別致,給人總體形象感、新鮮感,富有個性,形象鮮明。借此突出目標的獨特性,或「不可再生或不可再有」的唯一性;利用目標功能可以進一步做好分目標、子目標,或大目標、小目標的制定並做好目標系統的確立,以分級目標體現目標功能的特色;利用目標開發目標功能潛質,在功能與目標質量上進行創新性的連結與突破。

(三) 行銷的結構功能更加清晰

城市行銷非常講究結構,總會力求以結構的層次形態,突出優勢,使之有比較豐富的層次感。同時,城市行銷總要分清主次,先行銷什麼,後行銷什麼,怎麼具體地介紹,如何詳盡的說明,都有結構與層次要求,給人以完備周全的體驗或認知。結構對城市行銷戰略、模式影響極大,並且不同於其他行銷,特別注重結構要求。它以城市的相關資源、條件等為「產品」,

這樣的「產品」種類多、數量大。沒有結構的有機構建和層次分明的介紹或說明，是難以實現行銷目標的。

城市行銷是依賴於城市「產品」進行行銷。這個「產品」越結構科學、層次分明，就越鮮明突出、具體可感，越有感染力與親和力，才可能在極短的時間內讓對方接受你的行銷。事實也是這樣，一個城市具體可感的程度怎樣，常常決定了行銷的成功與否。調查資料顯示：成都之所以成為「具有幸福感」的城市，是因為人們在對成都的具體可感中，感受到了成都人的包容、豁達、隨和；看到了成都人休閒恬靜而又平淡穩定的生活；聽到了成都人幽默、鮮明、形象的語言表達。所以，任何城市行銷推出的任何城市的特色，必須要有強烈鮮明的可感性，讓人看了、聽了就難以忘記而銘刻在心。城市行銷的結構功能創新主要體現有：利用結構的創新度、新穎度，反應層次的和諧與統一，在優化結構上常常以層次突破為範本，以小見大，以局部彰顯整體，從而提高整個結構形象。如以城市的基礎建設結構優化突出層次面，以層次面的美化來提升行銷實效。這在蘇州的「江南民居」結構與層次等範本上就有優異表現。利用結構功能的開放性、可比性與可變性，積極吸收不同的結構特長來改進，這就是的結構功能。如北京的明清宮殿建築，其結構功能獨樹一幟，但也在城市行銷中吸收了其他結構功能特點，在現代建築的結構上頗具匠心，最終形成了城市行銷的優勢結構體系。

(四)行銷的新穎功能更有吸引力

要做到行銷新穎別致，給人總有形象感、新鮮感，就要求行銷在新穎別致上發揮最大的功能。新穎功能所表現的內容不是行銷局部特色的簡單互動或替換，其面更大，帶有整體的典型性，是城市行銷中的熱點、看點所在。我們可以想像，東北城市的行銷一定少不了富有文化特色的「二人轉」、「嘮嗑方

言」，少不了茫茫雪原的支撐；江南的城市行銷一定有「水鄉夢幻」、「特色民居」、茉莉花的委婉民調、優越的人文環境。從更大的範圍講，南方的柔、北方的剛，南方的庭院、北方的大宅，等等，都可以發揮城市行銷新穎功能，都可以成為最佳行銷推廣目標之一。新穎功能還表現在運用的精致、形式的典型、形象的生動之上，故而也成了形式行銷功能開發的極新課題。其功能的新穎獨特、新穎與傳統的互動、新穎的未來創新等，一直使城市行銷者、參與者、設計者等樂此不疲。

　　城市行銷的內容廣泛，可謂博大精深，像一個誘人的「萬花筒」。由於城市行銷是在行銷豐富多彩的城市，而城市又是社會形態的一個有機部分，必然存在著社會性的管理。因而，這樣的行銷實際上也是一種管理性的行銷，帶有普遍的社會性意義。這樣可以看出城市行銷內容的兩個層面：一是這樣的行銷不僅僅是政府作為代表的行銷，是一種客觀的城市「群體行銷」，並且行銷項目眾多，內容極為浩繁；二是城市作為行銷的對象，城市與城市地區的行銷互動，決定了行銷內容的交叉、重疊，從而形成了更為複雜的內容體系。

　　不同城市的行銷決定了行銷內容的趨同性和差異性。趨同性使不同的城市行銷都具有相似的資源、相似的行銷體系、相似的行銷模式。差異性使不同的城市行銷表現出自身特色，各自具有了行銷的代表性或典型性。所以，對城市行銷的具體內容分析，歷來存在不同的看法，因此也出現過一些爭議。但從目前的城市效益的實踐過程分析，城市行銷內容的不斷創新是城市行銷的大勢所趨，並且在內容的創新上已經有所建樹。依據城市行銷內容，目前城市行銷內容的創新應該體現在以下幾個基本方面：

(一) 城市行銷的思維、觀念與行銷模式創新

　　現代行銷理念認為，一切行銷過程中的觀念、思維與模式創新極為重要，已居於行銷的首位，是行銷創新的先決條件和第一要素。城市行銷也一樣，人力資源作為最寶貴的行銷資源，其思維、觀念與行為模式亦作為資源，決定著行銷的成功與否，舉足輕重。

　　城市行銷的思維、觀念與模式創新，必須要進行深刻的理解與反思。我們要認識到創新的必要性和緊迫性。長期以來，城市行銷一直存在著這樣或那樣的問題，已經明顯制約著城市行銷的健康發展。在舊有的思維、觀念與模式制約下，城市行銷出現了一些亟待改變的狀況：第一，城市行銷的主體單一，行政管理、政府操作極為明顯。政府成為城市行銷最直接的領導者、策劃者、行銷者、設計者和操作者。誰是行銷主體，主體應該承擔怎樣的法定責任，其考核體系、績效評價、制度保證、機制運行應如何，一直比較混淆，監管不盡如人意。按照政府的職能、權限、管理進行城市行銷運作，於是在縣、區、鄉一級政府都有與城市行銷（或相適應的機構），如招商局、經濟管理局、產業園區管委會等。第二，單一的「政府行為」對城市行銷這個極新的學科與實踐性極強的經營行為造成了一些負面影響。從政府職能轉變要求看，顯然政府擔當主角而沒有強力的配角已難以支撐城市行銷。一些地方政府盲目投資、大量舉債，從而出現了項目重複、行銷績效低下的情況。如可以視為城市行銷資源的土地，國家住房和城鄉建設部等相繼指出，不少城市出現土地漲價，直接導致房產的價格膨脹，而掌控土地運作的就是當地政府，成了房產價格上漲的直接原因之一。第三，城市行銷出現局部開發過度，造成資源浪費。城市行銷就是推銷自己，比較看重城市現有資源的行銷。於是出現一種情況：行銷城市彷彿就是靠賣地賣資源出效益見成果。這成了

城市行銷的一種痼疾。如賣地開發新住宅區、新產業園區；再如對水資源、礦產資源、城市基礎建設的過度經營性開發等。結果城市的土地存有量急遽減少，城市功能就可能惡化，綜合指數下降，嚴重影響城市行銷的正常發展。這種單純依靠城市現有資源，特別是一味以土地開發為龍頭的做法，偏離了城市行銷綜合發展、可持續發展的初衷。更為明顯的是造成城市行銷的局部過熱、行銷單項極度膨脹的尷尬，打亂了城市行銷的整體規劃。第四，忽視城市行銷現代無形資源開發。城市行銷中的現代無形資源非常重要，是行銷中價值不菲的重頭戲。如城市信息的綜合利用、網絡開發的綜合化利用、城市品牌的推銷、城市文化的推銷、無形知識資源的綜合利用，等等。由於城市行銷重視傳統的有形資源開發，沒有真正實現城市行銷從主要依賴城市資源開發到利用現代城市資源的轉變，是目前城市行銷中的一個弊端。第五，城市行銷還存在的一些其他問題。一些城市行銷者急於求成，採取一些超前行為，出抬一些所謂的「集資政策」、「項目優惠」等，損害了民眾利益；也有些不顧當地實際狀況，隨意改變地方生產結構，結果造成資源的巨大浪費，嚴重影響了當地民眾生活。一些城市不顧自身條件，盲目尋找市場機會，如引進一些污染項目，造成環境嚴重污染；一些城市行銷方案缺乏科學依據，論證極不充分，就匆忙上馬，勞民傷財，導致行銷成了欠債行銷；一些行銷的目標市場定位、定性不準，需求突變，隨意丟失機會和目標市場，等等。以上問題由來已久，也反應出城市行銷一些深層次的問題，但根本上是城市行銷的思維、觀念落後，模式創新不力，才引發種種問題，其原因就在於人自身。

　　城市行銷的思維、觀念與模式創新並不是嶄新課題。關鍵在幾個創新之上：一要積極吸收現代城市行銷理論，切實改變思維方式，將凝固的「行政思維」轉變為比較超前的多維度行銷思維。利用創新思維模式，促進觀念的改變，摒棄「官本

位」，切實改變思想方式，創新思維模式，並充分利用先進理論與實踐提高行銷技能，進一步創新現有的城市現有模式，在戰略上取得實質性成效。二要注重個人的思維、觀念、行為模式的資源開發，將行銷技能轉變為行銷能力，在行銷模式上創立模式品牌，創立模式體系，創立模式機制，進而創立城市行銷的品牌與優秀的行銷形象。三要注重城市行銷資源的綜合要素創新，建立先進的、科學的要素資源庫，利用資源優勢，進一步延伸城市行銷。四要充分利用現代信息，將信息資源的開發、利用、傳播、反饋手段融入這個城市行銷之中，尤其要注重信息價值的充分利用，實現城市行銷的績效最大化和質量的最優化。

(二) 城市行銷目標市場的內容創新

為實現城市行銷目標，也就是實現城市這個「產品」與目標市場的交換，作為行銷者必須要明確自己的城市產品的狀況，知曉這個「產品」應該在什麼時候、什麼地點、什麼條件下和什麼人進行行銷。這樣，城市提供的產品如何滿足目標市場的需要，就反應了城市行銷與目標市場的交換實質。目前，城市行銷的目標市場主要由三個部分組成：城市企業、城市居民和城市旅遊者。

1. 城市企業

它是城市行銷的目標市場的要素之一。城市企業內涵比較大，包括製造業、種植業、商業等等生產與行銷的眾多單位。城市企業在城市行銷中佔有重要地位。原因是：城市企業是城市效益的重要提供者，是解決城市居民生活、工作的重要通道，也是城市中最容易成為城市行銷的行銷目標，具有極大的市場潛力。

2. 城市居民

它是指居住在城市裡的生活者，包括城市的新居民、暫住

者。城市居民是城市的消費主體，是城市最具活力的城市發展支配者和城市運作的動力。城市居民的多少、居民的素質高低、居民的經濟收入、居民的消費水準等決定著城市的規模，決定著城市的發展走向。因此，居民也是城市行銷的重要元素，是目標市場的重要組成部分。

3. 城市旅遊者

它是指外來的以旅遊觀光為根本目的的非城市居民。旅遊者的到來，推動著城市經濟，特別是消費性經濟的極大發展，推動著城市人文環境、生態環境、旅遊資源的改善與發展，從而也是不可忽視的目標市場。

從以上目標市場分析，城市行銷的內容顯然已經難以適應城市行銷的實際需求和發展趨勢，必然要進行內容創新。它就是：城市行銷與現代城市建設同步性更明顯，甚至城市行銷在目標、行銷形象設計等環節超前性已經極為明顯；現代城市建設的內容在持續擴大，勢必引發城市行銷的內容增加；城市行銷與經營城市的運作在不斷接近，抑或交叉，經常互動的情況愈發頻繁，經營城市的內容在不斷演化。城市行銷目標市場的內容創新勢在必行。其目標市場創新內容表現在幾個方面：內容創新之一，是指除城市企業、城市居民、城市旅遊者三大市場目標之外的其他市場目標的創新。如事實上已經在融入三大市場目標的城市企業資源開發、居民在城市化建設中的人力資源進一步開發、城市旅遊的新型互動、城市行銷信息資源的開發與利用，等等，都或明或暗地滲入了目前的城市行銷中，這就需要進行市場目標內容的創新。內容創新之二，是表現在內容容量的進一步增加，使城市行銷內容更為完備，實力大增，市場目標更具有影響力和行銷的衝擊力。經過優勝劣汰過程，創新內容通過擇優、篩選，可以有效增加現有城市行銷內容及表現魅力，擴大行銷市場目標的運作空間，並為創新市場目標、擴大市場容量起到了積極的推動作用。內容創新之三，城市行

銷內容要依靠不斷的創新才可能真正發展城市行銷，提高質量，加快城市化建設步伐，實現城市化、現代化、行銷現代化的實質性對接，真正體現出現代城市的風貌、特色等優勢。內容創新之四，城市行銷在現代信息社會的信息作用下，必然要緊緊依靠現代信息的巨大作用來維繫創新發展。信息的資源、價值績效的一個深刻的表現就是：信息轉化為寶貴的資源，資源轉化為城市行銷的具體操作內容。這在客觀上亦增加了城市行銷市場目標的相關具體內容，並且可以提煉出精緻內容為市場目標夯實基礎，進而創新目標，成就市場目標的數量優勢，多元化特色，立體運作的嶄新模式。

(三) 城市行銷目標市場的需求創新

目標市場是在細分市場基礎上由兩個以上的細分市場構成的。它的需求大小、需求趨向、需求程度等元素，對市場需求的影響非常大。以城市不同的企業、居民、旅遊者為例，三者對目標市場不同的需求，就可以找到與之對應的三個目標市場。即創業（就業）需求、生活消費需求與旅遊需求。在對他們進行需求的測量與分析後，就可以清楚地知道這些目標市場的需求狀況以及發展趨勢。

1. 創業（就業）需求

這種需求因為涉及企業所有者、經營管理者和企業發展，涉及更多人的就業工作，需求的容量非常大，並且相對穩固，是一個比較理想的目標市場。但也要看到，由於種種原因，目前城市企業的創業與就業還不理想，特別是就業難題已經成為不少城市行銷的痼疾。

2. 生活需求

生活需求指城市居民為日常生活而形成的目標市場。這種目標市場的需求是最具有穩定性的需求。在一般情況下，這樣的需求起伏不大，需求量比較穩定，並且需求的時間比較長。

3. 旅遊需求

它又稱外來需求，城市附加需求。這種需求會因時間、地點、經濟、季節等要素的變化而變化，在三者中穩定性最差，其目標市場起伏不定，需求的常量也不穩定。

城市行銷內容顯然不僅僅是以上的內容。如城市的基礎設施、城市的形象設計，如市花、市徽、特色建築、特色園林、特色街道等；城市的內在與品質，如城市的精神風貌、城市的居民習慣、城市的包容度、城市的清潔度、城市寧靜度、城市空氣狀況、城市佈局；城市的交通，如車流量、交管執行情況、暢通狀況、道路建設情況等；城市治安，如城市安全感、城市犯罪率下降、城市突發事件減少、人口實現科學化、標準化管理等；地方特色產品，如具有特別吸引力的獨類產品，如四川城市行銷中的「川菜要素」、北京地區城市行銷中的「京戲要素」、「帝都名勝」，等等。

同時，隨著目標市場內涵的不斷擴大，城市行銷的目標市場還會有更新的發展，還會增加新的需求對象。值得探討的就在於我們必須根據需求及其快速的發展，對目標市場需求進行創新，以需求的擴量來促進目標市場資源開發，進一步滿足需求，刺激增量，在需求上做出實效。城市行銷目標市場需求創新的基本要素作用比較易讀，容易把握，執行起來比較可靠，但在控制變量上容易出現偏差。如根據某種需求進行資源組合的時候，資源量最後常常大於需求量，出現需求過剩的情況。需求創新的意義明顯：其一，利用需求可以把握城市行銷目標市場的具體要量，進行有比例、有條件、有計劃、有細化的需求資源配置，並以此促進行銷資源的配置管理，以管理促進行銷，以行銷促進目標市場績效；其二，利用創新需求，補闕拾遺，可以擴大市場，強化目標，運用需求調整行銷資源，使行銷、市場、目標三者更為和諧、協調；其三，利用沒有需求就沒有市場的原理，積極發展相關要素作為行銷綜合要素的補充

作用，將此視為目標市場的動力，並對未來的目標市場需求進行調查、預測、決策、執行、綜合，通過目標市場的動態改造提供目標市場的新型樣本，舉一反三，搞好目標市場的體系建設。

(四) 注重城市行銷產品的創新

城市行銷就是推出城市的產品，而城市產品種類繁多，非常豐富，因此城市行銷者有必要結合城市行銷，對城市產品進行必要的歸類。目前，城市產品經歸類後，基本型產品有旅遊產品、生活產品和創業（企業）產品三大類。

1. 旅遊產品

旅遊產品主要有旅遊地、旅遊服務設施、旅遊保險、旅遊交通、旅遊紀念品、旅遊土特產、旅遊專賣品牌、旅遊吸引物、綜合性旅遊、專題旅遊、旅遊熱線，等等。

2. 生活產品

生活產品主要指關係到居民、旅遊者日常生活的衣食住行類產品。在基本生活產品基礎上，城市行銷的生活產品主要指特色產品、地方（城市）風味產品、地方（城市）獨特產品、城市特殊產品、特色（特殊）產品，等等。

3. 創業（企業）產品

在這類產品中，有相當部分產品含有生活產品。除生活產品外，這類產品還包括：製造業產品，如汽車、電子產品等；建築業產品，如商品房、商廈、寫字樓、廣場、街道、車站等；服務業產品，如住宿、餐飲、購物服務等；金融業產品，如股票、基金、儲蓄等。

就以上城市產品而言，顯然城市產品的類別不多，劃分不細，還存在再細分與擴大的必要。如教育產品、休閒產品、娛樂產品、土地資源產品（此產品目前最有爭議）、人與人的「感情產品」、「和諧關係產品」，等等，都值得我們作進一步的探討

和創新。沒有行銷產品的創新，就難以維繫城市行銷的發展。城市行銷的實效也證明，沒有行銷的產品延續，沒有新產品的不斷衍化，行銷則空洞無物，不可能有吸引力，也就不可能實現真正的城市行銷。行銷產品的創新最具有發展空間和優勢，它不僅可以延續現有產品，並且可以不斷推陳出新，賦予行銷旺盛的生命力。產品創新目的在於：第一，通過創新壯大行銷產品系列，使行銷可用資源大大增加，增加行銷結構、市場目標、行銷機制、行銷手段、資源開發等的互動性，達到整體行銷資源的優化，行銷優化，績效優化。第二，城市行銷的產品創新性開發與利用空間極大，涉及的範圍大，有跨度、廣度、寬度、深度。如產品開發與產品交換、新產品投入與再生產品利用、產品的延續與產品的更新換代、產品的自身週期交替，等等，可供創新利用的要素極多，使行銷產品有了創新的極好條件。第三，行銷產品創新可以解決行銷「無米之炊」之憂，其綜合效應可以優化行銷目標、結構、手段、運行、模式等，具有積極的連鎖反應，為行銷的其他要素創新所不及。第四，行銷產品創新可以促進城市行銷的管理和經營，對創新管理和經營的直接作用和潛在影響亦比較獨特，將貫徹整個城市行銷，自始至終影響著城市行銷的一切作為和質量。

現代城市行銷有別於一般的城市行銷。對一個城市來說，現代城市行銷的發展及其走向，對城市的生存、發展至關重要。同時，城市行銷工程浩大，要素活躍，不確定因素多，存在相當風險。因而，城市行銷要在發展中不斷改革，不斷創新，不斷自我完善，不斷增長行銷實力，要進一步優化城市行銷戰略、進一步優化行銷目標，進一步擴展行銷市場。

(一)做好城市行銷戰略性整體設計

做好戰略性整體設計是城市行銷實施的基礎，牽動著城市行銷全局。結合現代城市行銷理論和實踐，在進行城市行銷戰略性整體設計的時候，重點應在戰略性的設計佈局上。要從戰略高度充分調查，弄清現實情況，依靠帶戰略性的重要要素進行整體設計：從城市行銷整體效果考慮行銷全局，設定進程，做好規劃，確定不同的發展階段與不同的實施重點，並做好相應的各類行銷要素的配置；要充分考慮城市行銷發展的資源開發與利用，重點對城市現代有形或無形資源進行不斷整合與調配，並且突出可行性和可操作性，具有資源循環優勢；對城市未來有發展有成熟的遠景規劃，並注重與城市行銷的有機連結；注重保護和增強城市自身的造血功能，使其有可持續發展的基本動力；充分吸收其他城市行銷的先進經驗、先進模式，注重保持城市行銷的整體素質及質量績效；注重戰略性目標與行銷的分級目標、戰略性市場與行銷的目標市場等的充分結合，做到考慮充分，設計先進，決策科學，舉措優質，等等。

(二)進一步搞好城市行銷的主體建設

城市行銷主體建設要依託城市的建設規模、佈局、進程、質量等指標和實效的具體情況進行。城市行銷的主體建設要充分考慮：必須進行綜合性主體建設，搞好多方配套，發揮各方優勢，做到人盡其能、物盡其用，形成綜合配套的整體優勢；不論行銷主體是政府還是其他產業實體、其他團體，都要履行責任，嚴於自律，尤其要擴大民眾對城市行銷狀況的知情權和干預權，強化監督保證，真正形成城市行銷的「全民式行銷」勢態；要在主體建設上優化要素，以高質量、高效率的主體帶動行銷工作。

(三) 創新現代城市行銷思路

創新思路對城市現代城市行銷尤為重要。城市資源的有限與現有存量以及耗費程度都要求我們進行現代城市行銷的新思考：一是如何進行可持續發展，實現城市行銷的良性循環；二是敢於創新，在保護與利用上走出新路子，不斷創造新成果，推出城市行銷的新產品；三是在自身城市行銷基礎上實現城市與城市之間更大的區域性聯動和區域行銷，以點線連結實現區域性的行銷態勢，提升整體效果；四是調動民眾積極性、參與性，從資金、規劃、實施等環節上注重民眾參與程度，積極推進全民式城市行銷；五是不斷推出城市行銷新點子，新路子，增強城市行銷發展後勁，形成城市行銷產業條鏈，使城市行銷不斷有新內容，不斷有新發展；六是做好城市行銷的理論與實踐性探索與研究，形成自身的理論體系，引導城市行銷健康發展。

(四) 充分調動城市各方積極性

城市行銷是城市綜合性的工作，必須充分調動城市各方積極性才能搞好城市行銷。調動多方積極性，通過政府、企業、城市服務、城市科研、相關團體地積極參與和配合，形成綜合行銷實力，以社會性發展基礎和城市發展基礎來改善提高行銷質量。調動城市各方積極性，還要出抬一些利於行銷的政策、措施、辦法，培養城市行銷環境，改變城市民眾觀念與思維方式，進行行銷的廣泛宣傳，使城市行銷深入人心。此外，還要注重媒體的輿論功效，樹立城市行銷的良好形象。

(五) 搞好城市與城市行銷之間的互補與調劑

城市行銷工作需要城市行銷的各城市之間進行必要的互補與行銷策略等的調配，這利於各方取長補短、優勢互補。具體

看，城市與城市可以進行更為具體的優勢互換、資源共享、利益共享、形象共享、發展共享；城市與城市之間可以進行人員、行銷等的交流，形成區域行銷特色，實現戰略性轉變；城市與城市之間注重信息資源的共同開發與利用，特別是信息的傳播、反饋與效益資源的共享，實現城市行銷的科學化、網絡化、多功能化。

(六) 搞好城市行銷隊伍建設

實現城市行銷目標最重要的是人的作用的發揮，靠的是優秀的行銷隊伍。城市行銷隊伍建設方法很多，各城市之間也不盡相同。隊伍建設從大局看，基本思路或基本原則有：制定隊伍建設整體方案，做好人員設置與配備；充分發掘和利用人才資源，提高隊伍整體素質；進行必要的行銷設施、機構建設；營造行銷隊伍良好的內部與外部環境；加強隊伍廉政建設，真正搞好行銷服務等。其中，行銷隊伍建設必須堅持以下幾個基本原則，即確立優勝劣汰、積極競爭的用人機制以保證隊伍的先進性、自律性；以政府職能的進一步轉變為契機，在組織、人事、機構上促進行銷隊伍建設；保證隊伍建設的執行力度，以優質的執行績效實現行銷隊伍的全面提升。

城市行銷是一項推銷城市的新工作，它以城市為依託，有極好的發展前景。如何利用城市的多種資源、環境、設施等進行高效行銷，也是衡量城市科學化、現代化、開放度、先進性、包容性的標尺。同樣，城市行銷作為現代市場行銷的一個組成部分，我們必須要尊重它的規律，把握其內在要素、定理，來切實搞好城市行銷工作。我們只要進一步調動城市整體的積極性，依法實行民主決策、民主管理、民主監督，保障城市民眾的知情權、參與權、表達權、監督權，就可以使城市行銷承前啓後，不斷健康發展，作出更為積極的貢獻。

參考文獻：

1. ［美］菲利普·科特勒，凱文·萊恩·凱勒．行銷管理．洪瑞雲，等，譯．北京：中國人民大學出版社，2010．

2. ［美］喬治·J 施蒂格勒．潘振民，譯．上海：上海三聯書店，1989．

3. ［美］保羅·薩繆爾森．經濟學．於建，譯．北京：人民郵電出版社，2009．

4. 周小其．探索與改革．成都：西南財經大學出版社，2008．

5. 侯淑霞．行銷新思維．呼和浩特：內蒙古大學出版社，2005．

6. 蘭苓．市場行銷學．北京：中央廣播電視大學出版社，2002．

7. ［美］菲利普·科特勒，凱文·萊恩·凱勒．梅清豪，譯．上海：上海人民出版社，2006．

對醫院績效管理考核的基本認識

劉　勇　　　　　　　　　　　　　　　（成都市第七人民醫院）

[摘要] 本文從績效管理的概念、推行績效考核的重要性、績效管理考核的基本作用、績效管考核運作的基本方法、積極創新績效管理的考核成果、績效管理考核存在的問題及其思考七個方面分析了當前績效管理考核的基本要素及其基本認識。

[關鍵詞] 績效　考核　認識

中圖分類號　R0－1　　　文獻標示碼　A

績效，從管理學的角度看，是組織期望的結果，是組織為實現其目標而展現在不同層面上的有效輸出，它包括個人績效和組織績效兩個方面。績效管理可以提高組織員工的績效和開發團隊及個體的潛能。在醫院的績效管理中，通過對醫院建立戰略目標、目標分解、績效計劃、執行過程、業績評價等環節，對員工績效進行監督、指導、評估、反饋以及評估結果運用這樣一個完整的考核過程，就可以最終實現醫院的整體戰略。

西方管理理論的發展從19世紀末到現在經歷了古典管理理論、行為科學理論、管理理論叢林、當代管理理論四個階段。19世紀末20世紀初「科學管理之父」泰羅提出了科學管理的

基本思路，其核心是提高效率，表現在管理制度上就是推行管理的標準化、程序化、結構化、理性化。泰羅的績效管理新模式引發了西方經典管理理論學派發展了許多管理技術和方法，如時間和動作分析、刺激工資制、生產作業計劃、人員考核，等等。

(一) 現代績效管理的基本概念

目前，廣泛意義上的管理至今說法不一。泰羅認為管理是「要確切地知道你要別人去幹什麼，並讓他們使用最好最經濟的方法去幹」；法約爾指出，「管理就是實行計劃、組織、指揮、協調和控制」；西蒙認為，「管理的中心是決策，經營的中心是決策」；羅賓斯提出，「管理就是指同別人一起或通過別人使活動完成的更加有效的過程」。

根據以上論斷，我們認為：績效管理緣於傳統與現代管理，是指一定組織中的管理者，通過實施計劃、組織、人員配備、領導、控制等職能來協調、配置組織資源和活動，進而更有效地實現組織績效目標的過程。這樣定義的依據是管理的固有特徵和四個表現層面：一是管理總是依存一定的組織來進行的；二是管理是一種動態的協調過程；三是管理是圍繞一定的目標進行的；四是管理的目的明確，就是為了提高實現組織目標的效益。實現組織的目標效益就是一種績效的管理，最具有管理的本質特徵和深遠意義。其中，績效管理的考核亦成為推動與評價整個績效管理的核心要素。

(二) 績效管理考核的基本內涵

績效考核的基本內涵主要體現在對人性、激勵和效能進行有機結合併進行不斷研究和績效考核核心在於真正成就激勵兩個方面。

1. 績效考核的人性、激勵和效能研究

20世紀50年代，西方管理科學發展到第二階段，產生出行為科學，提出了「一切源於人，一切為了人」是管理的出發點和歸宿。管理的最終目的是推動人與自然的和諧與共同進步，最高境界的管理模式是人性普遍價值的實現。麥克雷戈在《在醫院的人性方面》中提出了X理論和Y理論的人性假設。X理論認為：一是人天性好逸惡勞，只要可能就會逃避工作；二是人幾乎沒有進取心，不願承擔責任，寧願被別人領導；三是人生來以自我為中心，漠視組織需要；四是不願變革，喜歡安全；五是只有少數人才具有解決組織問題的想像力和創造力；六是必須採取嚴格的督導的辦法迫使其工作，需要嚴格的控制和威脅，並不斷施加壓力。以X理論為指導思想的管理理論則提出了四個基本要求：其一，以利潤為中心考慮人、財、物等生產要素的運用；其二，對員工要加以督導，使其達成組織目標；其三，工人是經濟人，只要滿足了經濟利益，他們就會配合管理者挖掘自身潛力，金錢是對工作的主要激勵手段；其四，採取胡蘿蔔加大棒的管理方式。

2. 績效考核在於真正成就激勵

麥克利蘭的「成就激勵論」指出：人有生理需要、權利需要、社交需要、成就需要。其成就需要促使人有強烈的事業心、高度的責任感，不畏困難、願意承擔風險，意志堅強。這是一個組織或個人勝敗興衰的主要因素。麥克雷戈的人性假設Y理論又指出：第一，要求工作是人的本能，工作對人們而言如休息和遊戲一樣是必須；第二，人能夠自我控制和指揮；第三，人不單純追求金錢，更注重自尊和自我實現的滿足；第四，在適當的情況下人們願意主動承擔責任；第五，人具有想像力和創造力，現代工業社會中人的潛能只是部分發揮；第六，管理的任務就是要創造一個過程。因此，在績效考核中要注意人的行為管理，將個人目標與集體目標相統一，用啟發式的命令代

替外部控制方式。同時，處理好分權與授權，鼓勵對組織承擔更大的責任，激勵他們的榮譽感。

　　績效管理考核的重要性是多方面的，呈現著綜合特徵。績效管理考核的根本，在於對人的管理，在於盡可能地挖掘管理人員身上的潛力。對於一個醫院來說，增強責任感、真正樹立起以患者為中心的服務理念、最大化地提高醫務人員的工作效率、提高醫療質量和診治水準是績效考核的基本內容。同時，通過績效管理把績效表現及單位期望反饋給員工，可以更好地將組織目標及個人目標充分結合以增強團隊協作意識，弘揚醫院文化，提升員工隊伍素質，進而達到提升醫院的價值和競爭優勢的目的。績效考核的基本要素主要表現在績效考核有助於組織的發展、有助於管理者進行管理、有助於員工的個人成長、有助於提高員工和醫院的執行力等方面。

(一) 績效考核有助於組織的發展

　　組織整體目標的實現是要靠員工的績效來支持的。它需要全體員工都積極向著共同的組織目標而努力。在這個過程中，組織則需要監控員工和各部門在各個環節上的工作情況，瞭解各個環節上的工作產出，及時發現阻礙目標有效達成的問題並予以解決。同時，組織需要得到最有效的人力資源，以便高效率地完成目標，而績效考核恰恰是解決上述問題的有效途徑。通過目標的設定與績效計劃的過程，組織的目標被有效地分解到各個部門或個人，通過對團隊及個人績效目標的監控以及對績效結果的評價，組織可以有效瞭解目標的實現情況，可以發現阻礙目標實現的原因。績效考核有助於組織的發展，主要可以為人員的調配和培訓發展提供有效信息，其動態的績效運行狀況以及績效的最終結果，都會在客觀上反應組織狀況，組織

的運作效率，以及作為組織的個人績效的能動發揮。

(二)績效考核有助於管理者進行管理

績效考核提供給管理人員一個將組織目標分解給員工的機會，並且使管理者能夠向員工說明自己工作的期望和工作的衡量標準，也能使管理者能夠對績效計劃的實施情況進行監控，達到「讓績效成為指揮棒，破解質量、效率與服務的難題，更好地為患者服務」的管理效果。績效考核對於管理者的有效管理集中在四個基本點：績效是管理者績效管理的目標之一，可以顯示管理者的管理主旨或管理內容；可以提高管理者的管理技能及實際管理水準，提升管理者自身管理的綜合素質；可以為管理者進行有效管理提供技術、數據等參考鏈，使之有強力的管理手段；可以是管理者依據績效現狀等，進行不斷的評估、總結、創新，利於強化績效管理的運行機制建設。

(三)績效考核有助於員工的個人成長

個人績效是整體績效的一個有機部分。員工希望通過有效途徑瞭解自己的績效表現，從而提高自己的績效，提高和展示個人能力。這主要體現在：員工內心希望能夠瞭解自己的績效及別人的評價，可以得到組織或同行對自己的認可；有助於自己的工作績效能夠得到他人的認可與尊重，獲得組織或同行的讚譽；有助於瞭解自己有待提高的地方，及時總結，更明確個人績效的發展方向；有助於憑藉一有效途徑將員工自己的績效表現反饋給單位，而不希望只憑自己的猜測來瞭解自己在工作中的成效；有助於通過績效途徑來綜合性地提高個人綜合素質，如個人的文化、技能、意識、觀念、思想、學識等多個方面的有效提高。

(四)績效考核有利於提高執行力

執行力,即執行的力度或程度,是以執行來取得某種或某些實效的根本保證。事實證明:任何一個組織要實現自身的戰略目標,必須要依靠執行力來做可靠基石。執行力在現代組織中具有舉足輕重的特殊作用,是組織貫徹發展戰略和實現最終目標的第一保證手段,其保證作用尤為突出,被稱為組織發展除人力資源之外的「第二動力」。執行力存在強弱之分,力度大小決定著執行的實際效果。依據績效管理與執行力的關係,優良的績效管理可以通過績效運行,提高執行力的規範、先進、科學、可行等特徵;可以及時提升執行力高度與速度,保證執行的效果;可以憑藉執行力反作用於績效管理,為績效考核提供執行的整體性過程,判斷績效的運行情況和最終結果;可以通過績效考核強化執行力度,進而利於組織完善各項規章制度,進一步改善組織執行力基礎,在一個能夠激勵人、發揮其主觀能動性的制度環境中取得績效管理的實效。如某醫院,當有了正確有效的戰略目標時,正確有效的執行力就尤為重要。如果說執行力的最高境界是一切都在管理者的掌控之中的話,那麼,要達到這種境界,就需要借助科學、高效、規範的管理系統,即以戰略為導向的績效管理系統作為「執行力」營運的基礎。沒有這樣的基礎,醫院管理的執行力,就會成為無源之水、無本之木,績效管理的考核亦無從談起。

績效管理的核心就是對執行者,即人的管理。在現代管理中,對人的系統化、科學化管理以及管理機制的確立已經卓見成效。依據組織的不同,進行績效管理的方法、定理、模式也就不同。績效管理的核心始終在於人的要素利用與人的綜合性和系統性管理。實踐證明:績效管理的核心作用主要體現在績

效管理與人本管理的互動、人本管理促進績效管理等。績效管理若沒有人本管理作為基礎，則是沒有意義的管理，那麼，這樣的考核同樣是沒有意義的考核。

(一) 績效管理與人本管理的互動雙贏

績效管理與人本管理從來就有一種極為密切的互動關係。人本管理是基於人力資源基礎，以人為中心進行人力資源的配置、利用，從而更大發揮人的作用的管理。其中，對人的績效管理是衡量人力資源管理質量的標誌之一，也是人本管理的最基本內容。這樣，績效管理與人本管理的互動成為兩種管理互動於共同的一個基本目標的特徵就非常明顯。績效管理以人為本，與一個組織的文化建設目的非常相似：都是著眼於激勵員工，盡力提高組織的工作效率和市場競爭力，從而使組織和員工都得到更好的發展。如果著眼於一個醫院，其文化更多地表現在精神的層面上。這樣的層面所賴以生存的，就是績效管理的鋪墊。績效管理側重於從制度方面來助推文化建設，與醫院文化形成一種相互促進、相互影響、相互依賴的關係。績效管理與人本管理的有效互動實現雙贏的基本表現在：可以準確地理解和利用兩者關係，利用其充分的互動，有利於我們更有效地提高組織績效和員工績效，也有利於我們更好地貫徹以人為本的精神，實現高度的人本和諧；可以在互動之中有效提高兩者質量，進一步改變狀態，積極吐故納新，實現創新性的績效與人本管理的跨越；可以為兩者提供更多互動資源，提供更多理論與實踐的探索與研究空間，形成交替式螺旋互動，不斷推出新理論、新實踐、新規律、新模式。

(二) 績效管理可以通過考核組織文化極大地優化人本管理

績效管理的核心作用還在於可以極大地優化人本管理。在

這樣的優化中，人本管理的諸多要素得以更大利用，人力資源的「附加值」得以充分體現，績效管理也同樣在這樣的優化中得到自身優化。績效管理可以極大地優化人本管理，可以從組織的文化建設上說明問題。

1. 優化人本管理之一：可以優化組織文化的原理

績效管理在促進組織文化的建立、變革和發展過程中起著關鍵作用。在醫院管理工作中，績效管理是一種制度，制度化強調的是在醫院活動中應該努力建立起一種能使廣大員工的自覺能動性得以充分發揮的制度，從而影響和規範員工的行為和思想，最終使員工能夠高度認同醫院的價值觀，並將其轉化為自覺行為。醫院文化包括核心的價值層、中間的制度層和外在的形象層。績效管理及其考核對人本管理的要素之一，就是可以優化醫院文化原理，成為其文化的組成部分，在價值層、制度層和形象層上有所作為。它表現在：可以對醫院文化建設進行主旨性指導，對其基本原理進行績效性設計，協助確定醫院文化建設的價值、制度、形象趨向，在理論與實踐中提供績效範本作為建設的主要參照，從而優化人本管理。此外，它還可以加強員工對文化建設及制度的理解、認同、信奉，成為員工的一種意識和觀念，從而成為一種自覺行為。

2. 優化人本管理之二：可以體現組織文化的要求

要成功實施績效考核和推進績效管理制度、最大限度地發揮組織潛力，就必須致力於建設一種與組織的績效管理制度相融合的高績效文化。作為醫院同樣如此。這些要求主要包括：一是獎懲分明，創造一種公平考核的環境和形成一種主動溝通的氛圍；二是鼓勵員工積極學習文化，為員工提供必要的學習、培訓機會，使員工不斷提高素質；三是創造一種良性競爭的工作氛圍、使工作豐富化的文化；四是提倡多變、鼓勵承擔責任的文化；五是為高素質人才提供發展機會和有吸引力的工作環境的文化；六是通過滿足客戶需求來保障股東利益的文化。

3. 優化人本管理之三：可以促成建設高績效文化的措施

我們應該防止把績效管理和組織文化割裂開來、任其各行其是的做法，而應該深入研究和利用績效管理和人本管理之間的相互關係，使兩者形成合力，在組織文化上有所作為。在醫院管理工作中，兩者的互動主要體現在：一方面，我們要通過醫院文化建設，為績效管理的推行製造輿論和氛圍，讓人們在觀念和行為上認同和配合績效管理的實施；另一方面，我們要通過實施績效管理及考核，改變醫院傳統的管理方式，形成以績效導向的醫院文化，使「以績效論英雄」成為全體員工公認的是非標準和行為準則。在這樣的基礎上，建設高績效文化的措施才可能成為現實。促成這些措施，包括建設措施、組織措施、落實措施、保障措施、評價措施等，都可以憑藉績效管理的能動性來優化人本管理而得到實現。

(三) 可以優化兩個管理互動雙贏的基本條件

從員工主人翁地位出發，把尊重人、滿足人、實現人的價值放在首位，是優化兩個管理互動雙贏的基本條件。如果醫院利用員工工作，只是為了獲取利潤，而員工為醫院工作，只是為了獲得報酬，那麼員工不可能真正獲得主人翁地位，其工作的自覺性、積極性、創造性無法真正激發出來。我們僅僅停留在善待人並善用人的層次上將員工看做一種生產要素或資源進行無限開發，就會違背人的個性需求。人本管理與績效管理互動雙贏醫院的基本互動條件應該是：首先，醫院是人的組織，是由全體人員共同經營的。如果每個員工都有一種「這是我們的醫院」的意識，醫院經營者把員工看作是同舟共濟的「夥伴」並「以感恩心創造和諧」，那麼，這個醫院必定成為一個共同創造繁榮和幸福的醫院。其次，應通過各種方式，讓員工瞭解醫院的目標和存在的種種問題，使每一員工和領導者一樣，思考並尋求解決問題的途徑，不僅為醫院貢獻勞動而且貢獻智慧，

形成「千斤重擔千人擔，千人醫院千人管」的管理格局。再次，讓員工與醫院共生共長，讓員工能夠分享醫院的經營成果，真正形成命運共同體，在共同創造的繁榮中共同獲得幸福。並且，在解決醫院最基本層面的管理問題時，主要依靠深入開展績效管理和醫院文化建設，樹立績效導向觀念和樹立以人為本觀念，最終實現「人事和諧」。最後，要達到「人事和諧」這個境界。要達到這個境界還應該具備三個條件，第一個是「事」好，即工作業績好，而且具備可持續發展，而不是業績平淡，或者通過弄虛作假、投機取巧獲得所謂的「好業績」；第二個是「人」好，即員工心態健康積極，團結合作，自覺進行學習和提升，病人滿意率高，而不是員工之間惡性競爭、互相拆臺、彼此埋怨猜忌；第三個是「人和事」好，即員工愛崗敬業，主動工作並精益求精，而不是對工作厭倦逃避、敷衍塞責，陽奉陰違。

(四) 可以創造績效管理與人本管理互動雙贏模式

在當前推行醫院文化建設和績效管理的實際中，許多醫院常常忽略了人文關懷和人文價值精神這一根本原理。我們講績效管理和醫院文化，主要都是為了調動人的積極因素，提高工作績效和醫院經濟效益，尤其講以人為本時，強調的也主要是它們調動人的積極因素對於提高績效的幫助。而這只是醫院文化為醫院發揮「依靠人」作用的一個方面，實行人本管理不能到此為止。沒有真正解決員工主人翁地位問題，這正是當前很多醫院欠缺方面和推行醫院文化難以取得預期效果的根本原因。然而，要達到「人事和諧」這個境界，並非是一蹴而就的事情。要把績效導向和以人為本精神落到實處，發揮預期效果，根本出路在於正確認識員工在醫院中應有的地位，根據對人們自我價值、個人尊嚴、個性空間等的注重和追求，建立起相應的管理目標和理念，科學地處理好醫院管理中人與人和人與事的關係，把尊重人的尊嚴、個性和需要當做前提，與組織共創價值。

基於此，我們應該在績效管理與人本管理的互動雙贏上進行積極創新，運用創新模型來取得互動雙贏的實效。為建立激勵員工模型，以盡力提高醫院的生產效率和市場競爭力為基準，我們可以採用傳播領域中的「丹斯模式」，即動態的績效管理和人本管理進行螺旋形交叉互動，每個交叉點代表員工，在每個交叉點進行績效管理和人本管理的雙向提升，進而創新管理模型。也可以採用巴克模型，在互動中以員工為中心，將相互聯繫或依賴的要素進行再組合，以信息傳播到接收反饋的互動，使兩個管理要素產生共同作用來達到預期目標或結果。可以利用賴利夫婦信息傳播的系統模型，創新「績效和人本管理基本互動模型」，可以充分利用績效和人本兩個管理要素進行相互傳播與交融，也可以利用領導者和員工兩個基本群體進行交融，從而形成平行的、公正的、民主的互動，實現兩個管理的融合。可以利用群體互動發展表達的五個階段，即摸索、受挫、協調、角色和群體行動，創新「群體管理績效（人本）模型」，即利用上述階段的不同設置進行梯次性漸進，創新兩個管理。我們還可以按照群體傳播信息的一般結構，以類似於一個圓桌會議或某種議事機構那樣巡迴的優勢，創新「群體巡迴績效與人本管理互動雙贏模型」，即全體成員信息傳播處於平等地位，領導關係無明顯特徵，來共同調查和解決複雜問題；可以利用輪形網絡信息高度集中、領導處於中心控制地位、成員可以直接溝通的傳播效率高，速度快的優勢來調查和解決簡單問題；可以利用領導者處於中心地位，信息傳播高度集中的鏈形網絡解決問題更快、準確度更高、領導效能更顯著的優勢，從容解決需要立即調查和解決的問題；可以利用 Y 形網絡工作效率高、傳播速度快、準確度高、利於長期發展的優勢，正確處理一些特殊問題；可以利用渠道信息成員傳播自由、地位平等、信息傳播速度最快並擁有全方位團體傳播的優勢，把握對所調查問題的全面認識，集思廣益，提高解決問題的質量，等等。

確保績效管理和人本管理的順利推廣、提高醫院的人才競爭力、促進醫院的持續健康發展,並保證以人為本精神的深入落實,真正建立組織績效和員工績效,就要更好地弘揚以人為本的精神,使其發揮有效作用,實現高度人事和諧。

(一)針對問題,量化指標,強化管理與控制,實行績效考核全面覆蓋

實施績效管理首先應明確績效管理的內涵。績效管理包括績效計劃、績效實施、績效考核和績效反饋。績效管理的目的是通過管理個人績效提高組織績效。績效考核是績效管理的一個環節,將績效考核等同於績效管理,會造成績效目標不明確、績效提高是績效管理的最終目的,使績效考核流於形式。

績效要發揮作用,首先就要針對存在的問題,量化績效指標,即要立足醫院客觀實際,根據戰略目標設定的績效管理計劃,進行績效評價指標的制定。依據績效評價內容和績效評價標準,將醫院發展目標與科室建設和員工個人理想有機地聯繫在一起,通過對個人的績效考核來提高醫院整體組織效率;要是還能發現問題,把握熱點,則更易做到有的放矢;評價和統計要規範且有透明度,突出易得、通用、代表、確定、獨立及靈敏原則,評價過程要客觀、公開、公正並且真實。其次,在強化與控制工作中,要突出績效評價主體,評價結果與績效工資直接掛勾,績效工資應拉開距離,做到獎懲嚴明,加強醫院管理的約束和激勵機制,最大限度地發揮績效機制的作用。同時,必須建立完善的信息支持系統,進行完善的成本核算等信息管理,能夠及時提供測評指標所必需的信息,如財務信息、業務流程信息、員工電子檔案等,充分利用平衡計分卡的績效考核模式,建立一個良好的績效考核系統。最後,要特別注重績效

考核的全面覆蓋。沒有績效的全面覆蓋就沒有績效的實際成果。

全面覆蓋還要突出以下幾個基本點來提高考核的覆蓋質量：一是注重覆蓋管理者與員工之間的交流溝通來提高組織效率、工作效率、評估率效等的操作，讓每個人瞭解戰略，通過交流，讓員工明白應該做什麼，必須把工作做到什麼程度，會得到何種相應的激勵或懲戒。二是注重反饋信息，及時根據實際對醫院管理和考核做出適時的調整，即不斷全面審視績效管理的目標、方法、手段及其他細節，並進行診斷，從而不斷改進和提高醫院的績效管理水準。三是將具體醫療規範、操作程序、服務標準、創造效益等醫療服務運行過程中的任務、要求，以量化指標的形式加以規定，並根據管理工作重心的不同調整考核權重，從而將重質量、重服務、保安全、講效率的醫院管理要求以數量化指標的形式，納入到對一線醫療服務部門的日常考核範圍，使管理機制更趨科學，管理方式更為有效，進而達到「讓績效成為指揮棒，破解質量、效率與服務的難題，更好地為患者服務」的管理效果。四是注重面的覆蓋度。如醫院以「注重工作質量與結果、注重臨床一線的滿意度、強調成本管理與控制、加強綜合管理、實行行政部門的管理效果與臨床一線的指標完成結果責任共擔」為主要考核內容，以「領導評價、一線評議、履職考核」為標準的《職能科室績效考核辦法》進行指導，從而實現績效考核全覆蓋；最後，在績效覆蓋中要注重不斷總結，以充分的執行力保證激發相互制約、相互督促、相互考評的績效管理功效，有效提升績效考核質量，形成績效考核的質量特色。

(二) 將戰略目標轉化為部門、個人指標

在實踐過程中，組織層面的戰略目標非常明確，但是落實到部門、個人的行動時卻時常出現各走各的獨木橋現象，造成戰略目標的稀釋。如何把戰略落實到每位員工的具體行動中？

醫院在明確了院級關鍵業績指標後，各職能部門負責人依據院級指標體系為全院所有科室建立了部門級指標體系。然後，部門管理人員再將部門級指標進一步分解為各崗位的業績衡量指標。這樣，所有部門和員工就能清楚地知道在醫院戰略體系下自己的目標、職責以及需要做的工作。通過指標分解，將長期的戰略轉化為近期的計劃，將群體的目標轉化為個體的績效，將組織的戰略轉化為個人的行動，實現戰略驅動、過程管理、平衡資源、協調發展，進而確保了戰略的有效落實和執行。此外，還通過績效溝通幫助員工瞭解自身工作與部門目標及醫院戰略的關係，自身的工作是否符合部門和醫院發展的要求以及如何更好地完成本職工作，從而保障部門和醫院目標的實現。

(三) 獎罰分明，提高執行力

縱觀古今中外醫院管理，好的管理理論、方案，固然對醫院管理有很大作用，但如果做不到獎懲分明，也很難在提高執行力上取得顯著效果。如在薪酬方面，有的醫院績效結果主要與獎金掛勾，連續三個季度績效考核為「優秀」或年度績效考核為「優秀」的員工，績效獎金等級晉升一級；連續四個季度績效考核為「優秀」的員工，績效獎金等級晉升二級。反之，年度績效考核為「不合格」的員工，績效獎金下調一級。同時還規定了績效結果在職務、等級、工資等級、崗位職務聘任、培訓等方面的應用辦法。值得注意的是，醫院績效管理的目的絕不僅僅是為員工薪酬調整和晉升提供依據，而是要使個人、團隊和醫院的目標密切結合，以績效管理助推執行力的提升，最終實現醫院的整體戰略。物質的激勵不是提高考核水準的唯一手段。要提高執行力，在結合自身實際的基礎上，可以採取不同的執行模式或手段。如採用 PDCA 循環模式，即「戴明循環」模式，對於提高質量管理體系運行的效果和效率十分有效。在該模式中，可以利用 P—策劃，即根據績效要求和組織方針，

為結果建立必要的執行目標和過程；利用 D—實施，即執行過程來強化執行力，並確定執行力度與具體執行方向；利用 C—檢查，即根據績效方針、目標和要求，對績效過程進行監視和測量，並取得結果；利用 A—處置，即採取措施，以持續改進績效的過程業績。其中，A 是四個循環中的關鍵環。如果 A 執行不力，會影響循環的整體效果，出現「單循環」，便不能在整體循環中構成循環的疊進模式或「環套環模式」，即難以實現預定的計劃、方案等。

(四) 運用績效考核建立科學的分配制度

為了進一步激發員工積極性，我們可以以按勞分配和按要素分配相結合的原則進行績效的考核分配。如醫院可以用「工效掛勾」的經濟分配方案，實行崗位工資和績效工資相結合的分配制度來體現績效管理成果。它就是根據技術含量的高低、所需能力大小，聘任相應的技術及職務崗位，確定崗位工資，以崗定薪，易崗易薪。同時，建立向臨床高技術含量、高風險崗位傾斜的分配制度，合理拉開收入差距，按勞取酬。實行崗位工資制，崗位工資按專業技術職稱、取得職稱的年限、職稱類別、學歷高低、能力的大小、崗位貢獻的大小等要素設置，合理拉開收入差距；實行崗位績效工資則從績效角度，充分考慮績效的效應大小、績效的實際功用、績效的戰略考評等要素，合理進行梯次分配。

不斷創新績效管理考核模式是績效管理永恆的課題。在績效原則之下，醫院的績效管理要注重突出四個核心要素：實行院、科二級核算及分配管理，以科室為核算單位；以效率優先、兼顧公平、注重實績、獎勤懲懶、鼓勵創新為原則；向臨床一線高風險崗位的技術骨幹和中、高層管理人員傾斜；各科負責

人每月績效考核結果呈動態形式。創新績效管理考核模式主要有目標管理循環、360度反饋、基於平衡計分卡的績效管理和基於關鍵績效指標的績效管理等模式。

(一) 目標管理循環模式

目標管理循環模式就是基於目標的作用，將確定後的組織目標通過分解得到部門目標和個人目標並可以進行循環的新模式，即「A＋B＋C＋D＋…＋N」模式。對於醫院，我們確定A目標，將醫技科室提前開診、檢查報告出具時間、專家門診準時開診、床位使用率、平均住院日等指標列入相關科室進行考核，以提高科室工作效率、減少患者等候時間，緩解看病難的問題。為了讓病人少花錢看好病，我們確定B目標，將費用控制指標納入科室績效考核，每月核算科室人均醫療費、藥品比例、基本用藥比例，運用績效槓桿，控制醫療費用的增長，減少患者的負擔。可以將病人滿意率、病人投訴等作為科室績效考核的C目標，即每月組織相關部門通過問卷調查、電話回訪等形式，匯總病人意見，反饋給科室，同時與科室績效掛勾，病人的意見參與到科室績效分配中。由此推導，可以借此推出不同的子目標並進行交叉，呈並行交替狀態模塊，然後又在各自的基礎上進一步推出第二級的「a＋b＋c＋d＋…＋n」模塊……這樣循序漸進，在績效質量上，保證後一個模塊的績效質量總是對前一塊模塊質量的提高。

(二) 360度反饋考核模式

通過從不同評價者（上級主管、同事、下屬和病人等）多角度收集到的信息來對員工進行全方位、準確地評價。這種方法與傳統的自上而下的單向考核相比，其本質區別在於它將考核變成了多向、多角度、多點位的評價，使得評價結果更加準確、更加符合實際。360度反饋模式設定某一個績效目標後，可

以運用不同角度進行績效反饋，它信息源廣、內容豐富、反應多向，最容易形成立體績效。

(三) 基於平衡計分卡的績效管理考核模式

基於平衡計分卡的績效管理是從財務、顧客、內部營運和學習成長四個方面來考察醫院的一種模式。這樣的模式形成四個觸向，由通常的卡片摘錄方式演繹而來。該模式能可靠地進行績效量化，通過財務、病員、內部營運和一個成長的相對平衡發展，實現績效的整體和諧，在人、事、物方面可以充分發揮員工能力這一無形資產，使之推動醫院進步，從而實現醫院可持續發展的目標。

(四) 基於關鍵績效指標的績效管理考核模式

它是衡量醫院戰略實施效果的監測指針。其目的是建立一種機制，將醫院戰略轉化為內部過程和活動以不斷增強醫院的核心競爭力和持續取得高效益。它充分利用關鍵績效指標（KPI）體系中的三個層次，即醫院關鍵績效指標、部門關鍵績效指標和崗位關鍵績效指標，通過有機結合，以一個完整的績效指標體系將醫院績效目標、部門績效目標和個人績效目標緊密聯繫起來，有利於績效機制的建立。在提升個人績效、部門績效時，醫院績效能同時得到提升是其最顯著的特徵。

創新績效管理模式必然要進行必要的考核。醫院的考核的內容可以著眼於：相關滿意度、規章制度執行情況；成本控制、工作量；醫療質量、護理質量及院內感染、教學質量、醫保管理和人才培訓；醫德醫風教育及執行情況、各項政治任務完成情況等。其考核的方法有：KPI 與 360 度相結合。由各職能部門測評臨床、醫技輔助科室，臨床科室測評醫技輔助科室，輔助科室測評臨床科室，各非職能科室和院領導測評職能部門，院領導測評由組織部負責；明確操作步驟、製作並發放各類測評

表。為了取得測評實效，可以統一製作測評箱，掛放於各病區及院部會議室，黨辦、院辦、人事科共同拿鑰匙定期開箱匯總上報；定期通報與溝通測評結果，反饋工作中的優點與不足，根據測評結果發放績效薪酬。

　　績效管理必須要創新考核成果，使績效管理更富有生命力和感召力。創新績效成果主要表現在五個基本點：其一，要真正提升員工的工作積極性，引導員工工作作風和精神面貌的顯著變化，必須要在積極性上進行充分創新，要把「要我干」真正變成「我要干」，還必須抓住「人才潛能」和「員工梯隊」兩個根本要素，進行人的能動性績效創新。其二，必須創新提高醫療服務質量。它表現在醫療服務的水準提高，有更為科學的管理和量化指標；表現在醫務人員競爭意識和醫技的進一步增強；表現在「一切以病人為中心」不再是一句口號，而變成了全體員工實實在在的行動，病人滿意度評價明顯提高等方面。其中，服務與技能創新是其重要的落腳點。其三，要進一步增強員工的責任心、使命感、危機感，還必須創新崗位績效考核制度等先進管理方法，不斷充實績效管理內容，在調動員工積極性和提高員工自身競爭意識上，尤其注重「工作責任心」和「主人翁」意識的培養，並在這樣的要素上進行創新。其四，注重績效管理的實際效果，在強化醫院經濟效益與社會效益上創新思考在醫療市場競爭中怎樣逐步增強實力及其新的績效戰略。其五，在創新基礎上，要更多考慮實現持續發展以形成以績效為導向的醫院文化，激勵員工更加投入，促進質量管理和提高工作效率，幫助員工適應組織結構調整和變化，促使員工加強學習，發掘自身潛能，提高其工作滿意度，給員工提供表達自己的工作願望和期望的機會。同時，要增強團隊的凝聚力，改善團隊績效，通過不斷溝通和交流，發展員工與管理者之間的

建設性的開放關係，減少衝突，增強合作。要充分考慮績效管理建設的各種成本投入和績效產出的要素互動，增強與人本管理的結合。

績效管理作為管理實踐的重要工具和現代管理學的重要研究課題，在現代新公共管理運動的影響下，醫院績效管理考核的理念、方式和工具，比如顧客導向、平衡計分卡、績效合同、績效規程等，正在發生極大的變化。因此，極有必要對當前績效管理考核存在的問題及解決問題的方法進行更多的思考。

(一) 當前績效管理考核存在的主要問題

當前績效管理考核由於績效管理的目標不同、考核的單位不同等原因，仍然存在一些問題，影響或制約著績效管理考核的深度發展。其問題主要表現在以下幾個方面：

1. 績效管理與績效考評被等同

管理與考評是不同的概念。管理更多的是指一種全過程的行為實施，內涵非常豐富，帶有戰略性，全局性。考評是實施過程中的一種手段，呈現明顯的戰術性，局部性，是對管理的運行質量進行必要的評判。兩者被等同的誤解使得許多組織只看到了績效考評，而忽視了對績效管理全過程的把握以及績效管理全過程對績效考核的重大影響。同時，績效考評只是績效管理的一個環節或部分，它反應的是過去而不是未來的績效，而績效管理更強調未來績效的改進和提升，著眼於未來的發展戰略。

2. 績效管理類同薪酬管理

績效管理必然會產生績效的最終效益，即通常的薪酬利益。兩者同樣存在著不同的含義。它們被類同化的原因在於激勵手段單一。因為目前績效常常只是和工資、獎金等掛勾，便誤以

為績效管理就是員工薪酬分配的一種形式。實際上，其他形式的柔性激勵，如員工個人發展、職位提升、工作培訓等都是激勵員工的有效手段。

3. 績效管理及考核僅僅是人力資源部門的職能

進行績效管理考核的主要職能部門是人力資源部門，它是落實與執行績效管理的一個主要窗口。但績效管理是一種全員性的組織管理，從設計、組織、運作等多方面看，它必然會要求全體員工、各部門充分參與到績效管理之中並發揮積極作用，否則績效管理就很難實現預期的目的。同樣，這樣的考核也是全員性的，單靠人力資源部門的職能發揮是難以實現整體管理目標的。

4. 績效考核形式僵化而缺乏科學性

它比較集中地表現在三個方面：一是有的考核辦法沒有根據特定的工作崗位，設計相應的考核指標體系，員工之間無法體現個體差異，出現平均主義；二是有的考核主體單一，由主管上級來監督完成，主觀性強，考核帶有片面性；三是即使採用多維度的考核方法，但是權重分配不合理，上級評分重、員工本人評分權重相對偏低，導致考評結果就是來自上級領導的評分，因此考評結果有失公正。

5. 評價者自身失誤

由於人力資源管理制度中的種種缺陷，容易導致考核的主觀性與片面性，以及在績效考評中考評者自身的一些問題，常常會使考評出現失誤，出現偏見誤差、暈輪效應誤差、近因誤差、感情效應誤差、暗示效應誤差等，其結果必須影響績效考核的可信度和效率度。

6. 績效考核反饋不足，缺乏溝通與反饋

由於未及時進行溝通，績效考核反饋不足，會出現績效管理執行與結果上的偏差，導致上級與下級對實現工作目標的要

求在理解上出現異化,在具體實施績效計劃的過程中不能及時發現問題和解決問題。因此缺乏糾偏的保障措施,難以保證工作按預期計劃進行,導致影響績效管理的目標虛擬化、形式化,其績效目標難以實現。

(二)對當前績效管理考核的再思考

績效管理考核是一項管理大工程,必然會在發展中存在這樣或那樣的問題。如:績效測評工具的有效性在很大程度上取決於工具是否與問題以及環境相匹配;政府績效對公共服務供給不足,大規模地採用績效合同,並推行公共服務的市場化,可能導致公共服務「嫌貧愛富」問題;國家在快速發展時期,限制政府活動範圍的績效管理方式,使國家的社會組織尚無法承接起政府轉移出的功能問題,等等。除此之外,具體運作中的績效管理考核過程創新、管理中人的積極因素的深度發掘、管理最後的績效評判等,都是值得我們去積極思考和研究的課題。

1. 注重績效管理及考核過程的完整化

績效計劃、績效實施、績效評估、績效反饋等,都是績效管理的不同環節,其不同的環節內容構成了整體性的績效管理。在具體的運作中,重視局部而忽略整體的績效管理卻常常影響著績效的整體發展,導致績效管理出現要素運用不當,功效不力等情況。保證績效管理過程的完整性,可以創新性地運用多種模式來進行。可以創新「梯次性管理模式」,即將管理各要素進行程序組合,按其計劃、實施、評估等環節分別設立不同環節模塊,按績效脈線進行連結,從而再進行縱橫交叉,構成多維、立體的漸進過程模式;可以運用「蛙式跳躍模式」,即明晰每個設立的環節或內容後,各自為主進行不同運作,直接在實現 A 環節後立即跳躍到 B 環節,再到 C 環節等,由此進行跨越,最後進行績效連結,等等。

從醫院這個組織看,創新性地運用「梯次性管理模式」和

「蛙式跳躍模式」的部分要素組合，取長補短，實行「績效管理分期循環模式」的效果非常明顯。如整個績效管理及考核進行相關的組合後，形成三個執行期：第一，績效管理前期，主要是指績效計劃的制訂。績效計劃是整個績效管理的開始，它以組織自身已明確的目標定位，從戰略高度確定績效目的，保證了醫院績效戰略目標的明晰性和可操作性。第二，績效管理中期，主要是績效實施與管理這一環節。在績效計劃被確定之後，員工開始按計劃開展工作。管理中期，承上啓下非常重要。在績效管理過程中，尤其要注重溝通上下渠道，注重領導者、管理者、員工的工作責任和實際效果，注意發現並及時解決可能出現的各種問題，保證績效管理的後期運作。第三，績效管理的後期，這是整個績效管理的關鍵時期，績效考核和評估是這一時期的關鍵環節。在績效期結束時，管理者根據預先制訂好的計劃，對員工的績效目標完成情況進行考核與評估，然後進行績效反饋，將評估的結果明白地告訴員工，充分肯定員工的成績，誠懇地指出不足，求得其對考評結果的認可。同時，要以績效管理經過的一個循環，確定下循環的績效計劃目標，進行績效循環漸進，逐步提高績效管理檔次，實現科學高效的績效管理。

2. 從實際出發，注重創新績效管理目標

提高組織績效管理水準，最終實現組織戰略是進行績效管理的根本目標。創新醫院績效管理目標也是這樣，沒有目標的創新，績效管理難以為繼。創新績效管理目標主要為：一是創新目標的可操作性與先進性。除了必須聯繫實際外，目標制定應當突出公平、公正、公開原則，要根據不同的績效受眾對象，堅持目標對稱、重點分明、各司職責、評價有序。同時不能過高或過低地制定目標，使之具有可操作性與先進性。二是創新績效管理目標的激勵機制。激勵是績效管理運作的主要手段。它主要包括物質的激勵與精神的激勵兩個方面。激勵的目的在

於挖掘執行者內在潛力，積極發揮其個人主觀能動性，提高績效管理的質量。三是創新績效管理目標的更高形式。目標決定著績效的實際運作與質量。績效管理目標越具有先進性與科學性，就越有其可選性與可行性。制定目標既要聯繫實際，也要注重目標的引領性、創新性、成效性和持續性。四是目標創新要推動績效管理的理論和實踐創新，必須以目標創新為基準，進行理論創新、運作創新、思維創新和觀念創新，由此創新自身的績效管理為「樣板管理」或「特色管理」，成為績效管理的一面旗幟。

3. 績效管理時要充分考慮人的要素作用

人是當今時代的「第一資源」，是一切發展的根本。我們在進行績效管理時必須探究、順應人的本質與發展規律，才可能真正調動人的主動性、積極性和創造性。充分考慮人的要素在績效管理中的決定性作用，要更深刻地認識和發揮人的作用，善於運用人力資源的運作把它體系化、系統化，使之更符合人性規律和科學原理：其一，必須充分考慮和尊重人的人格、人性、人德、人才等特性，善於尊重和引導其個性、品行等的選擇，在人性化、親情化上實現一致和諧，為績效管理提供更為堅實的保證。其二，必須真正體現人在績效管理中的地位與價值。它表現在個人能力的充分發揮、個人作用的創新運作、個人績效的充分肯定、個人榮譽的充分宣揚等。要真正解決好個人在績效管理中的應有地位和價值取向方式的問題，就必須通過民主管理、參政議政等方法，充分落實個人應有的知情權、監督權、參與權和執行權。其三，要充分注重個人素質的提高，包括學識、專業、技能、文化、生活等方面的充分培養，激勵個人進行潛能發揮與潛質誘發，從素質上保證績效管理的運行質量。其四，要不斷創新人力資源管理與運作模式，創新人本資源管理原則，真正解決績效管理中人本位關係、領導與執行的關係、執行與監督的關係、個人與集體的關係、薪酬與績效

的關係,等等。

4. 實現績效結果創新式溝通,使績效管理落到實處

績效結果溝通主要是指績效結果的應用以及績效反饋的溝通,這個溝通過程是績效溝通的重點。績效考核最終目的是提高組織和員工的業績並進行管理和提高的不斷循環,使績效管理步入良性與持續發展,實現績效管理的更高目標。

績效結果的創新式溝通,在於摒棄通常的一些模式。如績效一般性的考核、評價、激勵模式,一般性的精神為輔、物質為主的激勵模式,領導評定、下屬接受的非雙向反饋模式,等等。創新績效結果溝通首先要注重績效結果的正確運用,充分肯定員工在組織中的重要作用,並在結果運用中適當進行傾斜,忌諱過分強調所謂的「獎勤罰懶」,過於拉大激勵差距,使績效結果運用缺乏公平、公開與公正,出現負面效應;其次要尤其注重運用的反饋,即組織的上下平等溝通,信息積極互動,著眼於在運用績效結果中善於發現並及時解決出現的問題,著眼於為新的績效管理做好各種準備。如績效結果運用與反饋的「雙向疊加運用反饋模式」。該模式為:績效結果運用質量＝領導者＋執行者互動→實現公平↔公開↔公正循環→運用方案分析→執行分析→結果總評＋領導者與執行者信息反饋與處理。該模式的最大特色在充分實現了績效結果運用與反饋的積極互動,實現了績效管理要素的終端與輪迴效果,體現了績效管理考核的科學與民主進程。

績效管理是當今管理的新課題,正在不斷創新和擴大著績效管理的新領域。充分重視績效管理的現實與潛在的巨大作用,並在醫院進行更大的創新與開拓,才可能真正使醫院創新與改革取得成效,實現新的騰飛。

參考文獻：

1. 馮敏，李慶雲，等．探索績效管理機制 提升服務質量和效率．中國醫學研究，2010，4（8）．

2. 毛羽，邢紅娟，等．績效管理——醫院執行力的助推劑．中國衛生質量管理，2009，16（2）．

3. 羅智友．淺析績效管理和人本管理的關係．致富時代，2009（12）．

4. 鄭玉華，等．績效管理中的問題及對策研究．管理觀察，2010（12）．

5. 劉歆農，劉豔秋，等．醫院績效管理研究．江蘇衛生事業管理，2010，2（21）．

6. 周小其．探索與改革．成都：西南財經大學出版社，2008．

7. ［美］彼得·德魯克．卓有成效的管理者．許是詳，譯．北京：機械工業出版社，2009．

8. ［美］道格拉斯·麥格雷戈．企業的人性方面．韓卉，譯．北京：中國人民大學出版社，2008．

談談企業文化建設應注意的幾個問題

曾文鵬　　　　　　　　　　　　　　　　（四川省第一建築工程公司）

[摘要] 當前，企業文化建設要注意什麼問題？本文從企業文化建設要重點普及企業文化的基本知識、企業各級領導必須高度重視企業文化建設工作、注意加強企業文化建設要堅持同一性和突出特殊性、注意企業文化建設中堅持以人為本的建設原則及注意以基層文化建設來推動企業整體文化建設五個方面進行了探索與研究，提出了企業文化建設的一些新思考、新舉措。

[關鍵詞] 企業文化　建設問題

中圖分類號　D406.15　　文獻標示碼　A

企業文化是企業長期生產經營活動中所自覺形成的、並為廣大員工恪守的經營宗旨、價值觀念和道德行為準則的綜合反應。它是一個企業或一個組織在自身發展中形成的以價值為核心的獨特的文化形式，是企業或組織發展的內在動力和精神支柱，是企業實現發展戰略目標、進行科學管理、廣泛吸納人才、不斷創新進步的重要保證。現代企業發展表明，企業管理、經營及企業文化已經成為企業發展的根本動力。如何抓住企業文化建設的要領並結合企業自身實踐去注意文化建設中應注意的問題，對進一步加強企業文化建設、實現持續協調發展，具有

極為重要的現實意義。

　　推進企業文化建設，首先應重視做好有關企業文化基本知識的普及工作。要通過組織學習、開展培訓、加強宣傳等途徑，將企業文化的基本知識特別是有關企業文化的基本定義、基本內容等讓企業領導和員工普遍有所瞭解和掌握，這樣才有利於為推進企業文化建設，奠定更好的認知基礎，增強推進此項工作的自覺性與主動性。企業文化的基本內容決定了企業文化的知識構架，它包括企業歷史傳統、經營管理理論、企業價值觀念、企業精神、企業道德規範、企業行為準則、企業制度、企業產品、企業文化環境、企業形象等。其中，企業經營管理哲學、企業價值觀念、企業精神和企業形象是企業文化知識的學習核心，也當前企業文化建設需要特別重視的領域。

(一) 注意突出企業文化建設中經營管理哲學的主旨地位

　　企業經營管理哲學，即企業在經營管理過程中所表現出來的與眾不同的先進思想、觀念、行為及方法，是企業文化建設與文化普及的主旨。在企業經營管理哲學價值觀念指導下，這種企業文化建設主旨的統領性特徵尤為突出：第一，在處理人與物、管理者與被管理者、生產者與經營者、產品質量與產品價值、企業利益與員工利益、企業利益與社會利益、當前利益與長遠利益，以及在企業之間的競爭與聯合等關係上，可以提供正確的指導思想，具有綱領性作用；第二，它可以為企業提供具體的經營管理思路、方法、方案、步驟等，是企業文化建設實踐的重中之重，引領作用十分明顯；第三，它始終貫穿於企業文化建設，為建設提供理論與實踐天地，並始終作用於企業文化建設的整個過程。因此，把握企業經營管理哲學內涵，

已經成為企業文化建設的核心工作，也是企業文化建設的熱點課題與普及的難點所在。企業文化建設的實踐證明，注重對企業經營管理哲學的學習與普及，具有極為重要的現實意義和指導意義。具體表現在：一是可以進一步分清企業文化建設各要素、層次及構架，分清主次，加深認識，切實把握建設主旨，突出並發揮其綱領性作用；二是通過不斷普及，深化企業文化各項建設，利於盡快構建企業自身文化建設的體現或機制，使之盡快步入文化建設的先進行列；三是注意企業文化建設點面結合，以點帶面，綱舉目張，憑藉主旨的動力作用進一步解決當前企業文化建設中存在的問題，制定文化建設的規劃、舉措等，在學習的基礎上保證普及，在普及的基礎上保證實效。

(二) 注意突出企業精神是企業文化的集中反應

企業精神是企業文化的靈魂，是企業內在精神狀態的集中反應形式。它常常以具體可感的精神來集中反應企業的素質精髓所在。體現企業精神是企業文化精神一項重要的形象工程，內容廣泛，形式多樣，既是企業文化建設的關注點，也是企業文化建設的一個「盲區」。基於目前不少企業流於形式，注重過程而忽略實效，其企業精神的集中與形象反應尚不盡如人意的狀況，加強企業文化的精神建設還要做出更大的努力。注重企業精神的進一步建設，從而進行更積極地探索是搞好企業文化建設的責任體現：一是進一步把握企業精神的內涵及外延的不斷演化，注意突出企業精神的創新空間、多維層面、熱點變化、疑難所在，不斷創新意識，煥發激情，延續精神，使之更富有生命力、凝聚力與感召力。二是充分利用企業精神的形象轉換要素，以新穎美感的形象塑造來不斷更新或提煉企業精神。充分利用更鮮明貼切的企業宗旨、更言簡意賅的企業訓條、更感人肺腑的企業之歌、更簡潔明瞭的企業徽記等來提升企業精神，必然會創造出更新的企業精神形象。三是尤其注意防止企業精

神建設簡單化、程序化、形式化、大同化等傾向，力求突出企業自身的精神特色與獨特的表現力，使精神建設不落俗套，不流於形式，有自我真實完美的表現。四是注意精神建設在企業內存在的長期性、反覆性與多變性因素，尤其要注意自身員工精神建設的基本質量，關注員工精神的創新、轉化、吸收、表現等多種變化形態，不斷以新思想、新觀念、新思維等影響和感召員工，使企業全體員工在好學好記好遵循之中形成自己的精神特色，能夠展現企業良好的精神風貌，成為企業的活力之源。五是注意不斷總結提高，在員工的感召力、凝聚力、積極性、主動性等表現上，以精神建設狀態分析員工隊伍建設狀況，以精神建設實效提高員工整體素質，以精神建設作為增強員工團隊精神，在企業持續協調健康發展上真正體現出企業精神寶貴精髓。

(三) 注意突出企業形象是企業文化的外在體現

企業形象是確立企業的優勢地位的一種重要手段，是衡量現代企業形象質量狀況的重要指標，其潛移默化的影響及作用特別重要。企業形象的「構建點」比較多，主要有企業的統一標誌、商標造型、產品特色、經營服務特色等。企業形象通過自身和各種媒介推向社會，以形象的可感、可讀、可信來體現企業素質，從而以形象的感召力、渲染力來影響社會各個層面，得到社會廣泛的認知與評價。企業形象之所以為企業所重視，緣於這樣幾個基本要素：一是企業形象最直觀、深刻、鮮明、突出，形象感的潛在影響非常明顯，形象效果快捷有效；二是企業形象特徵易於把握，易於塑造，一句話、一個標示徽記等，都可以進行刻畫，使形象栩栩如生；三是企業形象是創造企業精神的外在表現，最容易提升企業自身的無形價值；四是企業形象也是企業員工凝聚力、親和力、形象的集中體現，極易反應出企業及員工的內在精神風貌與特色；五是企業形象有利於

企業創造最佳的生產、管理與經營環境，利於提升企業經濟質量與經濟價值；六是企業形象具有極大的操作與深化空間，設計、創作手段新穎，理念先進，最容易反應企業特色優勢，往往也是企業文化「畫龍點睛」的地方，企業可以借此發揮，取得實效。

注意突出企業形象並為企業創造更多綜合性價值是非常重要的。當前強調企業形象塑造，尤其要注意：第一，必須注意塑造企業形象存在的一些表面化、公式化傾向，避免形象呆板、凝固、過於直露，缺乏美感，從而弱化了內在感染力、凝聚力與想像力。第二，員工形象也是企業形象的體現，因此要特別注意員工自身形象的塑造與維護，力爭企業固有形象與員工形象統一起來，即防止兩個形象的反差比對，重點抓好員工「活形象」的塑造。第三，利用企業形象內涵的外延性擴展，在企業固有形象基礎上以員工的「活形象」來有效提升企業形象。因此，注意對企業員工進行基礎性與經常性的企業形象教育，對廣大員工特別是各級經營管理者進行深入人心的企業形象建設的知識普及與提高非常必要，如個人形象的素質體現、個人形象與團隊形象的塑造等，一定要進行經常性的教育更新以保證員工思維、觀念、行為、形象等的不斷進取與創新。第四，注意企業形象在形式基礎上進行的必要的內容充實，由此及彼，舉一反三，充分利用企業形象與員工個人形象的感染力來促進企業其他工作。如利用企業形象來突出企業經營特色、增加服務內容、擴大市場佔有率等，使企業形象真正成為企業的名片或品牌。

國內外眾多著名的現代企業的發展歷史證明，企業經營、管理、文化是企業立於不敗之地的法寶。企業僅僅靠生產與經營來發展企業遠遠不夠，還必須要以企業文化為先導，貫穿企

業文化精神,以新理念、新思維進行企業思想與企業文化的創新,才能成為現代一流企業。企業文化作為一種有效的文化資源與知識利用資本,是企業取之不盡、用之不竭的財富和智慧。顯然,企業領導者對企業文化建設負有重要的使命與責任,常常影響著企業文化的建設過程,甚至決定著企業文化建設的成效。企業領導者在企業文化建設中具有舉足輕重的地位與作用,表現在企業文化建設中領導者作用的能動發揮等。因此要注意以下幾個方面:

(一) 注意企業在文化建設中領導者能動作用的發揮

強調企業領導者能動作用的發揮至關重要。這是因為:①企業領導者肩負著企業發展重任,是企業利益的代表,並且常常具有法人代表資格,擁有企業資產的經營權與管理權。領導者對企業文化建設的重視程度及其能動作用的發揮狀況,可以決定著企業文化的形式與內容。②企業領導者個人能力、素質、氣質等對企業的現實與潛在影響非常明顯,在相當程度上影響著企業文化建設的數量與質量狀況,沒有企業領導者的能力有效發揮,企業文化建設就可能成為一紙空文。③領導者會具體領導深刻影響企業文化的構思、設計、佈局、實施等各個環節。④由於領導者自身負有企業發展的最大責任,因此企業文化建設也是領導者的重要工作內容,企業領導者在相當程度上是在履行一種社會責任和國家賦予的法定責任。發揮企業領導者在企業文化建設中的能動作用事關企業發展大局,體現能動發揮的基本點在於領導作用的發揮、監督作用的發揮、保證作用的發揮、素質影響的發揮、能力作用的發揮,等等。注意這些能動作用的發揮,讓領導者在企業文化建設工作中起到橋樑與紐帶作用,並且要更多地圍繞企業文化建設來由此及彼、具體促進並抓好企業的其他工作。這已是目前企業領導者的一大工作重心。為了提高企業的競爭力,領導者還必須要運用企

業文化建設原理、要素、優勢等，從企業人力資源開發入手，以企業員工為中心，在企業產品、技術、管理、制度等各個關鍵環節發揮自身的領導與管理作用。從產品開發抓技術，從技術開發抓管理，從管理開發抓制度，無不與企業文化建設有著千絲萬縷的聯繫。現代企業的核心競爭力來自多個方面，但先進的企業文化和企業理念是企業發展的根本。企業文化與理念決定制度、制度決定管理、管理決定技術、技術決定產品已經充分說明企業文化在現代企業管理中的重要地位和作用。要應對種挑戰，保持持續健康發展，企業領導者就必須要：注重自身能力與素質的切實提高，身先士卒，充分發揚民主，積極接受員工監督，並緊緊依靠企業員工進行文化建設工作；注重領導個人作用的積極發揮，以先進思想、科學管理、聰明才智來提高文化建設綜合效能，實現個人領導作用與員工能動作用的高度統一；注重自身能力發揮的方式、方法及發揮效率的持久性、穩定性、先進性與科學性，真正實現企業文化與企業領導者的積極互動，體現企業文化與領導者良好素質的高度結合。

(二) 高度重視企業各級領導在企業文化建設中作用的發揮

企業領導者對企業的領導或管理，更多要依靠各級領導的群體優勢發揮，需要領導群體的能力互動與協調。企業文化建設同樣如此。企業領導者的個人作用固然重要，但沒有企業領導層發揮群體作用，企業文化建設難以進行下去。當前強調各級領導在企業文化建設中的作用發揮，目的在於更好地完善、鞏固、發展企業文化的建設實效。實踐證明：第一，企業各級領導承上啟下，在企業文化建設中的放射效用非常明顯，可以積極影響文化建設的各個實施環節，常常決定著文化建設各項指標的落實程度與實施過程；第二，各級領導是企業發展的骨幹力量，他們的個人素質等要素條件的優劣、多少，常常會影

響文化建設大局，會體現企業整體領導層的文化建設能力、文化建設的實施能力以及文化建設的績效能力；第三，各級領導承擔的企業責任要求他們必須積極發揮自身的能動作用。這種帶有「必須這樣」或「必然那樣」的客觀要求對各級領導的制約與鞭策，鞏固了文化建設的思路，提供了一種根本保證，即必須積極主動發揮作用，參與企業文化建設的各項工作。實踐表明：企業文化建設的關鍵環節是企業各級領導作用的有效發揮。這也是企業文化建設中的一個重要的熱點課題。強調高度重視各級領導的群體優勢，群策群力，一心一意搞好企業文化建設工作，已是目前企業文化建設中的關鍵所在。高度重視企業各級領導的作用發揮，必須要體現在幾個基本點之上：一是各級領導必須進一步提高自身綜合素質，要緊跟企業發展，不斷吸收新觀念、新思想，以此帶動員工積極進取，不斷豐富企業文化建設的實質內容；二是各級領導必須更大地發揮放射作用，以自身為表率，完美地執行企業文化建設各項工作任務，敢於承擔責任，服從上級，帶動員工，作出自己的積極貢獻；三是必須強化監督、保證、考核、總結工作，以優勝劣汰、獎勤罰懶、有效的監督保證為突破口，克服一些企業目前存在的照本宣科，敷衍塞責，懶、散、軟、拖、疲的現象；四是更進一步制定強化企業文化建設的各項規章制度，利用各級領導承擔的責任為評價點，以此保證企業文化建設的順利進行，有效地建立和鞏固現有建設成效；五是積極抓好組織建設，積極進行企業文化建設的體系化工作，依靠企業文化建設的競爭機制，參照先進企業文化建設的成功典範，提高各級領導自身建設水準，使企業文化建設盡快步入先進行列。

(三)注意強化企業領導者對企業文化建設的探索與研究

企業文化是現代企業發展的三大要素之一，是建立現代一

流企業的顯著標誌。這種文化具有特殊性、廣泛性，涵蓋面大，內容極為豐富，體現了企業的精髓，能夠標示企業的綜合素質、影響企業的各項工作、彰顯企業的優秀形象。中國改革開放以來，企業文化建設已經取得階段性成果，不少企業步入了現代企業的先進行列，企業文化深入人心，發揮出了巨大的作用。但從中國企業文化發展現狀以及企業文化建設的理論研究與實踐看，文化發展的一些問題還亟待解決。從企業文化建設現狀的基本面分析，還要注意幾個問題：一是企業文化建設發展因地區、企業性質等的不同，建設尚不平衡，梯次性差距仍然比較明顯；二是企業文化建設仍然存在國家法律法規建設滯後的問題，一些建設工作還需要法律法規提供法定保證和法定依據，如企業文化在企業的歸屬權、管理權、執行權的責任主體等；三是文化建設還沒有真正成為一些企業發展的必備工作，文化建設被邊緣化、漠視化，重形式、輕內容的現象還非常明顯；四是企業文化建設目前的責任主體，即通常講的企業黨政工團各責任部門責任不明，規劃不到位，組織保證差等情況比較突出。特別突出的是企業領導者應具有的對企業文化建設探索與研究工作嚴重滯後，使企業文化建設工作受到了相當影響。對企業文化建設的探索與研究，依據企業自身發展情況和企業文化建設的實際狀況已經非常重要，是企業當前解決企業文化建設實際問題的一個熱點課題，需要及時進行更多的理論與實踐的探索與研究。

　　第一，企業領導者要高度重視對企業文化建設的探索與研究，認識到這種建設對企業發展至關重要，在思想上、觀念上必須進行創新，以新理論、新實踐發展新思維、新模式，在企業文化建設的現代化、先進性上提升企業文化檔次，使之成為企業發展的強勢動力，成為企業發展賴以生存的寶貴資源。

　　第二，必須充分把握企業文化建設的精髓與必備要素，積極研究企業文化建設的新課題，進一步深化建設，在建設的面

上進行點的深入探索與研究。根據企業實際，企業領導者可以將企業人力資源作為企業發展的第一要素來研究，使員工地位、權益、作用等得到綜合性利用與發揮；可以展開企業文化建設構架、層次的研究，進行體系化建設，建立並鞏固企業文化建設的有效機制；可以進行文化建設與具體管理、經營的互動，進行企業文化覆蓋，推動管理和經營的創新性發展；可以抓住員工隊伍建設、企業工會建設、企業精神建設、企業形象建設等具體課題進行深入探索，進一步摸索規律，在理論上進行更大突破、在實踐上取得更多效果；可以借鑑、互動、消化吸收先進企業的文化建設實效，結合自身文化建設在形成自己的建設特色上進行積極探索。凡此種種探索或研究，作為企業領導者，必須要認真思考，在探索與研究中走出自身企業文化建設的新路子，塑造新形象。

第三，企業領導者對企業文化建設的探索與研究要注意把握探索領域研究的方向。具體看來，探索領域主要在於發現新課題、新疑點、新理念、新思維、新矛盾等；研究領域主要在於通過探索，決定研究方向，重在研究一些熱點問題、企業與員工關注的問題、社會性問題、企業文化建設與企業經濟發展的關係、文化與人的素質關係、企業領導者自身文化建設、領導者創新觀念和思維方式、領導者在企業文化建設中的作用發揮，等等，都可以成為企業領導者的研究課題。在具體探索與研究中，領導者應該注意個人能動作用與企業員工能動作用的互動關係，領導者個人素質與企業員工整體素質的關係，領導者與員工的和諧關係的構建，領導者創新意識、創新思想與員工接受程度的關係，等等；領導者必須注意探索與研究的方向、方法等的明確清晰，要注意理論與實踐的有力支撐、研究對象具有的創新或引領作用、研究中存在的現實或潛在價值。

現代企業制度建設與企業文化建設交融互動，特別是通過認真而紮實地進行企業文化建設，可以切實增強企業的創造力

和競爭力。正因為企業文化建設有企業領導者的積極介入，積極探索與研究，才可能真正成為企業發展的強大動力，使企業真正成為現代企業，進而成為現代企業中領軍企業。

企業文化是現代企業管理的一種先進理論、管理手段和管理方法，是企業寶貴的發展資本。企業文化建設因企業的不同而使其建設重點與建設特色亦各不相同。企業文化建設中的同一性與特殊性，對文化建設具有重要意義。

（一）堅持同一性是企業文化建設的基本要求

在加強企業文化建設中，所謂堅持同一性，主要表現在：一是要堅持繼承與弘揚民族的先進文化、先進科學、優良傳統、優良道德、體現民族精神和民族優良作風，等等。二是要堅持企業文化建設方向，即保證鮮明的政治思想、理念、觀點，突出時代文化風貌，體現文化建設企業承擔的企業責任與社會責任，注重先進性、科學性、可行性。三是要學習借鑑國內外先進企業的企業文化建設成果，即科學的管理理念、科學的經營模式、先進的管理手段等。通過學習、借鑑、擴大、吸收、弘揚，最終形成自身的文化建設優勢。四是要在同一性建設中形成企業文化建設群體，創造企業文化的社會性層面，構建企業文化的領域，最終融入社會文化建設，成為國家先進文化與民族優秀文化的一部分。五是要以當前的科學觀理論鞏固企業文化建設理論，在同一性前提下，運用企業文化建設成果，注重對企業文化建設同一性新理論的探索與新實踐的突破，使同一性更具先進性、科學性，更具影響力和凝聚力。

（二）突出特殊性是企業文化建設的特性表現

企業不同的發展特性、經濟目的、效益要求等，決定了企

業的不同形態與特徵，會形成不同的經營、管理與文化建設的體系、模式、特色，出現不同的文化建設風格或個性。這就是企業文化建設存在的特殊性。企業文化建設的特殊性非常鮮明：一是基於特殊性帶來的差異性，企業文化建設會出現從形式到內容的多元特徵，其個性色彩必然會凝固為自身建設的優勢特色，出現對比性差異。二是企業文化建設中的特殊性可以促成企業文化建設百花齊放、百家爭鳴的優勢局面，極容易發掘文化建設潛在的積極要素，在整體上提高企業文化建設的質量。三是這樣的特殊性會非常鮮明地表現企業個體優勢，會明顯影響更多的企業文化建設，具有非常重要的引領、示範、借鑑作用。因此，沒有企業文化建設的特殊性，沒有對特殊性的深刻認識與把握，文化建設僅僅依靠同一性來發展企業文化，顯然是片面的。在同一性與特殊性共存互動的條件下，注意文化建設的特殊性發揮，可以杜絕企業文化建設的公式化、呆板化與形式主義傾向。在企業文化建設中，如果鸚鵡學舌、照本宣科、保守模仿、亦步亦趨，企業文化建設就只會是徒有虛名，成為形式主義、教條主義的擺設。企業文化建設的特性就在於：企業文化建設不斷有新的模式與方法來推進建設，提高質量；不斷創新性地推出新的建設理論，引導企業文化建設步入更新的發展階段；不斷創造一大批新型現代企業，最終形成先進文化與經濟創新優勢，促進現代社會的和諧發展。

　　人力資源是企業發展最寶貴的資源，是企業的第一要素。同樣，企業文化建設必須堅持以人為本的原則，具體就是要緊緊依靠企業員工解決好「為誰發展、靠誰發展、如何發展」的問題。因此，必須把人在企業發展中的決定性作用作為一條主線，貫穿於整個企業文化建設的工作中，真正激活企業去實現自身作為。以人為本，就要注意幾個重要環節：

第一，企業領導者必須把企業人力資源開發與人才建設放在新的高度，注意人力資源基本要素的綜合利用。即要在人力資源的開發核心、培育與利用要素、人力潛能激發要素、人力激勵和凝聚要素等上確立目標、明確要旨、構建機制、充分整合、認真實施、夯實企業文化建設的人力基礎。

第二，注意克服建設中的形式主義與教條主義傾向，注意調動員工個人的主觀能動性，尊重和發揮他們的聰明才智與工作熱情，做到群策群力、人人參與，而不僅僅是停留在會議、文件、口號或形式上。目前，企業文化建設在一些企業成效不理想、工作僵化等情況還比較突出。在員工主動性與積極性能動作用下，去真正解決一些建設中出現的新問題、員工最關心和最需要瞭解的問題、如何提高文化建設檔次的問題，等等，無疑具有重要作用和意義。

第三，企業文化建設也是一種民主建設與管理建設，它與企業員工密切相關，內在潛力非常大。因此，要把文化建設與員工利益緊密結合起來，將以人為本作為企業文化建設的內在要求，真正改變重物輕人的建設或管理模式，在尊重人、理解人、關心人、愛護人上見到實效。要注意不斷以人性化管理強化親和力，擴大包容度，增加信任度，重視探索和研究企業領導者與員工零距離互動的效果，真正做到全心全意依靠員工辦企業，做到與員工同呼吸共命運。突出人的作用，就要突出員工在企業的主人翁地位，保證員工依靠企業工會維護自身權益，保證員工對企業文化建設的監督、保證、參與、執行等權益，在民主建設與民主管理中取得實效。

第四，確立共同奮鬥目標和中心任務後，要積極改變思想，改變固有意識，以新觀念、新作為來實現目標。促進發展固然重要，但要注意當前企業文化建設在對於企業人力資源的熱點課題或難點進行的探索與研究，注意建設中對人力要素發揮的進一步深化。如領導者與員工和諧關係的進一步優化、領導者

與員工對企業文化建設的共生作用、員工價值與企業價值的雙向昇華、員工與企業文化建設共同面對的新問題、新矛盾及解決辦法、員工與文化建設機制的互動、當前企業文化建設的最新成果、最新動態，等等，都是企業文化建設還沒有真正解決的現實問題。

　　第五，要切實加強企業員工隊伍建設中的民主管理，就要造就高水準、高素質的企業員工隊伍，保證企業文化建設工作。這就要求加強企業全體員工，包括各級領導在內的隊伍建設，在高水準與高素質要求下，結合企業文化建設實質，在培育企業文化人上做出成效。培育人的工作具體就是以人為本。當前仍然存在的一些偏差和誤區是：一是不少企業的員工基本素質仍然參差不齊，學識偏低的現象比較突出；二是企業領導者與一線員工學識或學歷差距在進一步拉大，出現員工低領導者高的明顯反差；三是企員工的繼續學習工作明顯滯後，難以適應現代企業對員工的學識要求；四是企業文化建設突出人的作用，但卻忽略了人的再學習與再提高，其中對人的學識要求、素質要求、能力要求還沒有真正落到實處。結合現實，企業文化建設對員工的培養和隊伍建設還需要結合企業實際，相應作出必要調整：第一，結合企業文化建設，制訂員工培養計劃，針對員工素質狀況，加強員工的素質學習與文化學習，將此項工作作為企業文化建設的重要內容。第二，採取不同的形式對員工進行培養。短期或中期的專門培訓、相關學校的定向培養或學習、員工參與的國家成人繼續教育等，都是培養企業人才的良好途徑。第三，必須有組織、費用開支等保證，具體應該有相應的組織機構來進行管理，有相應的費用渠道。第四，以學習為突破口，舉一反三，通過員工學識的具體提高，促進素質提高與技能等的綜合。第五，必須建立文化、素質、技能的考核制度，形成競爭機制，保證企業人才培養的數量與質量。第六，企業領導者必須重視對提高員工綜合素質的研究，對員工隊伍

建設的研究，尤其是對企業文化建設中人的能動作用發揮的研究。

　　企業文化建設是一個宏大的系統工程，要全方位地不斷抓好，更要注重將企業文化建設向基層延伸，讓企業文化在基層開花結果，進而推動企業的整體文化建設。企業文化建設抓住基層大有可為，並且勢在必行。

　　第一，從企業文化建設的宏觀上看，企業基層最容易反應企業文化建設現狀與實質，是最容易反應員工願望、要求、工作與生活實際的地方，也是企業文化建設最有價值的立足點。對企業基層文化建設進行拓展，具有非常重要的作用：可以瞭解更多員工真實信息，企業發展的前沿情況，知曉文化建設的關鍵所在；利於確立企業自身文化建設的規劃或計劃，從而進行點面結合，成就建設大局，形成企業文化建設的強大體系與運作機制；利於領導者進行文化建設相關的課題探索與研究，在整體上對企業發展進行宏觀分析，把握發展脈搏，在企業文化建設上觸類旁通，舉一反三，成為現代企業建設的極大動力。

　　第二，從企業文化建設的微觀上看，企業文化建設向基層的延伸，可以影響企業基層生產、經營、管理的不同模式與方法，為企業發展提供各種對比性極強的鮮活素材；可以憑藉基層窗口作用進行分項、分類，建立各文化建設子系統，並結合基層生產、管理等進行互動，將企業文化建設成效立體化、多維化，最大限度地開發出文化建設的分類價值；利於選擇典型，進行推廣提高，發現並扶持企業文化的建設特色；利於揚長避短，發揮優勢，為整個企業文化建設、推動企業整體性發展提供必要參考，有助於企業進行戰略性規劃。

　　第三，企業存在不同的經營與管理，基層擔負著產品、成本、效益、分配等眾多實質性工作，又擔負著創牌子、樹形象、

展示企業精神風貌的重任。基層既是企業文化工程的建設者，又是企業發展的實踐者與執行者，是推進企業文化建設的中堅力量。基層文化建設最能體現文化建設成效，最能反應企業的綜合素質，是企業文化建設最基本的立足點。因此，企業文化建設向基層傾斜，以基層的文化建設為重點非常重要，是企業文化建設的核心區域。

企業文化建設向基層進行延伸，一是要注重延伸到基層的各項工作並與之結合；二是要注重突出重點，結合基層經營與管理實際情況及與基層有聯繫的相關各方進行必要協調，統一步調，統一行動，創出建設性效果；三要有說服力與針對性，要抓住基層自身創精品、樹業績工作，由此提煉出企業文化建設特色；四是企業黨政工領導應經常深入基層，做好推進基層文化建設的具體指導和幫助工作；五是企業領導者必須要注重基層班子建設、制度建設，採取有效措施班子基層文化建設順利進行；六要及時總結交流基層開展活動的典型經驗，以典型引路的方法，在各個基層加以推廣以促進企業整體性文化建設活動的廣泛深入。

企業文化建設內涵極為豐富，建設永無止境。對企業文化建設領域進行必要的探索和充分的課題研究，一直是現代企業發展的一個帶有標誌性的工作。基於此，我們要根據企業文化建設的內涵、特徵、要素等使此項工作卓有成效，就要在推進企業文化建設的同時，積極創造企業社會效益和物質效益，積極吸收企業文化建設的先進理念、觀點、思想、行為，才可能百尺竿頭更進一步，在企業文化建設上有所作為，實現強勢企業的宏大目標。

參考文獻：

1. 王吉鵬. 企業文化建設. 北京：中國發展出版社，2008.
2. 建築政工研究. 中國建設職工政研會建築行業分會，2009.
3. 葉生. 企業靈魂——企業文化管理完全手冊. 北京：機械工業出版社，2004.
4. 郭克莎. 企業文化世界名著解讀. 廣州：廣東人民出版社，2003.

試論高危行業安全生產責任風險抵押金的保險運作

馮忠明　　　　　（中國人民財產保險股份有限公司成都市成華支公司）

[摘要] 根據當前中國安全生產責任風險抵押金制度運作現狀存在的問題，本文提出了一些新理念、新觀點及創新性的運作方法，對安全生產責任風險抵押金進行保險運作進行了創新性思考。

[關鍵詞] 安全生產責任　風險抵押金制度　保險運作方式

中圖分類號　F840.61　　　文獻標示碼　A

安全生產責任風險抵押金制度是政府對企業安全生產管理進行適當行政干預的一種手段，即根據企業生產、安全風險狀況等情況，企業按一定比例繳存安全生產風險抵押金的制度。繳存安全生產責任風險抵押金增強了企業生產事故的防範、處置能力，有利於保證事故搶險、救援、安置工作等的順利實施，對保證企業正常的生產經營和維護社會和諧穩定，具有非常重要的作用。根據企業安全生產責任風險抵押金制度的實際運作現狀，其中存在的一些問題以及對企業安全生產責任風險抵押金進行創新性運作，值得我們去作進一步的探索與研究。

高危行業即指煤礦、非煤礦山、危險化學品、菸花爆竹等

行業中的一線生產經營企業。這些企業受到生產特性的影響與制約，安全生產歷來存在事故總量較大、風險因素複雜、危害程度明顯、後果處理不易、社會影響嚴重等情況，面臨極大的事故責任風險。針對這些企業的生產經營實際狀況，國家以法律法規的相關要求，實行了企業安全生產責任風險抵押金制度。此項制度執行以來，已經取得了一些明顯成效，但同時也存在一些亟待解決的問題，其現狀的諸多要素應引起我們的充分注意。

(一) 企業安全生產責任主體的安全意識明顯提高

目前，從企業安全生產現狀看，作為安全生產的企業主體，安全生產責任意識、安全生產舉措等，都有了一些明顯變化。它表現在幾個方面：第一，各企業更為重視安全生產設備的投入，其資金與設備投入都在不同程度上逐年加大，在企業生產能力增強的同時，安全生產意識也在逐步深化；第二，安全生產制度建設制度化、體系化優勢已經形成，對具體的危險識別、危險監控、危險預警、危險處置等，形成了方案設計、操作流程、應急措施等系列化的處置體系或機制；第三，對安全生產監管人員和一線生產員工的培訓、學習、提高效果比較明顯，各級安全生產的監管機構比較健全；第四，相當的企業已經完成安全生產標準化認證，安全生產能力與管理水準有極大提高；第五，隨著近年高危行業按生產責任落實與安全生產現狀的較大改觀，各種事故發生率呈現明顯下降趨勢。特別是一些特大、重大安全生產責任事故，在事故的嚴重程度上、數量上得到了初步遏制，發生率亦在逐年減少。

(二) 安全生產責任風險抵押金制度落實仍不夠理想

安全生產責任風險抵押金制度的落實增強了企業抵禦事故風險的能力，使企業對安全生產事故的監控、預警、處置有了

明顯提高。但從實際運作看來，此項制度的落實並不理想，原因主要來自幾個方面：第一，相應的宣傳力度不夠，不少企業簡單地將此視為一種政府行為，使一些企業對此持否定態度，出現安全生產責任風險抵押金催繳難的問題；第二，安全生產責任風險抵押金制度還欠缺綜合性的配套措施，其綜合協調能力、監管方法等仍然不夠理想；第三，增加企業了自身資金壓力，加大了企業負擔，同時，企業沒有因為繳存安全生產責任風險抵押金，而使事故風險得到轉移或減少，企業對此不滿意；第四，企業安全生產責任風險抵押金制度加大了基層政府行政成本，基層對此項制度執行的積極性不高；第五，安全生產責任風險抵押金現存的具體繳存方式、資金管理等存在不同標準、不同運作方式、監管不統一等情況，影響了該項制度的運作效果；第六，企業繳存了安全生產責任風險抵押金之後，雖然名義上有自己資金的擁有權，但實際上卻沒有對該項資金的監督權、知情權，僅僅在發生安全事故後，才可以按一定標準進行該項資金的部分使用；第七，企業安全生產責任風險抵押金作為一項專項資金並沒有進入保險市場進行運作，資金被大量閒置，沒有真正體現資金利用率與增值特徵，成為了強化企業安全生產責任風險抵押金制度的瓶頸。

(三) 安全生產責任風險抵押金風險作用發揮有限

安全生產責任風險抵押金作用的發揮不盡如人意也明顯制約著該項制度的推行。現實反應，高危企業事故死亡賠償標準仍在不斷提高，企業壓力還在不斷增大。事實上，安全生產責任風險抵押金執行標準普遍低於政府規定的相關標準，難以有效化解企業安全生產出現的事故風險，也是企業執行安全生產風險抵押金制度積極性不高的一大原因。調查顯示，四川近幾年企業因為死亡事故付出的賠償金已由原來的幾萬元猛增至20萬元/人以上，個別地區達到了35萬~40萬元/人。如果出現工

傷、工殘事故，其醫療、賠償等費用更是一筆不小的開支，企業難長期維繫，後續問題不少。在這樣的情況下，企業僅靠繳存的安全生產責任風險抵押金來進行補償顯然是杯水車薪，必須要依靠銀行借貸、合法融資等手段來解決。此外，安全生產責任風險抵押金作用發揮有限還表現在：監管單一，手段落後，使用量小而相關限制條款不少；按比例提取此項資金進行事故賠償的標準不高；審批、落實的程序與環節過多，執行時間較長，一般事故處置也要幾個月時間才能完成。

(四) 存儲標準偏低且不統一，風險抵押金繳存有差異

依照高危行業監管權限劃分，地方安監局或相關部門按照國家相關法律法規要求，結合本地區經濟發展、企業生產經營實際狀況，從企業發展基礎、資源條件、融資環境、產業重心等要素考慮，制定了不同的企業安全生產責任風險抵押金存儲標準。但由於地區不同、企業發展不同，各地繳存的企業安全生產責任風險抵押金出現的差異性比較明顯。如：四川宜賓市規定，煤礦企業按礦井生產能力15萬元/萬噸的標準向縣政府指定的部門繳納安全生產責任風險抵押金；瀘州市瀘縣安監局規定每個加油站繳存5000元安全生產責任風險抵押金；內江市可以根據煤礦煤炭存儲狀況，一次性存繳安全生產責任風險抵押金300萬元，等等。同時，在同一市不同地區也存在著存儲與繳存標準不統一的情況。如同屬於四川達州市管轄的兩個縣，一個要求煤礦行業按30萬元收取安全生產責任風險抵押金，另一個縣按年產能力核定，如年生產能力在3萬至9萬噸的煤礦按80萬至200萬元的標準收取安全生產責任風險抵押金。

(五) 加大了中小企業資金壓力，責任風險抵押金催繳難

從企業繳存安全生產風險責任抵押金情況看，企業的資金

主要來自銀行信貸、合法融資、自籌資金等渠道，其融資難一直是困擾企業發展的瓶頸。這種預防性的安全生產風險資金投入，企業深感壓力不小。如在四川一些地區，一個總投入不到 20 萬元的小型砂石廠或菸花爆竹銷售店，按責任風險抵押金標準應繳存的就達到 30 萬元。與此同時，企業普遍存在融資難的問題，影響了企業繳存安全生產風險責任抵押金，催繳難必然導致繳存率低，其難度越來越大。在相關資料上，記者看到：截至 2009 年 9 月底，四川的瀘州、宜賓、達州、雅安四市已繳存的安全生產責任風險抵押金分別為 2000 萬元、3000 萬元、9800 萬元和 1,017 萬元，占最低應繳額的比例分別為 6.6%、6.8%、26.9% 和 54.3%；若按煤礦企業最低 60 萬元、其他企業最低 30 萬元的存儲標準計算，其最低繳存額應為 129,690 萬元，而實際繳存額為 24,973.1 萬元，繳存率僅為 19.26%。企業普遍不願繳存，多數企業欠繳情況已相當突出。

(六) 安全生產責任風險抵押金存儲銀行各異，資金管理欠規範

企業可以任意選擇銀行繳存安全生產責任風險抵押金，如工行、建行、農行、農村信用聯社等，沒有統一規定。這樣就極易造成上級部門監管困難。目前，企業繳存的安全生產責任風險抵押金在銀行的存儲戶頭一般有財政專戶、安監專戶、企業專戶三種形式。其中，財政專戶不計利息，安監專戶低於正常存款利率。顯然，前兩種存儲戶頭欠缺合法性，減少了企業應得的利息收入。而此項資金還存在管理不規範的問題。使用此款項，財政專戶要企業提出申請，安監局、財政局主要負責人簽字後才可以使用；而安監局專戶由安監局主要負責人簽字就可以直接使用。由於資金管理不統一、不規範，已經出現此項資金被挪用等情況。

(七)安全生產責任風險抵押金被大量閒置，實際使用率極低

企業安全生產責任風險抵押金在繳存以後，實際上這些列為專項款的資金便被閒置。據測算，在四川全省高危行業中，僅煤礦、非煤礦山、危險化學品、菸花爆竹企業，按煤礦最低60萬元、其他企業30萬元標準繳存的安全生產責任風險抵押金，其存儲資金就可達50多億元。若加上其他企業繳存的安全生產責任風險資金，數額應該在百億元以上。這些資金存儲後便被閒置，沒有發揮資金的增值與融資作用。同時，這些存儲的資金真正用於事故處理的屈指可數。如在四川瀘州、宜賓、雅安、達州等市總存儲為2.5億元的企業安全生產責任風險抵押金中，只有3次用於事故處理，共使用資金110萬元，僅占總額的0.44%，更多的是企業靠自有資金、銀行貸款、商業保險等來進行事故處理。

相關人士指出：當前，事故責任風險國際通常採用的是損失控制、風險自留、風險轉移三種處理方式。在上述三種處理方式中，企業安全生產責任風險抵押金實際上並不具備其中的任何一種優勢。安全生產責任風險抵押金制度根本沒有充分運用經濟的價值規律來盤活資金，使政府監管順暢、使企業真正受益。基於此，運用資金進行市場化管理，推進新的安全生產責任保險制度作為現行企業安全生產責任風險抵押金制度的替代已比較迫切。在政府支持、企業贊同、保險介入三方共同協調、互動之下，可以實現企業安全生產責任風險抵押金的合理使用與資金效益的增值。

(一) 推進企業安全生產責任保險制度的主要優勢

從推行新的安全生產責任保險制度來看，其要素明顯，優勢比較突出：第一，可以減少政府相關部門行政運作成本，調動基層政府和企業積極性，並利於解決此項資金長期存在的催繳難等一系列問題；第二，安監主體、責任主體、保險主體等各方責任更為明確，利益更為清晰，從而有極大的可行性與可操作性；第三，有不少可參照、借鑑、實踐的成功範例，如已經成功運作的機動車強制性保險、企業員工目前實行的養老、生育、醫療、失業、工傷保險等提供了豐富的運作經驗；第四，根據國家安全生產監督管理總局 2009 年發出的《國家安全監管總局關於在高危行業推進安全生產責任保險指導意見》文件，企業安全生產責任風險抵押金制度改為安全生產責任保險制度已經有了政策法規參照、執行和保證依據，為政府相關部門、企業、保險業三方提供了試點操作平臺；第五，聯動性強，更利於企業在事故發生後進行及時的搶救、賠付等善後工作，可以防止事故風險因處理不及時等出現的一些遺留問題，減少因事故轉移而出現的社會負面效應，利於全社會的經濟發展與和諧穩定；第六，特別利於維護企業利益，保證資金的擁有權、知情權、使用權和資金的增加值收入，可以極大地調動企業的積極性；第七，利於盤活資金，減少資金閒置，發揮資金的潛在融資作用，增加資金的有效供給，提高資金的利用率，增加資金的附加值；第八，優秀的保險業具有強大的運作與資金實力，其知名度、信譽度、可靠性、穩定性，客觀上可以從容操作企業安全生產責任風險抵押金制度向企業安全生產責任保險制度建設的替代轉移，各種優勢條件相當明顯。

(二) 積極進行政策配套，切實建立新型的保險運作機制

盡快推行新型的安全生產責任保險制度，作為企業安全生產責任風險抵押金的替代。這是因為：第一，必須對現有的企業安全生產責任風險抵押金制度進行創新，真正進一步提高企業生產安全控制能力、企業責任風險轉移能力，減少事故發生，在損失控制、風險自留、風險轉移上有所作為。第二，建立新型的安全生產責任制度時機或條件已經比較成熟，進行相關政策的配套已經非常必要。事實上，建立、推行安全生產責任保險制度的前期試點已在一些地區積極進行，並且初見成效，建立新型保險運作機制的執行前提已經非常充分。第三，推行安全生產責任保險制度，保險業可以進行市場化運作，實現高危企業安全生產的管理市場化、監督社會化、運作長效化，可以最大限度地利用現有監管、運作等各要素，降低運作才成本，在既定時間內實現該機制的制定與運作，可以在較短時間內實現平穩過渡。第四，可以充分研究費率效應，運用其槓桿作用激勵企業提供安全生產的主動性、自覺性。鑒於此，我們可以進行積極的政策配套，從保險市場化運作到制度的真正確立，積極開展廣泛的調查研究，進行積極探索與論證，並運用機制規律，積極做好相應的前置工作。在保險條件、保險範圍、保險舉措、賠償範圍、賠償限額、費率標準、費率水準、費率結構等上，都可以進行配套試點，大膽實踐，積極進取，不斷總結，逐步完善出一套內容相對完整、市場充分接受、推進比較順利、效果比較理想的安全生產責任保險制度的實施方案。

在政策配套之上，本著高效、明確、充分的原則，首先要抓好三個基本工作：第一，各級政府部門可以依據國家相關法律法規，迅速制定適合本地區的地方性法規，為企業安全生產責任保險制度提供法律法規的執行保證，並在相關政策上進行

配套，保證新制度有可靠的、充分的執行前提；第二，政府相關部門、高危企業、保險業可以進行協調配套，按照法規的規定明確責任，承擔工作，盡快推出建立新型的保險運作機制方案、規劃、措施等，進行前期的試點運作；第三，注意相關組織機構的建立與管理，包括政府相關部門監管班子、企業安全生產責任保險執行班子，特別是保險業與之對應性的組建班子，都要做到組織保證，人員配備充分，管理充分到位。

(三) 積極進行企業安全生產責任保險制度的宣傳

企業安全生產責任保險制度是企業與保險業共同面對的一個新課題，對其進行宣傳非常必要。運用宣傳手段，通過強力宣傳，形成新制度的運作氣勢非常重要。由於中國保險業仍處於初級發展階段，保險的深度、廣度與密度還低於世界平均水準，因此更要注重把新型的企業安全生產責任保險制度的宣傳長期化，突出其持久性和成效性。企業安全生產責任保險制度作為一個保險業的新的觸點，不僅利於此項制度的建立，還可以進一步樹立保險業與保險產品的良好形象，從而提高競爭力、知名度，促進保險業自身的更大發展。宣傳企業安全生產責任保險制度也是一項創新性極強的活動。我們必須注意目前保險業存在的宣傳不充分到位、吸引力不強、傳統性封閉突出、自身宣傳機構不健全等弊端，通過積極宣傳，以直觀、具體、形象的宣傳效果增強安全生產責任保險制度的可信度、知名度與感召力。從這個角度考慮，尤其要注意：一是要進一步克服保險業以前長期存在的壟斷性、行政性、指令性與優越感，進一步打破自我封閉，改變觀念，改變思維，強化性宣傳的競爭機制，在自身發展與保險品牌上塑造嶄新形象。二是保證宣傳充分到位，即充分利用傳播的多重效果，注重宣傳安全生產責任保險制度的前期、中期、後期的鏈動效應，形成宣傳優勢，使這一制度建設深入企業，深入人心。三是建立健全保險業宣傳

機構與公關機構，組建公關與宣傳隊伍，形成宣傳的有效執行機構，進一步建立健全保險的宣傳機制。四是在具體宣傳中注意導向原則，對企業安全生產責任保險制度建設進行積極引導；注意適應性原則，突出安全生產責任保險制度建設的可操作性與適度性等要素的重點宣傳，使保險對象容易接受，達到樂於接受和積極接受；注意通俗性原則，要以簡明、通俗、準確的語言來闡釋安全生產責任保險的具體條款，尤其要對一些專業術語可能造成的閱讀與理解障礙進行必要的解釋與示範；注意深入基層原則，即善於抓住保險業創造價值的最前端，深入各企業一線進行積極宣傳；注意熱點原則，即抓住安全生產責任保險制度這個熱點，做到宣傳的策劃、步驟等綜合配套，深入熱點，解析關鍵。五是考慮到安全生產責任保險制度的持續性、政策性等要素特徵，宣傳還要注重對理賠切入點的宣傳、賠償效應的宣傳、風險轉移方式的宣傳，注意突出重點，抓住要害，塑造此項制度的保險形象。六是特別要注意宣傳的有效形式，突出新穎性、簡潔性、形象性、深刻性、接近性，以親和力、感染力來吸引企業，關心企業和幫助企業，使企業對行業生產通過保險轉移風險、更有效減少事故損失有更深認識，真正在安全生產責任保險制度的落實中有更大的實質性收穫。

（四）以有效增加保險產品來促進安全生產責任保險制度建設

中國保險業起步晚，整體保險水準還不高，表現在保險產品種類不豐富，各種保險產品明晰化、體系化、層次化還沒有真正形成分門別類的產品優勢。企業安全生產責任保險作為一個新的保險產品，不僅需要制度保證，還需要有效增加保險產品來烘托陪襯，在有效性、可比性上突出優勢。目前，中國保險業保險品種主要分財險與壽險兩個大的門類。具體的保險產品有個人或團體的人身意外傷害保險、個人或團體的健康保險、

機動車保險、產品責任保險、企業財產保險、建築安全保險、雇主責任保險、旅行社責任保險、個體商業保險、餐飲業經營者責任保險，等等。同時，按各保險品種，還可以具化出更為具體的一些保險子系產品。從目前保險產品總量以及細化品種看，保險業保險品種少，適應性、可比性還不充分，選擇與可比空間並不大，一些保險產品還要靠一些政策作必要支撐，即靠法律法規支撐來強制進行。保險業的自主產品品種不夠豐富的現狀，影響到了保險業的運作、發展，其瓶頸效應比較明顯。有效增加保險產品已勢在必行。這是社會發展的需要、保險業自身發展的需要。我們可以在有效增加保險產品上有所作為：一是保持現有產品，對其進行必要的補充、完善，在具體化、人性化、可靠性、效益性上固化這些產品，延長其生命週期；二是依託保險產品巨大發展空間，重點考慮新產品的設計與推出，如可以擴大意外保險範圍以增加品種，可以在人身傷害保險上增加福利性、存儲分紅等系列品種等；三是具體結合安全生產責任保險制度建設，將比較單一的安全生產責任保險系列化，按險種進行品種具化，形成主體保險產品與配套保險產品的互動，使其風險進一步減少，回報率進一步增加，以利益互動，效益雙贏來促進此項保險制度的建設。如可以在安全生產責任保險主體基礎上，增加雇主責任保險和人身意外傷害保險、高危化學危險品的公眾責任保險、菸花爆竹的產品責任保險、煤礦及非煤礦礦山的設備保險、員工「五險」上的附加保險、具體的安全生產單項責任保險、安全生產的資產抵押保險，等等。

(五) 嚴格安全生產責任保險的資金管理

企業安全生產責任風險抵押金改為一種保險產品並進行市場化運作，管理尤為重要。在政府監管、專款專用的前提下，資金由閒置到盤活，會增加不少資金運作的風險。因此，對安

全生產責任保險的資金必須要進行更為嚴格的管理，其途徑大致有：一是對保險業進行安全生產責任保險運作的實施單位進行嚴格選擇，並由政府相關部門，如財政、安檢部門等進行嚴格監管，以檢查、指導、督促等多項措施保證資金安全，保證運作實效。選擇要綜合考慮具體運作的保險單位的保險實力、品牌榮譽、服務水準、管理質量、保險系數、運作空間、信譽度、知名度、可靠性等優勢要素，使此項保險制度的建設得以盡快形成並力見成效。二是分析企業安全生產責任風險抵押金制度的管理現狀，積極制定相關措施，盡快形成安全生產責任保險制度的管理體系。具體看，安全生產責任保險資金要指定銀行進行專門存儲以便進行資金的前期監控；由保險企業建立企業專戶後，其資金走向、存交情況等由保險企業提出方案，由企業責任主體與監管方的政府進行監督；嚴格並明確資金使用形式與資金具體使用方式；嚴格賠付標準及嚴格審核保險賠償內容；嚴格保證企業此項資金的應得的各種資金增值附加收入，維護企業切身利益；實行統一、規範的各種管理，保證資金專項使用、合法的綜合性利用，真正實現資金的市場化運作與市場化管理。

(六) 積極推進保險業對安全生產責任保險制度的配套建設

推進保險業安全生產責任責任重大，對具體運作安全生產責任保險制度的保險企業自身綜合性建設也提出了更高的要求。具體參與此項制度建設的保險公司不僅要有強大的經營能力、資金運作能力、健全的各種機構、良好的社會信譽度等，還要求保險專業人員有豐富的保險業務知識與實際技能，並瞭解涉及這些人員的公關學、心理學、社會性、經濟學、市場行銷學等知識，有效發揮自身綜合能力。鑒於保險業目前的發展現狀，相關保險公司盡快推進對安全生產責任保險制度的配套建設就

必須要做到：一是建立健全專門的安全生產責任保險班子，抽調經營與管理骨幹人員構建隊伍，在組織上首先保證此項制度的建設與任務落實。二是建立健全安全生產責任保險評估體系，對發生的各種安全事故進行充分的客觀的科學評估，積極配合企業進行搶救、善後等事項的及時處理。三是建立健全自身的安全生產責任保險的管理體系，與政府監管、企業自我監管進行立體配套，構成科學有效的新型管理互動網絡，尤其是要具化各項管理條款，在管理中見成效、出效益。四是利用責、權、利要素與市場化管理責任要求，明確責任，充分到位。五是積極進行充分協調、合作，積極互動，密切合作，以制度、措施等相互督促，實現各方渠道暢通，落實快捷，處置及時。六是各方積極配合，制定相關培訓、學習制度，在安全生產、事故發生、救險過程、調查評估、善後處置等環節上形成高效的運作能力。同時，要根據實際需要，可以委託相關高校的進行定期的學習培訓，可以在高校定向設置相關專業，為培養更多的專門人才進行必要的人才儲備。七是利用安全生產責任保險的制度建設，有效增加此項險種的附加值，即增加附加保險子項目，促進其綜合利用和提高綜合效益率。八是要對安全生產責任保險進一步進行理論與實踐的探索與研究，善於發現新問題、新點子、新方法、新課題，從而形成理論到實踐的嶄新運作體系，不斷提高安全生產責任保險機制的運作實效。九是積極學習、引進、吸收和運用國外安全生產責任保險的先進經驗、管理手段、運作方法、保險模式等，盡快完成制度的設計與建設，並利用試點效率，積極總結，及時推廣，為盡快全面推進中國新型的安全生產責任保險制度提供新方法、新經驗，真正形成可靠的、科學的、先進的高效運作機制，壯大和充實此項制度的建設成效。

(七) 注重對安全生產責任保險制度新課題的探索與研究

　　中國目前高危行業安全生產責任保險制度的建設實踐項目少，試點範圍不大，反饋信息不充分，實際操作還存在相當難度。同時，對這種新型保險制度建設的戰略性思考、前瞻性預測、實際運作方案等還不成熟，沒有真正形成理論配套體系，相關的法律法規支持還存在一些空白，操作平臺尚不理想。因此，對新型的安全生產責任保險制度的進一步探索與研究十分必要。其提升與研究表現在：第一，注意對該項制度進行理論性探索，善於運用新觀念、新思維、新意識、新作為在實踐中進行比對與校驗，從而形成自身的理論構架或體系；第二，注意在實踐中發現規律並運用規律，以豐富的實踐提高認識，鞏固成果，同時發現並解決一些新問題或新難點；第三，注意積極吸收先進的保險理念和運用成果，善於舉一反三，為我所用，在前瞻性、可行性、科學性上進行積極探索與研究，形成自身的科學與先進的保險運作機制；第四，注意抓住一些課題進行深度研究，大膽進取，大膽創新，使中國保險業整體運作更為健康、順暢，在不太長的時間內有效提高中國保險業的整體水準，在經營管理、保險檔次，保險品種等上進一步增強競爭力。

　　安全生產責任保險制度作為一種嶄新的保險制度，具有良好的發展前景與比較突出的優勢，進一步探索這種制度的確立與發展已經是我們需要積極進行的重要工作。只要我們積極思考，大膽探索，認真研究，勇於實踐，科學運作，不斷總結，就一定會在中國高危行業安全生產責任保險制度的建設中把握規律，充分發揮要素優勢，促進制度的更快發展，發揮制度的更大作用，並為全面推進中國保險事業更快發展提供積極的參照樣本或典範，使中國的保險事業盡快形成特色，從而步入世界保險業先進之列。

參考文獻：

1. 周小其．創新與發展．成都：西南財經大學出版社，2010．

2. 江生忠．中國保險業改革與發展前沿問題．北京：機械工業出版社，2006．

3. 張勝軍，李穎，馬超．四川高危行業安全生產責任風險管理現狀調查．中國保險，2010（1）．

4. 江生忠．中國保險業改革與發展前沿問題．北京：機械工業出版社，2006．

5. 蔣正華．中國中小企業發展報告．北京：社會科學文獻出版社，2005．

6. 孔建國．論中國企業財產保險的發展．保險研究，2000（9）．

加強改制企業黨建工作的幾點思考

杜強明　　　　　　　　　　　　　　（中鐵八局集團昆房公司）

[摘要] 建立科學的現代企業領導體制是搞好黨建工作的前提，探索有效的領導方式、充分發揮黨組織的重要作用是搞好企業黨建工作的基礎。由此出發，才可能真正培養「兩個能力」，進而提高黨組織領導現代企業的藝術和水準。

[關鍵詞] 企業黨建　創新思考

中圖分類號　D267　　　**文獻標示碼**　A

隨著中國市場經濟的深入發展，國有企業改革不斷深化的工作已大見成效。至2010年，中國國有企業改革和發展已基本完成戰略性調整和改組，建立比較完善的現代企業制度已初見成效。建立現代企業制度，既要大膽借鑑世界各國反應現代化大生產規律的先進經驗，又要繼承和發揚國有企業的優勢，加強黨對改制企業的領導。實踐證明：加強企業黨組織在法人治理結構中的政治核心地位，就要更加積極地探索有效的領導方式，不斷提高領導水準，才可能保證企業黨組織在企業生產經營中心工作中政治核心作用的有效發揮。這樣也才可能進一步加強和改進公司制企業的黨建工作，在不斷地探索和研究中解決企業黨建工作的新課題。

在建立現代企業制度的過程中，從體制上確立黨在企業管理中的權利和中心地位，強化黨的領導地位是當前黨建工作的一個工作核心。保持企業黨組體系的完整和健全，並依靠黨章的規定，加強在改制企業中各級黨組織的建設，是現代企業搞好黨建工作的一個重要前提。

(一) 提倡交叉任職，保證改制企業的黨委成員依法進入董事會

董事會是股份制公司的最高權力機構，負責公司重大問題的決策。公司黨組織要發揮領導作用，就必須有相當一部分黨委成員依法進入董事會這個決策層。目前各改制企業，主要採取了以下兩種形式：一是在股東大會召開前，公司黨組積極推薦合適的黨委成員參加董事會、經理層的競選；二是在當選的董事或董事長中物色合適的人選，通過幫助培養，進入公司黨委，實行交叉任職。從實踐情況看，交叉任職主要有兩種類型：第一，一人兼型，即公司黨委書記、董事長、總經理實行一肩挑，把公司的各項工作統籌兼顧起來，並設立專職黨委副書記協助搞好思想政治工作，從而確保了公司黨委的意圖能全面貫徹到生產經營中去。這種類型目前在中國改制企業中所占比例不大，並且主要用於上游產業。第二，雙向兼型，即公司黨、政、工主要領導分別實行交叉兼職，黨委書記可以兼任董事長或副董事長，總經理也可以兼任黨委書記或副書記。目前中國大多數改制企業採取類似的做法。這樣做的前提是進入企業領導層的主要成員應具備做好黨務工作和企業生產經營管理工作的雙重素質。

从当前交叉任职的实效可以看到：一是改制企业党政交叉任职明晰了企业党政领导者各自的领导责任和权力地位，利于领导者在不同的领导岗位上充分发挥个人能动作用和综合才智，构建出现代企业新型的领导者层面，改善了企业领导结构；二是利于工作互动，效率互补，在相互监督、相互依靠、相互协调与配合中搞好企业的各项工作；三是交叉任职可以更有效地防止腐败滋生，更有效地发挥企业党组的监督保证作用；四是特别利于企业建立现代企业制度，改变企业生产、经营、管理模式，同时利于企业建立现代用人制度和更为有效的人才竞争机制，为企业发展不断提供领导、生产、经营、管理等各方面人才，从人力资源开发利用这个根本要素上保证企业做大做强；五是通过交叉任职，为改制企业的未来发展提供了先进的参考模式、积极的运作方法和更为广阔的思路。综上，进行交叉任职，保证改制企业的党委成员依法进入董事会行使相应权力，还必须要进行更深层次的思考：一是在建立企业党组委成员依法进入董事会的制度上，如何建立保证体系，强化机制建设，使之更具有科学性、先进性和可操作性；二是企业领导者怎样进一步提高个人专业水准、综合素质、领导能力、个性魅力、亲和程度等，从而真正成为企业的复合型领导者，成为名副其实的现代企业当家人。

（二）发挥监督作用，改制企业党委主要领导应依法进入监事会

要发挥企业党组织的政治核心作用，保证党和国家方针、政策在本单位的贯彻执行，党委成员还必须依法进入监事会，行使对董事会成员及董事会决策全过程的监督。企业在改制时，应由上级主管部门或企业党组织选派公司党委副书记、纪委书记、工会主席等依法定程序进入监事会并担任监事会的正副主席。随着改制企业的整体上市和经营体制的不断深化，已有相

當企業的各子（分）公司正逐步改制為一元股東制。監事會代表國有股對公司的各種重大舉措實行監督權的必要性日顯重要。因此，在董事會進行決策的時候，監事會成員可列席會議，在維護黨的方針、政策和國家法律、法規上把關，向董事會提出意見和建議。黨委主要領導應依法進入監事會並依法發揮有效監督作用是企業黨組織法定權利、責任與義務的必然體現，也是企業黨組織黨建改制的一個重要部分。要黨委主要領導應依法進入監事會並真正發揮作用，就必須要在兩個方面進行深化：一是黨委主要領導依法進入監事會，企業黨組織要對進入監事會的任職者個人素質、能力等進行必要的綜合考核，尤其是個人在企業黨組織、領導層、員工中的公信度、親和力等的實際狀況，以及公平、正義，敢於堅持原則，敢於維護員工應有的地位、權益的信賴程度；二是黨委主要領導依法進入監事會必須要依法進行有效監督，真正成為企業黨組織和廣大員工的優秀監督者。在這樣的層面上，就要真正做到：堅持原則，用好用夠法定權利；全程有效監督董事會決策過程，善於發現問題、提出問題，做到監督保證一絲不苟；必須及時提出相關意見或建議，要真正反應企業員工願望和心聲，真正反應出對企業發展的各種不同看法、意見或建議。

(三) 建立「精干、高效」的基層組織機構

企業改組成股份制，黨組織必然要作相應調整，但絕對不能取消或以其他形式代替黨的工作機構，而應本著「精干、高效」的原則進行合理重組。在現代企業體制下，建立「精干、高效」的基層組織機構必須進行創新性思考：第一，基層組織是企業黨組織最有效的工作載體，也是搞好企業基層工作的依靠力量。作為企業形象、黨組形象等的綜合性形象窗口，可以參照企業領導層模式進行一定的交叉任職，創新現有的基層組織機構。第二，基層組織不同於企業上級領導層，其工作重心

創新與發展

在於執行工作任務、貫徹上級精神，線條比較單一，因此必須突出「精幹、高效」特徵，保證基層組織真正發揮執行與保證作用。具體看，對勞動密集型綜合企業改制，仍然應該在基層組織保留組織、宣傳、辦公室等機構。為使黨務工作進一步滲透到生產經營活動中去，項目黨支部的支部書記、委員也可以實行兼職，如兼任項目部副經理、基層工會主席等。對部分人員較少的專業型公司，則可設立統一的黨委工作部（黨支部），下設秘書、宣傳、組織等幹事，實行黨務目標責任制。第三，必須對相應的基層組織進行有效指導、幫助與監督，力爭創新基層組織工作特色，形成黨組織的「基層工作效應」。第四，要加快思想政治工作在運行機制上與經營管理的合軌並舉，為企業基層組織的黨務人員、政工人員分憂解難，保證其效應的職級待遇視同行政管理人員，從而更有效地保證基層建設，促進企業更快地發展。

企業改制後，原有的企業管理結構、運作方式、組織形式等都發生了極大的變化。企業的經營權、擁有權等的變化，導致企業出現三個利益必然要體現的層面，即國家利益、員工利益和股東利益。同時，就企業整體人力資源佈局而言，出現了企業的經營者、管理者和生產者三個員工層次或群體。顯然，企業在改制運作，以股份有限公司的形式出現後，有效領導成為了企業發展的關鍵。無論怎樣領導，或領導層怎樣決策等，都必須要充分發揮企業黨組織的重要作用，這既是一種法定要求，也是一種企業領導層不可缺少的領導要素。沒有企業黨組織充分發揮作用，企業難以真正拓展而取得發展的實效。

(一) 積極參與改制企業重大問題的決策

　　隨著現代企業制度的逐步建立，改制企業的財產關係和組織形式都發生了相應的變化。在股份製作用下，企業已由多元出資者變為一個或多個出資者所有。在這種所有權變化中，企業黨組織作為國有股的當然代表者，促使國家股的保值增值是其主要責任。這就決定了黨組織必然要參與到企業重大問題的決策中去，把黨的意圖全面反應出來，積極向董事會提出切實可行的建議，保證國家的財產不受侵蝕。企業黨組織要想在決策中發揮重要作用，必須做好調查研究工作，提出的意見或建議應該兼顧國家、員工和股東三者的利益，做到有的放矢。這裡需要指出的是黨組織參與決策不是直接決策，參與只是為了保證將黨的路線、方針、政策灌輸到企業之中，以保證企業的社會主義方向，是協助和協調，而不是起全面「決策」的作用；否則就違背了《公司法》，否定了董事會的決策權，現代企業制度也就無從建立起來。在這樣的前提下，企業黨組織的積極參與並發揮重要作用，就必然要體現在：一是企業黨組織作為國家利益的代表者，必然要參與企業的重大決策，是一種法定要求與法定責任；二是企業黨組織的強力監督與保證，可以切實維護國家、員工和股東三者權益，尤其是通過企業工會的形式來維護企業員工的合法權益，反應員工的利益需求或願望所在，預防企業可能出現的偏差或失誤；三是企業黨組織積極參與企業重大決策，雖然不具備直接決策的權利或責任，但可以通過積極有效的參與，對企業董事會的決策形成有效制約，必然要在參與和監督中體現黨的路線、方針、政策；四是沒有企業黨組織的積極參與，現代企業至關重要的民主政治建設、企業文化建設、員工隊伍建設等便無從談起。

(二) 正確處理職代會、股東會、監事會等的關係，繼續強化民主管理

企業實行股份制改造，使企業成為「自主經營、自負盈虧、自我約束、自我發展」的主體，生產風險、經營風險、管理風險會隨之增大，企業內部的問題與矛盾也將會越來越多。如何正確處理好員工、股東與企業三者之間的利益關係，達到化解矛盾、協調關係、同心同德地發展企業已刻不容緩。目前，從多數改制企業看，企業出現了股東會與職代會並存的方式。在處理職代會與股東會、董事會、監事會之間的關係上，不少企業面臨一些亟待解決的新問題和新矛盾。究其原因：一是企業雖然改制了，但股東並不等同於員工，股東大會也代替不了職代會，兩者的內容及側重點各不同；二是企業職代會與股東會、董事會、監事會存在不同利益趨向，工作重心各不相同，如何協調、配合進行有效運作存在相當長的「磨合期」；三是客觀上企業出現了領導者、管理者和勞動者三個利益趨向不同的群體，必然會出現一定的利益衝突，必然會干擾或影響企業各種工作；四是改制企業面臨的所有權等熱點問題，還沒有真正從國家法定角度予以明晰或界定，企業、員工、股東三者權益形式還沒有真正進入成熟期。

基於此，正確處理職代會、股東會、監事會等的關係，明確責任，互相配合、互相支持，就成為企業進一步加強民主管理的新課題。繼續強化民主管理既是企業發展的需要，也是企業民主政治建設的重要內容。這是因為：第一，企業實行股份制並沒有改變社會主義的性質，企業員工的主人翁地位、員工利益的訴求與實現的法定要求、依靠員工辦企業的方針等也沒有改變。因此，充分發揮職代會作用、強化企業民主管理是一種必然。第二，廣大員工因企業整體上市和企業的知名度、關注度、可信度等的提高，對企業生產經營的關切度增強了，「參

政」意識也更為強烈，客觀上需要強化企業內部監督運行的各種制度，建立起民主管理和行政管理相結合的互動機制，從而保障員工民主管理企業的權利，加快股份制生產經營的發展步伐。第三，隨著現代企業的進一步發展，企業面臨的新問題、新運作方式等，還會不斷出現。如企業員工與企業關於員工收入的集體協商制度的探索、企業「資方」與「勞方」的形成等，都迫切需要企業強化民主管理工作。第四，正確處理職代會、股東會、監事會等的關係本身就是一個新課題。要做到各司其職、互不干預又協調互動、相互支持，只能緊緊依靠企業的民主建設與強化民主管理。

(三)堅持黨管幹部原則，依法行使人事權

黨管幹部的原則是企業黨組織發揮政治核心作用的又一重要途徑和手段，並在長期的管理中取得了明顯成效。但我們應當看到，隨著《公司法》的實施，新時期黨管幹部原則應當被賦予新的內容，已不能簡單地理解為黨組織直接任免各層經營管理者。在現代企業制度下，企業黨組織在人事管理中的主要職責是：一是保證監督黨的幹部隊伍「四化」方針和德才兼備原則的貫徹執行；二是對上級黨委和有關部門提出的董事會、監事會組成人選提出意見和建議；三是對總經理、副總經理和中層行政管理人員的任免提出意見和建議，並在董事會上參與行政幹部任免的決策；四是負責管理黨群系統的幹部；五是對企業各級管理人員負責培養、教育考察和監督，努力造就一支掌握現代經營管理知識與技能的現代企業管理人才。依據黨管幹部的原則，結合現代企業的發展現狀，企業黨組織依法行使人事權應該進一步進行創新性思考：第一，保證監督黨的幹部隊伍「四化」方針和德才兼備原則的貫徹執行，還必須注重務實、高效的原則，在選人、用人上把握大局，搞好企業的人才庫建設，做好人才儲備工作，不能由企業黨組織相關部門或企

業人力資源部門進行簡單的統籌，而應該注重人的潛質與個人的能動發揮，不能僅僅停留在資料、檔案上的考察或審核。第二，對上級黨委和有關部門提出的董事會、監事會組成人選提出意見和建議時，必須態度鮮明，尤其要對其綜合素質、實際能力等提出創新性意見或建議，立足現實，重看未來。第三，對總經理、副總經理和中層行政管理人員的任免提出意見和建議，並在董事會上參與行政幹部任免的決策時，應該立足於現代企業人才競爭機制的要求，著重於生產、經營、管理等素質和實際能力的考察，以確保在任職期間實現工作責任目標。第四，在負責管理黨群系統的幹部時，要注重實績考核，如企業黨組織監督與保證作用的有效發揮、現代一流企業所必備的企業文化建設等。第五，資料表明，現代社會信息高速發展，每一項核心技術出現18個月後，就會引發新一輪技術、觀念等的綜合性進步。因此，企業黨組織對企業各級管理人員負責培養、教育考察和監督，使其充分掌握現代經營管理知識、技能及創新能力尤為重要。這樣的工作要充分運用各種積極要素，注重樹立新思維、新觀念，積極消化吸收現代企業發展的新經驗、新模式，積極探索和研究現代企業的新成果、新課題。企業必須要注意教育、培養方式的創新、內容的創新和技能的創新，不能流於形式，滿足表面工作。

　　現代企業制度是順應市場經濟的要求而產生的一種新型企業管理體制，它打破了幾十年來傳統的計劃經濟對人們的束縛，是思想觀念上的一次全面變革。為了與之相適應，我們的思想政治工作也應賦予新的內涵。市場經濟要求每一個企業管理者都要成為既懂得生產經營知識、具有靈活的自我調節能力和市場應變能力，又懂馬列主義思想精髓、懂建設中國特色社會主義理論的建設者。在現代企業制度的要求下，企業黨建工作也

在不斷地創新中構建自己的新路子、新特色。其中，逐步淡化企業內部政工和行政的嚴格界線，把思想政治工作納入企業兩個文明建設的總體規劃，納入書記、經理的責任目標，納入日常的企業管理和年度考核，並與生產經營工作融為一體，已經成為企業黨建工作的一個嶄新課題。這樣培養黨建和行政兩個能力，無疑具有極大的探索與研究價值，具有企業黨建工作劃時代的積極意義。

(一)加強學習，加快黨政體系的相互「融合」

在市場經濟、現代企業制度下，許多新的知識等待我們去掌握，新的未知領域等待我們去探索。這就要求企業黨組織、黨員都要順應這種形勢的變化，努力學習市場經濟知識、企業管理知識，用「內行去領導內行」，以自身素質的提高來增加存在的份量；要盡快改變那種思想政治工作為獨家經營的傳統，建立黨政共管的新型領導體制，使企業黨宣部門既成為黨的喉舌、國家方針政策的堅定貫徹者，又成為改制企業的宣傳思想工作指揮中心和企業形象的代言人；把思想教育和企業的生產經營宣傳、企業的形象宣傳統一起來，使企業的黨宣部門在市場經濟體制下發揮更大的作用，使企業黨建工作步入新的發展時期。

加快企業黨政體系的融合，可以從幾個方面進行重點探索：

一是按照現代企業發展的基本要求，參照當前國家已制定實施的現代企業制度建設的相關法律法規，並參照當前企業黨建工作的基本思路、實施辦法等制定企業黨政一體化建設規劃，在企業戰略性佈局上確定融合的新思路，構建一體化運行機制。

二是圍繞這樣的規劃進行思想與組織的必要準備，具體明細一體化的各種步驟，分清主次，進行重點試驗和重點突破。同時，要採用不同的構建模式或範本，以不同的組織形式進行模式化運作，如「交叉兼職模式」、「協調統一模式」、「全新改革模式」，等等。

三是注重實效,在運作中注意突出重點。如黨委組織部門與企業行政的勞資、人事部門加強協作,重點在對幹部的考察、任免、民主評議等方面、企業行政與企業黨組織宣傳部門進行組合,重點在於抓好現代企業的企業文化體系建設等。

四是尤其注意在融合中對人的綜合素質的培養與提高,對相關任職人員的德、能、政、績等進行目標性重點培養,尤其要注重對「多角色運作能力」的培養。

五是按照現代改制企業的發展和相關的規律法規的規定,融合必須注重「角色轉換」的協調性和可操作性,注意相關人員「黨政雙職」的界定或概念劃分,不能進行相互替代或隨意整合,如企業職代會、股東會、監事會等的相互替代,或重此輕彼、任意架空,使融合成為一種時髦的企業「裝飾品」或一塊有形無實的牌子而已。

(二) 改進黨員的教育與管理方式

現代企業制度給企業黨建工作提出了不少新課題,也對企業黨建工作中關於黨員的教育與管理工作提出了更高的要求。在企業黨建工作中,改變舊有的思維方式、改革黨建工作的一些運作程序,真正抓好對黨員的教育與管理方式,就必須要進行創新性的思考:第一,從思想建設上看,企業黨建工作要樹立新觀念、新思維,克服簡單、僵化、保守的思想方法,特別要注意在現代信息社會和現代企業制度對企業黨建工作建設的新要求。如對科學觀學習的要求、對把握現代技能的要求、個人綜合素質的要求,等等。第二,從組織發展上看,要注重培養發展那些政治素質好、有知識、有能力,在企業的要害部門、關鍵崗位工作的青年知識分子入黨,以加強黨員隊伍的四化建設,為我黨培養起一支能盡快適應市場經濟的善打硬仗的主力軍。第三,從活動方式上看 要逐步改變那種單調的固定的學習方式,緊密圍繞企業的生產經營,圍繞黨員和員工感興趣的話

題開展活動。如開展雙增雙節勞動競賽、搞「五小」活動、提合理化建議等，鼓勵黨團員成為工作、生活中的多面手，以進一步增強企業黨組織的凝聚力和戰鬥力。第四，從具體教育上看，要堅持「務實、可行、高效」的原則，注意教育思想的科學性、手段的先進性、方式的親和性。同時，要注意教育的長期性與綜合性。第五，從管理上看，要堅持「從嚴、多樣、有效」的原則，突出管理的先進與手段的新穎，在管活、管好上注意實效。第六，企業黨員群眾是黨組織的最重要的發展要素，應當是企業黨組織的「主人」。從長遠發展看，企業黨組織對黨員的教育與管理需要進行改革、補充、完善的地方還很多。在黨組織「公推選舉」等新型的黨建工作中，還面臨不少需要探索、研究、試驗的新課題。因此，進一步強化企業黨建工作，改進黨員的教育與管理方式，已經非常必要。

(三) 搞好領導班子綜合性建設，建立法制化的企業領導工作制度

市場經濟是法制經濟，靠法律法規來規範企業領導的行為，規定企業的責、權、利範圍以及營運機制屬性，是黨建工作的一個重要方面。搞好領導班子思想作風建設，建立法制化的企業領導工作制度，就必須要百尺竿頭更進一步，在創新上有所建樹。從基本點考慮，企業領導制度建設要考慮：一是依法搞好領導制度建設。在法定範圍內，結合黨建要求，建立卓有成效的企業領導建設機制，在制度上保證領導班子建設的實效與質量。二是必須結合當前實際，結合企業中心工作和企業黨建工作，創新組織構建方式，對企業領導者的權限、作用、領導能力等進行必要的監督，在德、勤、績等方面進行必要的評價與考核。三是嚴格依法辦事，按照黨組織對幹部的任職要求等，抓好企業領導班子的思想作風建設，要做反腐倡廉、公正守法的模範，以自身的行為、領導魅力與領導藝術去感染人、昭示

人、啓發人。四是要充分發揮企業工會、職代會、監事會等的作用，從現代企業制度建設、企業民主政治建設、企業員工主人翁地位建設、企業文化建設等多個方面來促進企業企業領導工作制度的建設。體現法律法規精神，依法搞好企業領導工作制度建設是黨建的根本與出發點，它不僅是保障企業穩步發展的基礎，也是增強黨組織威信和作用的可靠保證。只要依法辦事，嚴格按照法律法規的要求進行企業領導制度建設，就可以真正見到實效，從而使企業黨建工作不斷向更高層次發展，形成企業黨建工作的嶄新特色。

(四) 搞好領導制度建設要注重黨員作用的積極發揮

培養「兩個能力」，提高黨組織領導現代企業的藝術和水準與積極發揮黨員個人的能動作用密不可分。黨員是企業黨組織的寶貴財富，是推動黨組織建設的最寶貴的「生產力」，也是執行黨的路線、方針、政策的最基本的依靠力量。企業黨建工作在新時期的工作重心轉變，其中之一就是必須抓好對企業黨員的有效教育，積極發揮其先鋒模仿作用，帶動廣大員工積極參與企業的各項建設。對此，企業黨建工作者要切實提高認識，真正改變觀念，在積極發揮黨員先鋒模仿作用的工作中，踏踏實實地做出成效，取信於廣大黨員和廣大員工。要創新性地展開工作，我們就要進行大膽探索，積極推進，在幾個基本點上進行創新：第一，要緊緊依靠廣大黨員開展各種工作，就要確立廣大黨員在企業黨組織中的主人翁地位，不能視廣大黨員為黨建工作的簡單執行者或接受者，不能以黨組織存在的上下級關係而發號施令，唯我獨尊；第二，必須充分發揚民主，自覺維護廣大黨員群眾應有的權利與義務，認真聽取廣大黨員的不同意見或建議，建立黨員信息反饋系統，把縱向的執行渠道改為橫向的互動渠道，形成立體的多向民主管理體系，真正使黨員群眾有自尊感、自豪感，有監督、評價的自信力，有積極工

作的主動性與自覺性；第三，必須克服黨建工作中的形式主義、教條主義傾向，防止黨建工作教條化、公式化、虛擬化或形式化；第四，要真正關心廣大黨員的生活、工作狀況，關心他們的疾苦，反應他們的意願，做他們的知心人、解難人；第五，結合企業領導工作制度建設，強化廣大黨員的監督保證作用，在組織上、制度上、具體工作上制定相關的規章制度，如領導者定期的回訪制度、限定工作日的答複制度、領導者述職綜合性評價制度、黨員群眾的能力自薦與黨組織公推制度以及黨員的個人權益維護制度，等等。

深化企業改革，建立現代企業制度是順應市場經濟的必然趨勢，也是現代信息社會發展對企業的必然要求。在加快改制企業公司化進程的同時，要不失時機地抓好黨的基本建設，以市場經濟為導向，不斷調整和改進工作內容、工作方法，著力構築黨建工作的新體系、新制度，使黨的基層組織建設在新時期不斷深入工作，發揮出更大的作用，從而塑造企業黨組織以及企業黨建工作的新形象。

參考文獻：

1. 周小其. 改革與創新. 成都：西南財經大學出版社，2010.

2. ［美］舒爾茨. 論人力資本投資. 吳珠華，等，譯. 北京：北京經濟學院出版社，1989.

3. 王河. 中國非公有制企業黨建工作. 上海：上海人民出版社出版，2003.

4. 黃津孚. 現代企業組織與人力資源管理. 北京：人民日報出版社，2005.

5. 周健臨，蔡鎮其. 現代企業家管理透析. 上海：立信會計出版社，2006.

實施鋼琴教學應注意的教學內容

周媛媛 　　　　　　　　　　　　　　　（四川天一學院）

[摘要] 實施鋼琴教學要注重對音樂藝術、價值、形象的認知，要高度重視鋼琴文化的建設，同時注意鋼琴教學的普遍性與特殊性，並在鋼琴教學中堅持正確的人本原則，才可能真正促進鋼琴教學的創新與發展。

[關鍵詞] 鋼琴　教學　問題

中圖分類號　J624.1　　文獻標示碼　A

鋼琴教學是音樂學習中所形成的，並為師生遵循的學習過程、體驗或方式，也是教與學雙向學習價值、音樂觀念和音樂學習行為準則等的一種綜合反應。這種教學是在自身音樂學習中形成的以體現教學價值為核心的獨特的學習和施教形式，同樣也是施教者與學習者共同理解鋼琴藝術，由此進行深入學習，逐步形成個人鋼琴學習及形成鋼琴藝術特色的一種動力源和一種音樂學習的精神支柱。鋼琴教學作為鋼琴學習與提高的重要保證，其豐富的教學內容、多樣的教學模式、各種教學風格的形成等，已成為當今鋼琴教學的重要動力元素，深刻影響著鋼琴教學的創新性發展。根據鋼琴學習者的不同學習特點，要注重鋼琴教學中的教學步驟與層次，使學習者更快把握學習要領或精髓，並結合學習者自身實踐去提高鋼琴學習與運用技能，

還必須要注重對鋼琴教學中相關問題的關注，從而進一步搞好鋼琴教學的創新探索與課題研究。

音樂是最富有激情的文化藝術。鋼琴教學無論是專業學習或是業餘學習，都必然要受到音樂的文化底蘊、音樂的藝術熏陶等的影響，並與之產生千絲萬縷的聯繫。推進鋼琴教學進程以及教學體系建設，首先應重視對音樂藝術認知的普及與提高。要通過音樂藝術的豐富表現、音樂藝術的深刻內涵，特別是通過對有關音樂藝術的基本概念、定義演化、繁復內容等的重點認知，才有利於激發鋼琴學習者的潛力，提高學習者對鋼琴學習的理解力、把握力和自身學習的表現力，增強學習者學習的自覺性與主動性。鋼琴教學的基本內容決定了鋼琴教學的知識構架和教學模式。它包括鋼琴教學中的各個環節或不同的施教內容等，如鋼琴教學的不同模式、教學管理、教學價值觀念、教學精神體現、教學道德規範、教學行為準則、教學主題選擇、教學行程、教學文化背景、教學形象塑造，等等。此中，鋼琴教學對音樂藝術的認知、鋼琴教學的藝術價值認知、鋼琴藝術形象認知是鋼琴教學的核心，同時也是當前鋼琴教學普及與提高的重點所在。

(一) 注意突出在鋼琴教學中對音樂藝術的綜合性認知

鋼琴也是一門藝術，是音樂藝術中的重要藝術門類。對音樂藝術的認知並由此進行深化，即在鋼琴教學過程中所表現出來的與眾不同的音樂思想、觀念、行為及方法，是鋼琴教學的一種要求與必然，也是鋼琴教學建設與教學創新的重要研究課題。在鋼琴教學主旨指導或影響下，這種鋼琴教學中對音樂藝術的認知的統領性特徵尤為突出：第一，鋼琴教學設計、教學

具體實施步驟、施教者與學習者的協調、學習者對鋼琴學習的領悟與把握、教學質量與教學價值體現、教學的專業學習與業餘學習，等等，都必然要通過對音樂藝術的認知來感悟和領會鋼琴藝術特有的藝術魅力和美學價值。沒有對音樂藝術綜合性的認知作為鋼琴學習的基礎或鋪墊，施教者與學習者難以對鋼琴教學進行深刻理解並進行正確的鋼琴教學，其指導性或綱領性作用非常明顯。第二，對音樂藝術的認知可以為鋼琴教學提供具體的教學思路、方法、方案、步驟等，是鋼琴教學實踐環節中不可缺少的必備要素，具有明顯引領作用，可以鮮明地體現鋼琴教學的內涵與教學特色。第三，對音樂藝術綜合性的認知始終貫穿於整個鋼琴教學過程，可以為鋼琴教學不斷提供音樂的營養元素，拓展教學實踐，並始終在音樂藝術表現的廣度與深度上對鋼琴教學施於各種影響，在相當程度上確定著鋼琴教學的教學質量。第四，鋼琴學習者依靠對音樂藝術綜合性的認知，可以在音樂藝術表現的整體上對鋼琴學習進行深化認識，拓展鋼琴學習領域，增加個人藝術體驗，促進個人藝術內在的進一步形成，成為名副其實的「音樂人」。因此，把握鋼琴教學主旨與內涵，利用音樂藝術的綜合表現力促進鋼琴教學已經成為當前鋼琴教學的核心工作之一，也是鋼琴教學普及與提高的重點所在。鋼琴教學實踐證明，注重對音樂藝術綜合性的認知，是深化鋼琴學習的必要手段和必然過程。對音樂藝術一知半解或淺嘗輒止，沒有綜合性的認知來體現鋼琴學習的潛能、素質或特色，要進而形成個人鋼琴學習的鮮明特質或藝術感染力是難以為繼的。

　　在這個層面上，要在鋼琴教學中深化對音樂藝術綜合性的認知，就要充分考慮：一是施教者與學習者要在鋼琴教學中進行音樂藝術認知的互動，尤其是施教者要利用音樂藝術的綜合感染力、影響力和藝術質來熏陶學習者，擴大其對音樂藝術的認識，夯實其鋼琴學習的基礎；二是要充分利用對音樂藝術的

認知與把握，進一步優化鋼琴教學各要素、層次等構架與教學內容，在不斷地探索中，創新鋼琴教學模式，探索新的教學規律，在深化鋼琴教學中整體性地提高鋼琴教學的質量；三是注重音樂藝術綜合認知的點面關係，以點帶面，綱舉目張，結合教學進一步解決當前鋼琴教學工作中存在的一些問題，創新鋼琴教學新設計、思路、舉措等，在鋼琴學習的基礎上保證音樂藝術相關知識的普及，在普及上保證學習者對音樂藝術認知的提高，在提高上保證鋼琴教學的實效；四是要注重學習者對音樂優藝術綜合性的認知，通過觸類旁通、舉一反三，形成個人音樂藝術的多維性認知，克服鋼琴教學中音樂形象單一、音樂知識整體性欠佳、音樂技能綜合性交叉與跨越較差的狀況。

(二) 重視鋼琴教學中對音樂藝術價值的理解

音樂藝術價值是利用形象塑造來反應音樂現實但比現實更有典型性的一種意識形態，如同文學、繪畫、雕塑、建築、舞蹈、戲劇、電影、曲藝等一樣，它也是社會意識形態的反應。鋼琴所體現的音樂藝術價值，即指這種意識存在的具有的形態獨特性、富於表現力、個性審美情趣特徵等，所形成的感染力、吸引力與審美度對人們的深刻影響。同時，鋼琴藝術價值也富有創新性特徵與創新方式，既要體現其在音樂裡的必要勞動，又要以價值的大小決定於創造這種藝術價值所需必要勞動實量的多與少，並且在不同時代、背景等要素影響下，體現出價值的不同質量狀態。鋼琴教學的精髓之一，就是通過鋼琴教學來體現其藝術價值，並通過藝術價值來成就學習者藝術觀的進一步形成。所以，鋼琴藝術價值又是鋼琴教學的靈魂，是鋼琴內在精神的一種集中反應。它常常以具體可感的藝術形象來集中反應音樂的精髓所在，也被視為音樂教學一項重要的形象工程。鋼琴教學所體現的藝術內容廣泛，形式多樣，既可以成為音樂教學的一個重要關注點，也是音樂藝術建設的重點所在。基於

創新與發展

目前不少鋼琴教學流於形式、重過程而輕實效、或重突擊而輕技能、或重效益而輕質量等現象,以及鋼琴教學精神與形象反應尚不盡如人意的狀況,注重鋼琴教學藝術發揮、注重體現鋼琴教學藝術價值已是鋼琴教學中亟待改變的一個熱點。體現鋼琴教學的藝術價值就必須充分圍繞鋼琴的藝術精神,做好鋼琴教學的改革與創新建設,注重鋼琴教學的責任體現在:其一,進一步把握鋼琴教學的內涵及外延的不斷演化作用,注意突出教學的創新空間、多維層面、熱點變化、疑難所在,不斷創新意識,煥發教學,延續精神,使之更富有生命力、凝聚力與感召力,真正形成鋼琴藝術的價值體系,在相當高度上突出鋼琴教學的藝術價值核心,而不是僅僅停留在教學的形式上和應付考試等的突擊上;其二,充分利用鋼琴教學的形象轉換要素,以新穎美感的鋼琴藝術形象塑造來不斷熏陶學習者,在創新上煥發藝術精神,充分利用鋼琴藝術的價值來左右教學宗旨,以言簡意賅的教學訓條、豐富生動的教學手段、簡潔明瞭的教學過程、鮮明突出的教學層次等來提升鋼琴的藝術價值,創造出更多鮮明的鋼琴藝術形象;其三,尤其注意防止鋼琴教學的簡單化、程序化、形式化、大同化等傾向,力求突出鋼琴教學自身的教學特色、獨特的表現力與教學個性,使教學不落俗套,不流於形式,有自我真實而完美的展現,推動鋼琴教學藝術質的全面提升;其四,注意鋼琴教學過程中存在的教學長期性、反覆性與多變性因素,尤其要注意學習者的基本藝術素質的質量狀態,關注學習者藝術吸收、轉化、表現、創新等多種學習變化形態,不斷以新思想、新觀念、新思維、新手段等來影響和感召學習者,使學習者真正形成自己的學習特色,能夠展現鋼琴教學的精神風貌,成為鋼琴學習的活力之源;其五,注意在鋼琴教學中不斷總結提高,在學習者的感召力、凝聚力、積極性、主動性等表現上,以教學實效狀態以及結果分析學習者實際學習狀況,提高學習者整體藝術素質,以鋼琴教學作為增

強學習者學習與創新的突破口，在學習的持續協調與健康發展上真正體現鋼琴教學的精髓與精神。

(三) 深化鋼琴教學中對音樂藝術形象的把握

把握音樂藝術形象是確立鋼琴教學地位的一種重要手段，是衡量現代鋼琴教學質量狀況的重要指標。鋼琴教學對音樂藝術形象的把握一般來自形象的認識與塑造。鋼琴藝術形象鮮明突出，魅力十足，不同的形象具有不同的個性特徵，形成了眾多獨特的藝術形象，構建出偉大的音樂藝術形象群體，如貝多芬的《月光曲》的形象等。從不同的鋼琴藝術形象分析，我們可以看到音樂藝術形象不同的顯著特徵，如不同的形象造型、形象特色、形象感染，等等。這些形象的可感動人、可歌可泣，以非凡的藝術魅力體現了音樂素質，並以形象的感召力、持久的影響力來影響社會生活的各個層面，成為人們必不可少的精神食糧，陶冶著人們的情趣、心理等各個精神或物質的層面。對音樂藝術形象的把握之所以成為鋼琴教學的核心之一就在於：一是鋼琴自身具有的藝術形象在音樂中非常直觀、深刻、鮮明、突出，形象的潛在影響非常明顯，對音樂藝術形象認識與把握的效果快捷，富有衝擊感與靈動性，啓發性尤為明顯。這種鋼琴藝術形象的深刻影響會一直貫穿於整個鋼琴教學，甚至幾個樂句、一個樂段等，都可以引發高潮，誘發音樂學習的靈感與激情，極容易進行形象的自我理解與深化。栩栩如生的鋼琴藝術形象通過學習者自我理解與藝術的再現，最容易通過弘揚和提升音樂的藝術價值。二是音樂的藝術形象是鋼琴教學精神的外在表現，最容易提升鋼琴教學自身的無形價值與有形價值，容易集中體現音樂藝術形象的凝聚力、感染力和審美情趣，極易反應音樂藝術內在精神風貌與音樂特色。三是音樂藝術形象反作用於鋼琴教學，最容易創造鋼琴教學的最佳效率與施教環境，利於提升鋼琴教學的質量與價值，賦予了鋼琴教學極大的

教學與創新空間。鋼琴教學的設計、創作要手段新穎，模式先進，最容易反應鋼琴教學特色優勢和圖像鋼琴教學的內涵，必然要充分利用音樂藝術形象來「畫龍點睛」舉一反三，由此及彼使鋼琴教學更有作為，學習者既可以充分認識鋼琴的藝術形象，又可以由此拓展、深化對音樂藝術形象的把握。

深化鋼琴教學中對音樂藝術形象的把握，注意借鑑音樂藝術形象為鋼琴教學創造藝術價值非常重要。結合當前的鋼琴教學現狀，尤其還要注意：第一，必須注意音樂藝術形象塑造存在的一些表面化、公式化傾向。為迎合一些思想、觀念、流派要求而使音樂形象呆板、凝固、過於直露，缺乏美感，弱化了音樂內在感染力與想像力，扭曲了音樂的固有美感。第二，鋼琴藝術形象也是音樂藝術形象的一部分，是音樂藝術形象的一種具體表現。因此，要特別注意鋼琴藝術的自身形象與音樂藝術形象的不同特徵、不同的藝術取向、不同的塑造方式、不同的教學模式和不同的教學規律，要特別注意鋼琴的藝術形象與音樂的藝術形象的有機統一，即防止兩個形象的反差比對，要借音樂藝術形象來影響、作用於鋼琴教學中「鋼琴藝術形象」的把握。第三，注意音樂藝術形象內涵的外延性擴展，結合鋼琴教學來有效把握鋼琴藝術形象並加以提升，是目前鋼琴教學建設的一項基礎性工作，可以防止鋼琴藝術形象與音樂藝術形象出現斷層，或相互取代、相互排斥的情況。這就要求注意利用音樂藝術形象來提升鋼琴藝術形象，充分利用鋼琴的藝術形象的魅力來促進鋼琴教學工作。利用鋼琴藝術形象來突出教學特色、增加教學內容、擴大教學範圍，形成鋼琴教學的綜合性優勢，使之真正成為鋼琴教學的名片或品牌。

注意對鋼琴學習者進行基礎性與經常性的音藝術形象熏陶，對鋼琴學習者，特別是鋼琴業餘學習者進行深入人心的音樂藝術形象教育與啟發已非常必要。同時，要注意鋼琴藝術形象的個體形象與群體形象的不同特點、對個體風格與群體風格的不

同理解等，一定要以進行經常性的啓發與教育來更新學習者的學習思維、觀念、行為等。

現代鋼琴教學的發展過程證明，教學的實施、管理及鋼琴文化是鋼琴教學立於不敗之地的法寶。鋼琴教學僅僅靠實施與管理來發展鋼琴教學還遠遠不夠，必須要以鋼琴教學文化為先導，貫穿鋼琴的文化精神，才能成為現代一流的鋼琴教學，形成自己的教學特色與風格。鋼琴文化作為一種有效的音樂文化資源與知識利用資本，是鋼琴教學取之不盡、用之不竭的財富和智慧。顯然，作為鋼琴教學的實施者對鋼琴文化建設負有重要的使命與責任，會時刻影響鋼琴文化建設工作的進程，決定鋼琴文化建設的成效。鋼琴教學的實施者在鋼琴文化建設中具有舉足輕重的地位與作用，表現在鋼琴文化建設中實施者作用的能動發揮等幾個方面。

(一) 注意鋼琴教學實施者在鋼琴文化建設中作用的能動發揮

強調鋼琴的一對一教學，教學實施者的個人技能發揮至關重要，會直接影響到鋼琴教學的整體效果。鋼琴教學實施者的能動發揮因而十分重要：其一，鋼琴教學實施者肩負著鋼琴教學重任，是教學的執行者和代表，擁有鋼琴教學的教學權與管理權。教學實施者對鋼琴文化建設及其能動作用的發揮狀況，可以在相當程度上影響和決定著企業鋼琴文化建設的形式與內容。此外，鋼琴教學實施者個人能力、素質、氣質等的現實與潛在影響非常明顯，在相當程度上影響或左右著鋼琴文化建設工作的數量與質量狀況。沒有實施者能力的有效發揮，鋼琴文化建設就可能成為一紙空文。其二，鋼琴教學的實施者會通過教學手段來深刻影響鋼琴文化建設的構思、設計、佈局、實施

等各個環節。由於教學實施者自身負有的教學責任與承擔鋼琴文化建設的工作內容，在相當程度上是在履行一種職業責任和社會責任。教學實施者在鋼琴文化建設中的能動作用事關建設發展大局，其教學作用、監督作用、保證作用、素質作用、能力作用等的綜合發揮，已經成為鋼琴文化建設不可缺少的要素。那麼，要充分發揮鋼琴教學實施者在鋼琴文化建設中的生力軍作用，真正成為鋼琴文化建設的橋樑與紐帶，就要注重其能動作用的積極發揮：首先，要更多地圍繞鋼琴文化建設來確定鋼琴教學實施者的教學重心，提出鋼琴文化建設的規劃、要求、步驟等，在提高教學的競爭力與影響力上找到突破口。要構建這種文化建設對教學實施者的基本性要求與建設的核心指標。教學實施者必須要運用鋼琴文化建設的原理、要素、要求等條件，從鋼琴教學實效入手，以鋼琴文化建設為中心，在教學過程、技能、管理、制度等各個關鍵環節發揮自身的能動作用。從教學實施抓建設，從建設開發抓管理，從管理出發抓制度，從制度保證看效果。其次，現代鋼琴教學的核心競爭力來自各個方面，但先進的鋼琴文化和藝術理念是鋼琴教學發展的根本。鋼琴文化與藝術理念決定教學形式，形式決定教學管理，管理決定教學技能技術，技能決定教學實效已經充分說明鋼琴文化在現代音樂藝術中極端重要的地位和作用。要應對種挑戰，保持健康發展，教學就必須要注重自身能力與素質的切實提高，以自身的教學表率作用，充分結合鋼琴文化建設，積極教學，虛心學習，夯實鋼琴文化建設工作的基礎。再次，鋼琴文化建設要注意教學實施者與學習者兩者的積極互動，前者以先進思想、科學教學來促進文化建設，後者注重積極發揮聰明才智，潛心學習，通過互動來提高鋼琴文化建設的綜合效能，實現教學實施者與學習者能動作用的高度統一。最後，要注重鋼琴文化建設的方式、方法、模式或規律，創新鋼琴文化建設，弘揚鋼琴藝術效率的持久性、穩定性、先進性與藝術性，以鋼琴文

化建設的創意、改革來積極探索與研究鋼琴文化建設的最新課題，在實踐中不斷總結提高，使鋼琴文化建設體系化、系列化，成為音樂藝術園林中的一朵奇葩。

(二) 高度重視鋼琴教學各環節在鋼琴文化建設中的作用發揮

鋼琴教學實施者對教學的領導或管理，更多要依靠各個教學環節類比優勢的發揮，需要教學群體的能力互動與協調。鋼琴教學各個環節在鋼琴文化建設中的作用發揮體現在：第一，鋼琴教學環節必然會相互作用，承上啓下，在鋼琴文化建設中的放射效用非常明顯，可以積極影響鋼琴文化建設的具體實施步驟，其作用發揮常常決定著這種建設各項指標的落實程度、實施過程與具體效果。具體看，教學各環節的組合與運用，是鋼琴教學的運行基礎，環節的有機結合、環節的作用發揮等的優與劣，多與少，常常會影響鋼琴文化建設大局，會體現出鋼琴文化整體建設能力、建設實施能力及建設績效能力。第二，各個教學環節承擔的施教責任使各個教學環節都帶有「必須這樣」或「必然那樣」的客觀教學要求，存在對鋼琴教學的制約與鞭策，因而可以為鋼琴文化建設提供一種根本保證，即必須積極主動發揮教學的環節作用，認真參與鋼琴文化建設的各項工作。實踐證明：鋼琴教學的每個環節都是鋼琴文化建設中不可缺少的要素。強調高度重視各個教學環節的優勢，進而形成群體的環節優勢，可以深刻反應鋼琴文化建設的內在運作及外部風貌，是目前鋼琴文化建設工作是否取得成效的關鍵之一。

高度重視鋼琴教學各個教學環節，只要抓好以下幾個基本點，就可以在鋼琴文化建設中發揮更大的作用：一是鋼琴教學實施者必須進一步提高自身綜合素質，要緊跟音樂事業發展，不斷在鋼琴教學中吸收新觀念、新思想，以此帶動學習者積極進取，不斷豐富鋼琴文化建設的實質內容；二是鋼琴教學實施

者必須更大地發揮放射作用,完美地執行鋼琴文化建設各項工作任務,敢於承擔責任,服從建設大局,推動建設工作,用成績作出自己的積極貢獻;三是必須強化鋼琴文化建設的監督、保證、考核、總結工作,以優勝劣汰、擇優進取為突破口,對鋼琴文化建設的績效進行評價、評估,克服目前存在的一些照本宣科,敷衍塞責,懶、散、軟、拖、疲的現象;四是必須更進一步制定強化鋼琴文化建設的各項規章制度,利用實施者承擔的教學責任為評價點,以此保證鋼琴文化建設的順利進行,並有效地建立和鞏固現有建設成效;五是必須積極抓好組織建設,積極進行鋼琴文化建設的體系化工作,依靠文化建設的競爭機制,參照建設先進者的成功典範,提高各個教學環節施教水準、績效水準,使企業鋼琴建設盡快步入先進行列。

(三) 注意對鋼琴文化建設的探索與研究

音樂藝術包含著鋼琴藝術,鋼琴文化建設是現代音樂藝術發展的要素之一,是建立一流現代音樂藝術的顯著標誌。鋼琴文化建設具有其特殊性、廣泛性,內涵極為豐富,體現了音樂藝術的精髓。目前,鋼琴文化建設成效明顯,鋼琴文化深入人心,發揮出了巨大的作用。但從鋼琴文化建設發展現狀及文化建設的理論研究與實踐效果看,仍然需要我們去面對一些問題,對鋼琴文化建設教學進行更大的探索、研究與實踐:一是受到一些客觀條件的制約。鋼琴文化建設尚不平衡,梯次性差距仍然明顯,不同的音樂團體、藝術單位、音樂院校等對鋼琴文化建設持有不同的建設起點,不同的建設方式及形成的不同建設特色,對鋼琴建設還沒有真正形成統一的共識,在發展方向上、實效上還不盡如人意。二是鋼琴文化建設仍然存在建設滯後的問題,一些建設工作還需要有教學大綱、教學計劃、教學過程、教學人員配備等作為根本保證。鋼琴文化建設的歸屬、管理、執行的責任主體還需要進一步明確,其系統性、持續性發展後

勁明顯不足，表現就是鋼琴文化建設還沒有真正成為鋼琴教學中的必備工作，這樣的建設常常被邊緣化、虛無化，重形式、輕內容的現象還比較普遍。三是由於鋼琴文化建設的責任主體責任不明，規劃不到位，組織保證差等情況比較突出，在相當程度上影響到了鋼琴文化建設的課題研究等各項建設工作。其根本原因，是承擔鋼琴教學的領導者、實施者沒有高度重視鋼琴教學自身發展情況和鋼琴文化建設的實際狀況，領導者滿足於教學計劃完成、教學任務落實、教學基本目標的實現比較多。四是施教者各自為陣，突擊性應考教學、滿足日常教學、照本宣科等現象比較明顯，影響了鋼琴文化建設的質量。受經濟效益影響，一些鋼琴學校、藝術團體等看重短期突擊，忽視平時教學，也在相當程度上影響或制約了鋼琴文化的建設工作。目前，加強鋼琴文化建設應該注重幾個基本點：

第一，領導者與教學實施者要高度重視對鋼琴文化建設的探索與研究，充分認識到這種建設對鋼琴教學發展至關重要的作用，必須進行更大的創新，以新理論、新實踐發展新思維、新模式，建立鋼琴文化範本，構築鋼琴文化體系，將鋼琴文化建設真正融入鋼琴教學中，提升鋼琴文化建設的檔次，使之成為鋼琴藝術發展的強勢動力，成為音樂藝術發展的寶貴資源。

第二，必須充分把握鋼琴文化建設的精髓與必備要素，積極進行鋼琴文化建設的新課題研究，進一步深化建設，根據鋼琴教學等實際，從領導者規劃到實施者，都要圍繞建設中心，充分利用音樂與鋼琴資源，注重鋼琴教學的綜合性利用與發揮，從中展開鋼琴文化建設與具體教學管理、教學效果的互動，進行鋼琴文化建設的覆蓋。要以鋼琴文化建設為教學核心，以鋼琴教學內容為基點，以鋼琴學習要素為動力，推動鋼琴文化建設創新性發展；要抓住教學隊伍建設、教學佈局建設、鋼琴文化形象建設等進行深入探索，摸索規律，實現突破，在實踐上取得更大效果；借鑑、互動、消化吸收音樂領域中其他項目的

文化建設實效，結合自身文化建設，形成自己的建設特色。

第三，領導者對鋼琴文化建設的探索與研究要注意發現新課題、新疑點、新理念、新思維、新矛盾等，重在研究一些鋼琴文化建設的熱點問題，如教學與施教者的關係、鋼琴文化建設與社會性需求的問題、鋼琴文化建設與音樂藝術之間的互動的要素成因、鋼琴文化對人的素質影響、領導者與教學實施者自身素質的提高、領導者更新觀念、思維的方式、領導者在鋼琴文化建設中的作用發揮，等等，都可以成為鋼琴文化的研究課題。在研究中，應該注意個人能動作用與群體作用的互動關係、領導者個人素質與教學實施者、學習者整體素質的關係，等等，才可能方向明晰、方法正確，依靠理論與實踐的強力支撐，提升其現實或潛在的價值。

第四．必須注重鋼琴文化建設的必要投入，即包括人、財、物的保障性投入。

鋼琴歷來被認為是一種高雅藝術，是音樂藝術中的瑰寶。我們要保證鋼琴文化建設就首先要抓好人力資源的建設。鋼琴教學的專業性極強，對學習者的綜合性學習要求比較高。如學習者對音樂的感悟、對形象的認識與把握、自身先天的學習條件等，都對鋼琴教學的實施者有極高的要求。教學實施者自身的音樂修養、音樂素質、鋼琴技能、教學水準等諸多要素會深刻影響鋼琴教學質量，會直接作用於鋼琴文化建設。所以，必須要構建人才競爭機制，選拔優秀的教學實施者，保證鋼琴教學中的鋼琴文化建設。

從財的角度看，要保證鋼琴文化建設，就必須要首先保證教學器材、教學經費開支、文化建設實施過程等的資金投入。鋼琴教學或鋼琴文化建設同音樂藝術的建設與發展一樣，具有高投入的特徵。沒有資金保證，就難以有鋼琴教學以及鋼琴文化建設的物質保證。從物的角度看，不論教學或文化建設，都離不開必要的物質保證。如教學用的鋼琴、教學的物質環境、

教學必要的輔助性配備、文化建設的具體物項等。

現代企業制度建設與企業文化建設交融互動，特別是通過認真而紮實地抓好企業文化建設，可以切實增強企業創造力和競爭力。正因為企業文化建設有企業領導者的積極介入，積極探索與研究，才可能成為企業發展的強大動力，使企業真正成為現代企業，進而成為現代企業中的領軍企業。

鋼琴教學的先進理論、教學手段、成功模式等教學要素，始終會體現出鋼琴教學的教學規律與特性。鋼琴教學因為教學形式、教學內容、教學實施者教學特色、學習者學習條件、教學實效不同等，形成了貫穿於整個鋼琴教學的普遍性與特殊性教學規律，對鋼琴教學具有重要意義。

(一) 要突出鋼琴教學中的普遍性

加強鋼琴教學進程，注意教學的普遍性基本要求是鋼琴教學的一項基本原則。所謂普遍性，就是面很廣，具有共同性的某些表現。鋼琴教學的普遍性使鋼琴教學帶有教學「普及」的特徵，是整個鋼琴教學所具備的基本教學方式、一般教學模式等，也是鋼琴教學的基礎。堅持普遍性作為鋼琴教學的基本手段，可以夯實教學基礎，構成教學基本內容，具有教學面的優勢，對學習者打下整體性比較堅實的學習基礎必不可少。注意鋼琴教學的普遍性，也可以保證鋼琴教學一定的整體性教學效果，對於形成教學基本面，發現和培養優秀人才十分重要。突出鋼琴教學的普遍性主要表現在：一是要堅持鋼琴教學的先進性同普遍性的結合，以先進的教學手段、教學傳統、教學道德來體現鋼琴教學的精神實質和優良的教學作風，用普遍性教學特徵搞好現行的鋼琴教學，堅持教學的普遍定理和突出教學的一般規律，注重其先進性、可行性與普遍性的教學多維效果；

二是要堅持鋼琴教學的建設方向，即保證鮮明的教學思想、理念、觀點來突出鋼琴教學的整體成果及教學風貌，體現教學所承擔的教育培養責任與社會責任，以普遍性的教學來保證和實現鋼琴教學的基本目標，體現鋼琴教學的基本宗旨和學習的基本效果；三是要學習借鑑國內外先進的鋼琴教學建設成果，即科學的教學理念、領先的教學模式、先進的教學手段等優勢，通過學習、借鑑、吸收、弘揚過程，最終形成自身的鋼琴教學普遍性優勢；四是要在普遍性的鋼琴教學中形成鋼琴教學的文化建設群體，構建鋼琴教學文化領域，創造鋼琴文化的社會性層面，最終與音樂藝術一樣，融入社會文化建設，成為國家先進文化與民族優秀文化的一部分；五是在普遍性前提下，要以當前的鋼琴教學已有成果科學鞏固鋼琴教學建設理論，運用鋼琴教學文成果，加強對普遍性教學新理論的探索，推動教學普遍性的更多實踐，使普遍性更具有先進的科學特性，更具有影響力和凝聚力；六是依據教學普遍性原則，強化現實鋼琴教學的普通教學方法或模式，滿足基本學習者的學習要求，利用普遍性構築鋼琴教學的基本教學流程，為鋼琴教學的階段性深化和教學的提檔做好充分準備。

(二) 要注重鋼琴教學的特殊性

鋼琴教學有不同的發展特性、教學目的、教學要求等諸多要素，這些決定了鋼琴教學的不同形態與不同特徵會形成不同的教學內容、教學體系和教學模式，出現不同的教學風格或個性。這就是鋼琴教學建設的特殊性。鋼琴教學的特殊性決定了教學的鮮明性和獨特性，是鋼琴教學提升教學檔次，弘揚鋼琴文化的一種必然。同時，在教學普遍性基礎上教學特殊性的研究與實踐，對發現和培養鋼琴更多學習人才有著非常積極的影響。在鋼琴教學中，利用普遍性來奠定鋼琴教學的基礎，再利用其特殊性的差異性要素，最容易提煉出鋼琴教學的精華與特

色。從鋼琴教學普遍性結果帶來的「我們都一樣」到鋼琴教學特殊性結果帶來的「我們不一樣」，就是鋼琴教學質量、教學內涵等的明顯提升。從特殊性看，出現的教學差異性，最容易對比出從教學形式到內容的多元特徵，其個性色彩必然會凝固為自身教學的優勢特色。同樣，鋼琴教學中的特殊性可以促成鋼琴教學百花齊放、百家爭鳴的教學局面，極容易發掘出鋼琴教學的潛在積極要素，對鋼琴教學的整體效果具有重要作用。注重鋼琴教學的特殊性，就要注意抓住幾個教學環節：其一，利用特殊性提煉普遍性教學成果，在學習者群體中發現人才並進一步學習與培養，以鋼琴學習的優秀人才來體現鋼琴藝術特質和鋼琴文化建設實質。要非常鮮明地突出鋼琴學習者的個體優勢，利用其引領、示範和借鑑作用，建立教學創新體系，形成鋼琴學習人才培養優勢環境。其二，對鋼琴教學的特殊性的深刻認識與把握，可以克服僅僅依靠普遍性來發展鋼琴教學帶來的片面、僵化、保守，更好地把握特殊性中的人才培養、教學改革與學習創新環節，最終形成具有創新性、持續性和成效性的優秀教學，使之成為鋼琴文化建設的強大動力。其三，在進行普遍性與特殊性共存互動的條件下，注意鋼琴教學的特殊性發揮，可以杜絕鋼琴教學的公式化與形式主義傾向。在鋼琴教學中充分發揮其特殊性的價值特色還在於可以不斷推出新的教學模式與方法來提高教學質量，不斷創新性地推出新的教學理論，不斷創新教學實踐，從而促進現代鋼琴教學的和諧健康發展。

　　鋼琴學習的人力資源是鋼琴事業發展最寶貴的資源，是實施鋼琴教學的第一要素。必須堅持以人為本的建設原則，就是要緊緊依靠鋼琴學習者，把人在鋼琴教學中決定性作用作為一條主線，貫穿於整個鋼琴教學的工作中。要真正激活人的能動

性，就要以人為本，圍繞對人的培養來進行有效的鋼琴教學。

第一，領導者與教學實施者必須把鋼琴學習的人力資源開發與人才建設放在新的高度，要特別注意人力資源基本要素的綜合利用。要在人力資源的開發、培養和利用，在其潛能開發、激勵機制等上確立目標，明確要旨、構建機制、充分整合，認真實施人才隊伍建設計劃。

第二，注意克服建設中的形式主義與教條主義傾向，充分調動教學實施者、學習者個人主觀能動性，尊重和發揮他們的聰明才智與工作熱情，群策群力、積極參與，真正解決一些教學中出現的新問題等，建立教學和諧的人本關係，以人的要素作用推動鋼琴教學。

第三，鋼琴教學也是一種教育建設與音樂建設，內在潛力非常大。突出以人為本是鋼琴教學的內在要求，要真正改變重教輕人的教學模式，在尊重人、理解人、關心人、愛護人上見到實效。要提倡教學民主，注意不斷以人性化教學來強化親和力，擴大包容度，增加信任度，實現教學實施者與學習者零距離互動的效果，真正改變學習者被動接受，教學實施者唯我獨尊，說一不二的教學關係。突出人的作用，還要突出學習者的學習地位和教學實施者的服務角色，保證學習者的學習效果和對鋼琴教學實施的知情權、參與權，保證其有權對教學成效、教學監督、教學保證、教學執行等教學情況提出不同意見，可以對教學實施者的教學進行自我選擇與客觀評議，使教學民主中取得真正實效。

第四，堅持鋼琴教學的人本原則，領導者和實施者要積極改變思想，改變固有意識，以新觀念、新作為來實現教學的人本化。目前，尤其要注意鋼琴教學互動中人本要素的充分利用，要對教學的人本原則進行持續的課題研究。如教學互動的人本因素作用、教學中人力要素的發揮、教學民主的功能延伸、教學中的雙向優化、教學實施者與學習者的價值取向、學習者與

鋼琴文化建設機制的互動模式，等等，都是鋼琴教學突出人本原則的積極參考。

　　第五，堅持正確的人本原則，就要切實加強教學員工隊伍建設，要造就高水準、高素質的教學實施者隊伍來保證鋼琴教學的健康發展。這就要求在高水準與高素質要求下，結合自身鋼琴教學實質，在培育教學精英上做出成效。堅持在鋼琴教學中突出以人為本的教學，就必須要切實改變鋼琴教學目前存在的一些問題、偏差或誤區在。如鋼琴教學實施者的基本素質仍然參差不齊，學識高而實際技能偏低的現象比較突出，難以把握教學重點，漠視人本要素，在鋼琴教學中帶有的教學隨意性；教學中輕視普遍性原則、重視特殊性原則，以培養所謂精英而忽略基礎性教學，出現學習者群體中的明顯反差；教學創新明顯滯後，難以適應現代鋼琴教學的高要求，尤其是教學人本原則對人的互動要求、素質要求、能力要求還沒有真正落到實處，等等。因此，結合鋼琴教學，在堅持教學人本原則的前提下，鋼琴教學應該隨時根據教學情況進行相應的補充、調整與創新：一是結合鋼琴教學，制訂人才培養計劃，針對實施者和學習者素質狀況，加強對素質學習與能力學習，將此項工作作為鋼琴教學的重要內容；二是採取不同施教形式確立人本教學中心，突出人力要素，強調人的作用發揮、能力和素質的培養，並有相應的機構來進行管理、監督；三是必須建立文化、素質、技能的考核制度，形成競爭機制，保證經常性教學中人才培養的數量與質量，真正將鋼琴教學變為人本教學，親和力教學等為一體的綜合性現代鋼琴教學。

　　鋼琴教學是一個宏大的音樂系統工程，要全方位地不斷抓好，進而推動企鋼琴教學整體性發展已勢在必行。從鋼琴教學的宏觀看，鋼琴教學可以深刻反應音樂文化的現狀與實質，是最有價值和代表性的立足點。利用鋼琴教學進行音樂藝術拓展，其樞紐作用和啟示作用已經越發明顯。從鋼琴教學的微觀看教

學的不斷創新與延伸，可以創新更多不同的模式與方法，為鋼琴教學發展提供創新性動力，使教學成效立體化、多維化，利於揚長避短，發揮優勢，對整個教學建設具有極大的推動作用，有助於鋼琴教學實現創新規劃和創新發展。由此出發，我們要進一步改變觀念，改變教學模式，積極進行鋼琴教學的成功延伸，保證教學的順利進行，實現鋼琴教學的協調發展，創新教學實效，將這項帶有標誌性的重要工作引向深入。這樣，我們才可能在鋼琴教學工作中真正有所作為，真正有所建樹。

參考文獻：

1. ［加］洛伊斯·喬克西. 柯達伊教學法. 趙亮，等，譯. 北京：中央音樂出版社，2008.
2. 周薇. 西方鋼琴藝術史. 上海：上海音樂出版社，2003.
3. 趙曉生. 鋼琴演奏之道. 上海：世界圖書出版公司，1999.
4. 蘇瀾深. 杜鳴心先生訪談錄. 鋼琴藝術，1998（5）.
5. 周小其. 改革與創新. 成都：西南財經大學出版社，2010.

簡析醫療護理工作的管理創新

劉 萍　　　　　　　　　　　　　　（成都市第六人民醫院）

[**摘要**] 加強對護理人員的管理創新、高度重視醫療護理工作管理體系建設的管理創新及注重醫療護理工作管理創新，是醫療護理工作管理創新的根本要素和前提保證。

[**關鍵詞**] 醫療護理　創新管理

中圖分類號　R055　　文獻標示碼　A

醫療護理是醫療工作中極為重要的一個組成部分。醫療護理是醫療機構中擔任護理的工作人員以具體有效的行為配合醫生治療和觀察病人，並瞭解病人相關治療護理的情況，從而實現有效護理的全過程，是一種比較特殊的工作。隨著現代醫療技術等的不斷進步，如何進行現代醫療專業性護理的創新性管理已成為現代醫療發展中的一個嶄新課題。

從當前中國醫療護理工作的基本現狀看，醫療護理存在廣義與狹義之分。從廣義上看，它泛指為配合醫生治療和觀察病員並瞭解病員相關治療護理情況，同時照顧病員的飲食起居等的人員，包括專業的護士以及以非專業護理的其他人員，如通常稱的病員家屬自行聘用的人員、醫院接受委託定向代找的合

理人員等。從狹義看，醫療護理指醫療機構中進行護理的專業人員，如護士在病人治療過程中承擔觀察、瞭解病人情況等護理工作責任，為醫生治療進行配套，協助醫生治療並在治療中護理病員。護理人員，特別是護士所進行的護理工作，就是一種病員必需的保護性管理，而對具體護理過程進行的全面管理則是醫療護理工作的核心。基於醫療護理工作的綜合性管理特徵，對護理人員的管理，尤其是對人的素質創新性管理更為重要。

（一）以創新管理強化護理人員自身技能

技能是能力的具體表現。護理人員（醫療機構中專門進行護理的專業人員）的能力同樣存在兩種主要的技能，即專業技能與綜合技能。在具體的護理工作中所進行的病員體能監測、按方用藥、醫療觀察等，是專業技能的體現，而除此之外更多的與病員或家屬的交流、對其他事情的處理等，則是綜合技能的能力體現。

從目前護理人員自身技能看，仍然與現代醫療的要求存在著較大差距。其中，護理人員的自身技能與醫療的客觀要求存在的差距最為明顯。因此，如何以創新管理來強化護理人員的專業技能尤為重要。

1. 專業技能管理創新的參考途徑

護理人員自身專業技能管理是護理工作管理的最重要的管理。護理實效主要通過專業性學習與實踐來獲得，途徑比較清晰，方式清楚明了，其技能的實際水準及其運用實效也容易進行專業性的考核與管理。按照現有對護理人員的技能要求與考核標準，對專業技能的管理要注意的是必須克服簡單的照本宣科式的管理，不能照搬照用，墨守成規地進行管理。依據現代社會發展對護理工作的要求與專業護理的客觀現實狀況，其創新應該表現在這樣幾個方面：第一，管理觀念與思維方式的創

新。即切實改變對個人技術能力等的資料性管理或通常形式上的考核管理模式，注重在實際工作中個人護理能力的培養實效管理。尤其是要注重個人護理技能在某個環節、某項工作、某些護理、某種探索中的創新性、延伸性實績的管理，在管理中注重推廣，舉一反三，在「活性管理」中見到成效。第二，真正為護理人員盡可能地提供護理創新的相關新信息、新課題、新模式、新範例，由此利用管理提供的這些信息、實例等，創造個人護理學習與提高的空間，使其技能在創新性、可靠性、科學性上有所作為。第三，突出管理的技能要素核心，強調個人主觀能動性的積極發揮與嚴謹的學識相結合，充分利用各種管理要素，延伸管理優勢，建立護理工作管理的創新機制，充分提供創新與發展機會，鼓勵護理人員在護理中精益求精，發揮專長，形成個人護理特色。第四，根據護理人員的個人護理專業知識、專業技能等實際狀況，其管理要注重個人護理技能的進一步培養與提升，以先進、典型來交流互動，推動整個護理工作的有效管理。即通過護理實效考核、測評等方式來建立護理人員的績效檔案，注重其技能提高過程的研究，利用科學管理建立護理人員人才庫、資料平臺。第五，對創新型管理的模式、概念、定律等隨時進行探索與研究，同時積極吸收國內外先進合理的管理方式與方法，加強現代護理管理的最新課題、研究模式、實踐效率等的吸收、消化、借鑑與自身創新的工作，並進行系統的科學管理。

2. 重視護理人員綜合性技能的管理創新

綜合技能是指護理人員的各種固有或即將獲得的複合型技能。除專業技能之外，護理人員的綜合性技能長期不為人所重視，一直是護理工作中的一個薄弱環節。同時，目前也沒有具體的護理人員綜合技能的考核、評價等相關規定來指導護理人員綜合性技能狀況的管理工作。要實現「一專多能」的現代護理，就必須要依靠創新，建立護理人員的綜合技能考評體系，

培養更多的複合型護理人才來推動護理工作，適應當今護理工作更科學更現代的發展要求。因此，對護理人員綜合性技能的創新與管理已經成為目前護理工作的一個新的熱點，必須進行積極探索：一是要注重對護理人員的綜合素質的測評與素質創新，根據個人不同的素質特徵，在基本綜合素質上建立與專業技能的配套體系，並進行有效管理；二是注重個人綜合素質的指導性、針對性培養，盡可能構建出護理人員綜合素質的整體性操作平臺，以個人的取長補短，互動互為來培育護理人員綜合素質特色，建立人員綜合素質管理梯次檔案，逐步充實完善內容，並進行有效管理；三是盡可能創造條件，提供綜合素質培養、提高和實踐的機會，使其在專業護理工作中盡快形成綜合性護理特長，並對此進行有效管理；四是注重護理人員綜合素質具體的「素質選項」和個人素質的創新過程，結合專業護理工作做到有的放矢，盡快在管理工作中創新人員素質管理的觀念、思維、模式及體制。

(二) 以管理創新來切實提高護理人員的素質修養

人的素質修養既是人的氣質、學識、魅力等的綜合性要求，也是人的一種精神形象化形態，對個人的性格、能力等的形成有極大的影響。以管理創新為手段，從而提高護理人員的素質修養非常必要。當前，在管理上創新主要體現在以下幾個方面。

1. 以管理創新來提高護理人員的文化修養

文化是人類在社會歷史發展過程中所創造的物質財富和精神財富的總和，特指精神財富，如文學、藝術、教育、科學等。文化修養指人對這些事物的認識、把握、運用等的學習與鍛煉，特別是表現在個人的學問、品行等的提高與運用方面。護理人員的文化修養程度，即對文化、藝術等的把握程度、學習和運用程度、求知探索的程度、個人的欣賞程度，等等，都會體現出自身文化修養的實際水準。加強文化修養，並用正確的觀點、

主張、方法貫穿於醫衛護理的整個過程中,借此提高護理工作的內涵與質量,已經非常重要。美國著名心理學家馬斯洛提出的「需求層次論」,把人類需求按重要性分為五個層次,即:生理需要、安全需要、社會需要、尊重需要、實現自我需要。顯然,從社會這個「大我」的需求和自己這個「小我」的需求角度看,提高自身文化修養就要從社會需要、尊重需要、自我實現需要入手,建立正確的認識觀和人生觀,成為有良好文化情操的現代人。運用管理創新來提高護理人員的文化修養主要體現在:其一,利用管理各要素的組合與運用,按其護理工作的社會需要、人們的相互尊重需要和自我實現的需要進行互動,即管理與提倡、提倡與運用、運用與實效的互動,在管理上建立護理人員的文化需要與修養系統,以具體的文化修養參考或量化指標等,貫穿於人員的綜合素質提高工作中,從而實現人員素質修養的提高。其二,善於以創新管理來探索和推出護理人員文化修養的思維構架、新穎模式、實踐體系等來創新護理人員文化修養的方法、途徑、成效,建立富有特色的護理人員文化修養新模式,在其發展過程、規律上形成可靠的、先進的運作機制。其三,在提高護理人員的文化修養,建立必要的測評方式、考核指數,建立護理人員個人文化修養的相關資料的同時,尤其要注重對管理人員的個人綜合素質的提高,具體管理能力的提高;注重其實踐運用的實效性考評與指導;注重培養與選拔優秀的管理人員;注重相應管理班子的建立。

2. 運用管理新模式提高護理人員的道德修養

道德是社會的一種意識形態,也是人們共同生活及行為的準則和規範。它常常通過社會的輿論等對社會生活起著約束作用。護理人員的道德修養表現反應在護理工作原則、方法、技能等多個方面的意識、認知與形態表現上。在具體的準則規範下,護理人員按照相關護理原則以及職業道德要求等進行護理工作,也是其道德修養的一種體現。運用管理提高護理人員道

德修養：一是結合護理人員相應的職業道德要求等，注重其道德修養的引導、更新，以道德修養的新內容、新方法來強化職業道德、個人道德的行為準則，創新和擴大道德修養的途徑，豐富道德修養的內容；二是結合護理人員的文化修養、思想修養、世界觀修養等，創新道德修養的表現模式，以不同的道德規範、不同道德修養方法來創新現有的管理方式，增加其管理功能，構建道德修養的體系，在管理上創新道德修養的新路子，以不同的量化指標來提升其管理質量；三是注重道德修養的不同表現形式及內涵變化，充分考慮道德修養的個人因素、社會因素、不同階段的規範要求等，注重在職業道德等考核與管理中結合個人道德修養實際狀況，充分考慮個人道德修養的潛質，進行積極引導，使其良好的道德修養得以充分體現與發揮；四是注重在管理中強化道德修養教育，選擇好突破口，並以此延伸到個人道德修養的各個方面，如道德自律、道德約束、道德認知更新、道德與情操、道德與文化、道德與生活等，使護理人員的道德修養真正成為護理工作的一種強力支撐和動力。

3. 在管理創新中注重護理人員的情操修養

情操是一種不容易輕易改變的心理狀態，由感情和思想綜合而成。有怎樣的情操，往往就具有怎樣的情調。情調即個人思想情感表現出來的格調，還具有可以引起人的不同感情反應的性質，會明顯影響人的行為方式和思維方式。護理工作是具有個性色彩，並經常性與人交流與互動的工作，護理人員的情操修養程度及其表現，也因人而異，各自具有不同的情操特性。強調護理人員的高尚情操必須重視對情操的培養與引導，注重情操對護理工作潛移默化的深刻影響和內在作用。通過護理工作的管理創新來提高護理人員的情操水準，既是一個嶄新的課題，也是當前護理工作中的一個重要實施內容。從心理學角度看，個人的情操質量常常決定著個人的基本格調，會表現出個人的內在人格特徵或魅力。護理工作的管理創新對提高護理人

員情操水準作用是非常明顯和必要的：一是可以利用管理平臺把握護理人員情操修養的基本狀況，在其素質、氣質、內在、性格、特長等表現形態上擁有基本信息，最容易有針對性地展開工作，促進此項管理進一步提高；二是我們可以充分利用自身優勢，在個人情操修養上利用護理工作的特點進行積極引導與培養，可以建立護理人員的心理素質測評標準或考核參考意見，在實際護理工作中根據護理人員個人的情調表現狀態進行針對性管理，建立護理人員情操修養的培養系統，並與護理人員的素質修養、文化修養、道德修養等的管理充分結合，以職業為核心，對護理人員進行全方位的管理；三是根據情操修養的影響力、持久度等特徵，要在管理中特別注意護理人員在護理工作中的實際表現，如親和力、包容度、個性色彩、責任處置等多個方面的實際表現狀態，進行多項目的培養、扶持與測評。同護理人員的文化、道德培養一樣，要注意管理的「軟性」特徵，根據以上修養的「非規章制度」性，重在創新引導、培養管理模式，切忌以某些硬性指標來進行硬性的界定；四是情操修養的創新管理同文化修道德修養等，可以充分結合思想政治工作來進行，也是當前思想政治工作結合護理工作管理的一個創新性舉措。它既開拓了思想政治工作，又促進了護理工作的管理創新，極有探索、實踐價值，是護理工作管理創新的一個重要方面。

4. 在管理中創新護理人員的認知修養

認知即是對人或事物的感知程度、認識程度及把握程度的心理狀態與反應。認知一旦確定就不容易改變，往往成為人的固有見解、看法，並促進人的觀點、立場等的進一步形成。現代心理學研究認為，認知也包含著認同要素，是認同的一種高級表現形式。對護理工作的認知與把握並不難，通過管理創新來提高護理人員的綜合性認知才是目前護理工作管理的探索課題。以管理創新來促進護理人員的認知水準，可以進行這樣的

創新與發展

嘗試與改革：其一，在管理中注重護理人員的綜合性認知程度、實際狀態，運用綜合素質培養的模式進行護理人員的認知修養。特別是要充分利用或借鑑其他修養的方式或方法，在新認知的形成、發展上進行積極干預或引導，構建認知模型，進行人員的認知能力培養與提高。其二，按照認知的形成規律、相關定理，在確立管理這個核心之後，可以充分結合思想政治工作、業務培養、人才培養、先進教育等形式來保證護理人員認知修養的切實提高，即積極構建護理人員認知的外部培養體系或環境，保證利用管理創新促進人員認知修養的培養實效。其三，在管理中創新個人認知與認知改變的參照系統，注重個人固有認知到創新性認知的改變過程，從中探索認知修養的規律性、科學性與可行性。這些管理創新的方式、方法極多，如我們通常進行的科學觀教育、愛國主義教育、專業培訓、技能培養、心理素質培養，等等，利用這些方式、方法來促進護理人員認知的更新，修養的更新，並在管理中不斷進行互動，通過認知的修養，培養出更多高素質的護理人員。

　　體系建設的創新是醫療護理工作管理健康發展的根本保證。目前，從醫療護理工作管理現狀看，作為醫療機構的特殊部門與一種專業主體，其護理體系建設、護理責任意識、護理文明安全、護理績效成果等，都有了一些明顯變化。它主要表現在：在現代醫衛事業迅猛發展的影響下，中國醫療護理工作管理體系化建設已經初見成效，其管理理念、思維模式、運作方式等有了較大的變化，為進一步實現醫療護理現代化、科學化進行了有力的鋪墊；專業的護理隊伍建設與管理已經初步形成機制化運作，發展較為強勁；醫療護理工作的管理更受到各方重視，其資金與設備投入都在不同程度上逐年加大，管理平臺已經基

本形成，管理建設制度化、體系化優勢已比較明顯。其管理識別、管理監控、管理運作、管理處置等，已經基本形成了管理預測、方案設計、操作流程、綜合考評等系列化的處置體系；對護理人員的引進、綜合技能培訓、深化學識學習、提高綜合素質修養水準等已經初步形成人才綜合培養與競爭機制；隨著近年醫療護理護理責任落實與護理現狀的較大改觀，各種醫療護理事故發生率已明顯呈下降趨勢，發生率亦在逐年減少。在此基礎上，進一步創新現有的醫療護理管理工作仍然任重而道遠，醫療護理的實際成效仍然與相關標準或要求存在較大差距，其體系建設的創新首當其衝，並已成為醫療護理管理創新的一個瓶頸。

(一) 創新管理中的信息化運作與信息體系建設

信息產業已經成為目前世界上最大的產業，從業者占世界從業總人數的30%以上。研究表明：在未來10～15年之內，信息產業的從業人員將占世界勞動總人數的40%以上；相當的產業將劃歸於信息產業，未劃歸的同樣要依靠大量的信息來支撐其發展。信息產業的高度發達，會使世界大同化，世界語、價值取向、行為趨同、經濟共存等將會成為現實，「地球村」將會成為名副其實的地球村。

醫療護理作為一個重要的窗口，同樣存在巨大的發展空間。從護理的影響、規模、人們需求、護理內容、技術要求等要素看，要實現社會性滿足，實現管理的現代化、科學化，必然要加強護理工作管理的信息體系建設。

1. 強化護理工作的信息化創新

護理工作的信息化創新建設的本質屬性同信息一樣，信息化建設就是要進一步擴大醫療護理信息循環往復的傳播、溝通和交流，實現更多的概括、綜合、研究和分析。在形式上看，當前護理工作實現微機化的主要目的在於提高工作效率。而現

實是護理工作往往滯後於相關信息的吸收與消化，沒有真正實現護理工作的信息化建設體系或信息管理與應用機制。因而，信息化的創新建設作為一個研究課題，創新建設主要體現在：其一，必須創新從信息的吸收到具體運用的模式，在瞭解、研究、分析和運用信息的過程中，實現「傳播—溝通—交流—使用」價值的提升，達到護理信息「交換—索取—複製—反饋」的循環與提高，使護理信息的價值提升進入一個新的層面。其二，創新信息終端的利用與傳播手段，為護理工作及其管理提供決策依據並指導決策。利用信息的特殊性、交流性、共存性，從中把握護理工作的最新發展狀況和出現的現代護理的各種信息。其三，創新利用護理信息所包含的護理情報、反應護理工作的某些現狀、揭示可能存在的發展趨勢等，構建自身護理工作管理創新體系，借此依靠正確決策，先進管理，實現創新性的「管理型效益」，實現護理工作管理的創新飛躍。其四，充分利用在現代信息社會中現代產業和現代經濟發展的支柱作用，通過管理體系來提升護理工作管理的經濟價值，促進醫療單位的經濟發展。

2. 創新現有的護理工作信息體系建設

信息化是手段，體系創新建設是根本。護理工作管理要創新，信息體系建設必不可少。在實現信息化的基礎上，信息體系的創新建設有這樣的基點：一是要進一步創新信息體系的管理觀念，認識到信息已成為生產力系統中無形的手段，成為一種不可缺少的生產要素。特別要注意護理工作管理依靠信息體系可以產生管理效益、經濟效益的雙重作用及巨大的利用和發展空間，並實現創新性的管理決策、實施與管理的實施過程。二是鞏固現有體系，並以此為基礎，在體系定向、定性、資源擴大、信息吸收、篩選、利用、反饋幾個環節上進行創新，尤其要注意對信息的關注與吸收，對護理工作信息、非護理工作信息進行科學歸類，突出護理信息「精」與非護理信息「廣」

的特色，注意綜合利用信息和信息的終端反饋。三是必須切實改變醫療機構忽略科學使用信息，淡漠追求信息效益的傾向，增加必要的投入，在信息設備與信息管理人員保證信息體系建設的所需費用。

(二) 創新護理工作管理體系建設的思維、觀念及管理運作模式

醫療護理工作管理的創新也是人的思維、觀念及管理運作模式的創新。從這兩個密切相關的層面上看，我們可以大膽探索、積極開拓，走出與自身特色相符的新路子，形成自身護理工作管理創新的新模式、新觀念、新體系或新的運作機制。

1. 切實創新護理工作管理的思維與觀念

現代研究證明：人的思維與觀念存在區域的不同距離表明了人們構思的實際狀態；思維與觀念的空間不是絕對的、單一的，而是可變的，因而也是交替或連貫的；思維與觀念的可變因素與人的自身因素、客觀條件因素存在密切關係，因素的變換會明顯影響構思的狀態。因此，創新護理工作管理的思維、觀念是現代護理工作的永恆話題。有創造性思維的內容和形式，其結果就是一種獨特的超越和創造。創新思維與觀念體現在：首先，運用創造性思維與觀念，要注意把握大量信息。創造性思維離不開大腦大量信息的貯存，作為信息內容的材料越多，其思維與觀念的創新質量也就越高。信息經重組整合，達到優化，引發超越，便形成創造性思維與觀念的運用。其次，要創新性地利用思維與觀念的最新成果。運用創造性思維和觀念要注意循規蹈矩思維與觀念和越軌思維與觀念的結合。循規蹈矩思維與觀念是創造性思維的基礎，創造性思維是循規蹈矩思維與觀念的主導。同時，要形成注意發散思維與觀念和集中思維與觀念的交替。發散思維利用多方向、輻射狀的思考，圍繞一個問題或一個中心，廣泛搜尋與之有關的因素，是一種廣泛搜

集信息資料的思維形式。集中思維正相反，是把廣泛搜集到的多方面因素加以集中，經對比、篩選，保留有用的部分，是對信息資料的精選。思維經過這兩種思維交融，必然會出現新的超越，拓展出創造性思維。再次，注意充分利用創新思維與觀念的不同轉換模式，實現自身的創新。即由單向思維與單觀念到多向思維與多向觀念的轉換；由個人思維與觀念到利用集體思維與觀念的轉換；由思維與觀念的排斥差異到重視和利用思維與觀念的排斥差異的轉換；由小的思維與小觀念引發大的思維與大觀念，再由大的思維與大觀念分析到小的思維與小的觀念的轉換。最後，在必須創新現有的思維與觀念的運用模式的同時，特別注意管理創新的模式、模型、定理等的課題探索與研究，創新並形成思維與觀念的最新運作體系。

2. 在護理工作體系建設中創新管理的運作模式

目前醫療護理工作的創新性模式不多，但我們僅運用創造性的思維方法就可以實現管理模式的六種創新：一是可以運用 KJ 法，即卡片法創新出 KJ 模式。它將無數信息卡片進行排列，按卡片之間的聯繫或能解決的問題，編出小卡片群，附上標題；由此再編成中長卡片群，最後形成大卡片群，並以大卡片群標題為綱，逐一排到其他卡片群，組合成新的管理運作模式。這種卡片集團化的使用，容易出新創優，用於編寫提綱，非常明晰簡潔。二是可以 NM 法，即指人的記憶系統中的點、線結合的思維方法來創新管理體系的運作模式。它以人的第一信號系統對具體事物形成的條件反射為作為點，第二信號系統對事物抽象化形成的條件反射作為面，再把累積的點加以集中，產生線的記憶，形成新的組合，推動創造性思維的發展，衍生出新的管理運作模式。三是利用思維的綜攝法創新管理的運作模式。它就是集合不相干、無聯繫的各知識要素，並取各要素之長，將其綜合，創造出新概念、新觀點。它可用新技術、新知識，從新角度對現有成果進行分析和處理，從而創造出新成果，可

以借鑑現有知識，在分析、綜合中豐富自己的新設計或新設想。四是利用思維的假設法創新管理運作模式，即打破習慣性思維模式，大膽設想，實現模式的創新和跨越。它可以虛設希望，提出假想，將不可能發生的假想視為已經存在的現實，從而豐富想像，促進新模式的形成。五是創新汰略法運作模式，即面對複雜的事物，可先找出一個線索進行分析，如行之不通則放棄，再就另一線索進行分析，直到分析出我們要想的最終結果為止。六是利用缺點列舉法創新管理運作模式，即列舉事物多個缺點或全部缺點，然後針對缺點拿出辦法加以改造，從而獲得新的發現或新的發明。

醫療護理工作進行管理創新不是一項簡單的工程，必然要有創新的可靠途徑、創新所具備的相應條件等要素的有機組合，才可能進行管理的真正創新。事實上，同其他生產要素不一樣，醫療護理管理工作的生存與發展空間必備要素既有廣泛度、縱深度，也存在明顯的被動性與互動依賴性特徵。沒有充分的保證途徑或條件，要實現先進的管理是不可能的。

(一) 創新人、財、物管理是醫療護理管理創新的基本保證

基本保證即護理工作管理創新的途徑保證。醫療護理人員管理創新的基本保證主要體現在護理工作管理中的人、財、物的保證。從人、財、物基本保證出發，並以此為中心，管理創新才有其基本動力。如何對人、財、物的這種基本保證進行創新仍然是一個極為重要的工作。

1. 充分開發利用護理工作中人力資源是管理創新根本的保證

人力資源是經濟發展的第一資源，在醫療護理這種非常強

調人員素質的行業中，人力資源的合理配置與使用尤為重要。作為醫療護理人員，要真正成為名副其實的優秀「護理人」，離不開幾個重要的要素支撐，它體現在：其一，必須建立有效的考察和用人制度，並以此為契機不斷進行創新，實現護理人才資源的效率最大化，並通過競爭擇優機制與合理配置充分發揮其技能作用；其二，護理人員應該是符合現代護理工作要求的優秀人才，能充分地反應出醫療護理工作人員應有的先進思維、理念、意識和技能，並可以由此進行創新開拓，真正形式團隊素質的綜合性優勢，在護理工作整體上構建出先進的護理團隊，可以顯示出其高質量的綜合利用率；其三，實現護理人力資源的有效運作，在創新競爭擇優用人的長效機制的同時，必須要充分運用現代護理工作的信息集約化、護理綜合化、效率高質化等配置手段，創新現有的護理人力資源管理模式，不斷在探索中摸索規律、發現課題，把護理人員的基本的、平面的管理改變為現代的、高效的科學管理；其四，注重人與人之間關係建立出現的創新性互動情況，改變管理單一、僵化、保守的指揮與服從的管理，創新護理人員管理施動者與受者更為明顯的角色互換，延伸護理人力資源的共享性與公平性特徵，真正確立護理人員與他人的情景、情感等的互動與關聯，在護理工作創新局面，引發新的突破；其五，要在人員管理的實踐中創新對護理人員的培養、教育等模式，就必須要尊重和保護護理人員的個人利益、個人期待、個人追求和個人目標，發揮、借鑑護理工作中的親情化、人性化護理要素，善待護理人員，理解工作辛勞，充分調動護理人員的主觀能動性，積極參與護理工作的管理創新；其六，要創新目前護理工作的一些考核方式與評價體系，重點抓好護理工作管理創新的兩個環節，即專業技能務求其「精」與護理實踐務求其「深」；綜合技能務求其「廣」與創新技能務求其「新」，進而構成護理人員「一專多能」甚至「幾專多能」的人才優勢，保證護理人員隊伍建設的

實際成效。實踐證明：當我們把護理管理創新首先施之於人的時候，其創新的管理效果往往會倍增。

2. 充分利用護理工作的財力資源是管理創新的重要前提

醫療財務這裡主要指資金的運用。醫療行業的財務工作歷來注重程序，常常是依賴於一種比較固定的模式進行。實踐證明，模式不是理論，不是理論對現象的解釋，而是側重於對某些醫療活動或醫療經濟現象的描述。從當前醫療護理的財務程序或模式中我們可以得到啓發，即充分利用護理工作財力資源來促進管理創新：其一，可以利用財務為各種不同的經濟結果可能發生的概率提供基本依據特徵，護理管理創新由此可以建立多種「財務效益」管理分析程序，並對結果進行預測，創新財務對護理工作管理的思考、運用及分項投入模式。這是護理工作管理創新亟待開發的潛在財務功能。其二，關注護理管理實際財務效果，在效果上進行效益與效率對比，利用財務與管理兩者的互動，保證管理創新所需的財務支持。這是護理工作管理創新亟待深化的財務管理擇優途徑。其三，財務支撐管理創新必然會隨著管理的深化和擴大而出現財力投入逐步加大的問題，這樣可以依據管理中的財務運行狀態，創新管理的統籌規劃，認真解決財務最容易制約管理創新的問題。其四，具化各項管理創新所需的財力支持項目，實行新的財務分級責任制度，為管理創新提供財力保證並在管理中進行有效監督。其五，醫療護理工作的管理者必須懂得財務管理的一般性知識，懂得財務管理一般規律和運行程序、模式，並可以協助財務部門進行有效的常規處置。

3. 充分利用護理工作中的物力資源是管理創新的必要條件

沒有充分的物力支持，即醫療護理管理必要的管理硬件投入，管理工作的創新管理同樣難以為繼。硬件就是醫療護理管理必要的管理設備、器件等，它是保證日常管理及創新管理的

必要條件，體現在兩個方面：一個是在管理過程中的管理設備的投入，使日常管理可以順利地進行，如護理人員相關資料的微機管理、人員護理技能的管理，等等。這些投入是保證日常管理創新的基礎。另一個是在管理創新中進行的必要的專門性的硬件投入，如一些新型的管理設備、新的管理軟件、新的重要資料等的投入使用。從此考慮，一是要分析自身物力資源現狀，搞好兩個調配，即日常管理與創新管理相關設備、器件的調配，在設備使用的更新上做好必要的準備；二是管理創新的相關設備投入往往帶有專題性，投入也常常大於一般管理設備的投入，應該有比較充分的物力保證，特別是資金保證；三是管理創新作為一種新的系統、體系或機制投入，要特別注意自身的創新度與可靠性，保證管理創新的實用與創新實效。

(二) 創新配套管理是醫療護理管理創新的重要基礎

配套管理是管理創新的重要條件之一。沒有充分適當的配套，任何創新管理都難以成功。在通常的人、財、物的基本配套之下，還要充分考慮護理工作管理創新與其他工作的協調、互動等要素。

1. 注意綜合性配套要素的充分利用

在核心配套完成後，要注意考慮的其他配套要素有：護理工作與其他醫療工作的協調、互動，如治療與護理的協調互動；護理工作與醫療整體管理的協調、互動，即注意分清「醫療大管理」與「醫療護理小管理」的關係，突出護理管理的創新配套與管理特色；護理工作與整個醫療後勤保障的協調、互動，即分清護理與後勤的關係，充分利用後勤保障優勢來支持護理管理的創新，如相關管理設備的如期投入等；護理工作人員與醫療實施人員的協調、互動，如對病員怎樣進行更有效的治療與護理；護理人員與病員及家屬的關係協調、互動，如建立新型人際關係等；護理工作與其他相關工作的協調、互動，如醫療相關

活動、相關宣傳、相關學術交流等。這樣才可能真正構建出護理工作管理的新體系或新系統，才利於護理工作管理的真正創新。

2. 充分利用護理管理設施、設備進行管理創新

這樣的創新表現在：利用現有管理設備進行管理創新，如使用新的管理軟件進行創新、護理工作手段的創新、管理相關規章制度的創新等；利用現有設備提供創新參考依據，進行提升管理檔次的創新，如以現有管理設備為基點，結合管理創新要求來進行管理設備有關聯的定點性設備投入，使管理創新基礎更為厚實，創新更有條件，更有系統或體系優勢；利用現有管理設備打好管理創新機制的發展基礎，即充分利用設備積極吸收進行管理模式、定理等，積極探索相關護理工作的新課題、新動向等，為管理創新奠定發展基礎；利用現有管理設備為添置管理新設備提供重要參考依據或範本模式等。

3. 注重綜合性配套管理創新性要素的利用

護理工作管理創新的要素較多，如何充分利用這些要素進行組合，從而發揮其更大作用值得認真考慮。在護理工作的日常管理到創新管理的過程中，要注意幾個管理創新的重要環節：護理工作管理方法與技巧的創新、管理功能形態的創新、管理特點形態的創新、目標管理形態的創新、戰略管理形態的創新、實施方案管理形態的創新、管理結果分析的分析、總結的創新、充分調動護理人員工作的積極性的創新、充分調動管理人員的積極性的創新，等等。此外，創新要素的利用，要體現在：充分進行綜合性的配套利用，在利用中注意核心與非核心管理要素的調配；注意人、財、物的有機配套；注意護理工作創新與醫療其他工作創新的協調組合；注意護理工作前瞻性或超前性思考，在新護理、新管理上進行有力度的整合與創新；注意護理工作的協調綜合要素，進行配套系統的創新性開拓；注意在管理創新中糾正偏差，減少失誤，隨時進行補充與完善。

從創新角度分析，護理工作管理創新就是醫療組織中的管

理者，通過實施計劃、組織、人員配備、領導、控制等職能來協調、配置組織資源和活動進而更有效地實現組織目標的過程。醫療護理工作管理要進行不斷地創新，就特別要對護理工作管理創新的功能、目標、方案、實施、利用等環節進行充分探索與研究，要善於發現和處理管理創新中出現的各種問題，看重護理工作與其他醫療工作的互動與依存關係，對管理創新信息多渠道、多形式等的更大利用，等等。因此，我們要更積極地改變思維、思考方式，切實改變固有觀念，在護理工作管理創新中有所建樹，才可能進一步加快中國醫療護理工作管理創新步伐，真正實現醫療護理工作管理的創新性管理，取得護理工作管理的更大成績。

參考文獻：

1. 李和中．公共部門人力資源管理．北京：中央廣播電視大學出版社，2008.

2. 陳遠敦，等．人力資源開發與管理．北京：中國統計出版社，2006.

3. ［美］彼得斯．追求卓越：美國最佳管理公司案例．載春平，譯．北京：中國編譯出版社，2003.

4. ［美］詹姆斯·C.柯林斯．基業長青．真如，譯．北京：中信出版社，2002.

現代市場行銷的基本形式與創新運用

劉成根　　　　　　　　　　　　　　　（成都市果品有限公司）

[摘要] 現代市場行銷的基本形式多種多樣，表現豐富，有力地支撐著現代市場行銷，由此深化行銷基本形式的創新運用。

[關鍵詞] 現代行銷　形式　創新

中圖分類號　F203　　文獻標示碼　A

現代市場行銷是市場行銷的全新式樣，代表著市場行銷的新思路、新方法、新觀念和新運作。在現代市場行銷產品（Product）、價格（Price）、渠道（Place）、促銷（Promotion）、政治力量（Power）和公共關係（Public Relations）所構成的「6Ps」作用下，如何運用現代市場行銷的基本形式，演繹現代市場行銷的創新性運作，爭取行銷的更大實效，一直是現代市場行銷的一個嶄新課題。

現代市場行銷「6Ps」的基本理論構成了當今市場行銷運作的基本形式。市場行銷依據這些形式，形成了現代市場行銷的基本方法、基本特徵、基本模式，對現代市場行銷理論與實踐的進一步探索與研究，促進現代市場行銷的更大發展仍然起著不可替代的奠基作用。

(一) 產品行銷的基本形式

　　現代市場產品行銷是整個市場行銷的始點，被視為市場行銷的動力源。沒有產品就沒有行銷。現代市場行銷的基本形式都會圍繞產品的銷售而展開，並與其他行銷進行互動，從而實現市場行銷的經濟和社會效益。一方面，現代市場產品行銷因不同地區、不同對象、不同產品、不同時段等行銷條件的不同，都可以衍生出更多的行銷形式；另一方面，現代市場產品行銷更多依據其基本形式，以進行產品行銷，是產品行銷的基本點。現代市場行銷的產品行銷基本形式大致有產品定向行銷、產品定點行銷、單項產品行銷、產品綜合行銷等。

1. 現代市場的產品定向行銷

　　定向行銷即指依據產品進行的有明確行銷方向的產品行銷。其特徵主要有：一是產品按其使用或消費屬性進行行銷定向，對專門的行銷對象進行行銷，如食品、藥品、高檔電子產品等確定行銷方向的行銷；二是依據專業分工進行專門的市場行銷，如食品市場行銷、果品市場行銷等；三是依據不同行銷地區劃分、目不同標市場等進行的定行銷；四是定向行銷內涵較大，在定向的條件下，存在不同行銷方法的綜合與協調，其延伸性強，是一種重要的產品行銷的形式。就其行銷的基本方法看，產品的定向行銷比較單一，過程明晰，通常採用的一般行銷方法，但在產品價格上有較大的運作空間。

2. 現代市場的產品定點行銷

　　定點行銷即指產品依據行銷的點所進行的行銷，是與定向行銷關係密切的定向行銷的深化形式。其特徵有：一是行銷點的行銷範圍小於定向行銷，但行銷深度較深；二是這樣的行銷對整個市場大行銷有明顯的補充與完善作用，是市場行銷的一種細化性行銷；三是定點行銷包括地區、單位、團體、組織等的對應行銷，是擴大市場佔有率，鞏固行銷對象的重要方法。

產品定點行銷具有價格優勢，常常以團購形式出現，有行銷渠道的擴展優勢，往往以行銷擔負分銷渠道相結合，容易產生連鎖效果。

3. 現代市場的單項產品行銷

它主要指同類化產品的行銷，更多指某一類或某一種產品的行銷。這種行銷特徵有：一是產品單一，有行銷深度和數量優勢；二是價格常常以「批發」等形式進行下浮；三是產品的同類可比強烈，其產品優勢容易體現出來。單項產品行銷缺乏產品廣度，具有產品深度，行銷方法同樣比較單一，有基本兩種方式，即單項行銷，以行銷部，專供點等形式出現；同其他產品組合，進行綜合性行銷。

4. 現代市場產品的產品綜合行銷

主要指利用產品的群體優勢進行必要的組合所進行的市場行銷。它的特徵有：一是綜合性強，不論是同類產品或異類產品，都以組合的形式進行行銷，具有品種多、可選性強的優勢；二是行銷對象可以實現綜合性購買，容易出現行銷的整體性效益；三是可以成為市場行銷的主要行銷模式，容易形成行銷規模，是當前最基本的市場行銷式樣。這樣的行銷，方法比較簡單，多以目標商場等形式體現。

(二) 行銷價格的基本形式

行銷價格的基本樣式即產品或商品的價格表形狀態。常有基本的形式為行銷的基本價格、行銷的批發價格、行銷的優惠價格及行銷的下浮價格。

1. 現代行銷的基本價格

在產品價格成本價格作用下，產品的行銷基本價格主要表現在：一是基本價格存在價格空間，一般空間有批發價格空間、零售價格空間等，表現出價格的基本形態；二是受生產因素、市場行銷等影響，這種價格比較穩定，但一旦出現波動，對其

他價格會產生極大影響；三是基本價格是市場行銷價格的基石，由此可以引發或影響其他價格的因素效果。基本價格的運用方法比較簡單，即運用價格的基本因素和優勢，對行銷價格進行定位、組合、協調，發揮價格的基本作用，對行銷產生積極影響，保證行銷實效。

2. 現代行銷的批發價格

批發價格是指行銷過程中的一種價格形態，是以價格的適當下浮來促進產品的市場行銷數量，也是分銷渠道採用的一種價格形式。它的特徵有：一是運用價格的下浮空間來完成行銷渠道的擴充，擴大行銷子市場；二是以批發價促進產品行銷增量；三是常常是基本價格與其他價格的「仲介」，承上啓下的作用比較明顯。

3. 現代行銷的優惠價格

優惠價格指為了加大行銷成效等而進行的價格優惠，即通過價格的下浮來促進產品行銷。它的特徵有：一的優惠的空間往往結合批發價格來進行；二是優惠通常在團購等情況下進行；三是一般不會觸及產品的成本價格，它以減少行銷利潤來促銷，是一種運用價格優勢進行的「薄利多銷」。

4. 現代行銷的下浮價格

下浮價格指行銷過程中的價格較大幅度的下浮，即通常講的「保本價」或「虧本價」等行銷價格形式。其特徵有：一是價格成效較大波動，以價格下浮來保證產品銷售；二是價格下浮常常演變為一種「拋售價格」並常運用在產品行銷的衰落期，即產品出現更新換代、市場出現飽和或市場競爭進一步加劇的時候；三是它的運作時間存在階段性，時間短，但特注重實效，一般行銷單位不會輕易採用。

(三) 渠道行銷的基本形式

行銷渠道的基本形態指市場行銷過程中的多種行銷途徑，

通常以子市場、目標市場、連鎖行銷等為構建形式，進行整體性市場行銷的規模等擴充，是整體行銷的系統化建設形式。渠道行銷非常重要，是擴大市場佔有率的常用手段，也是市場整體性行銷的重點所在。渠道行銷的基本構成以有子市場行銷、目標市場行銷、連鎖行銷等。

1. 現代子市場行銷渠道

子市場行銷渠道指對行銷市場經過再劃分所進行的分市場行銷。在主市場引導下，子市場的建設與運作成效是對整體行銷的積極補充與提高，是市場佔有率狀況的一種體現。它的特徵有：一是對整體性市場行銷進行積極補充與擴大，是行銷擴大渠道，增加行銷實效的必要手段；二是子市場發展狀況會明顯影響整體行銷效果；三是可以提高行銷質量，對形成不同行銷體系或模式，具有明顯推動作用；四是可以不分地區、行業、競爭對象等，進行跨區性行銷，以實力或數量來提升行銷質量，實現行銷的規模效益。

2. 現代目標市場行銷

目標市場行銷即根據行銷要求所確定的一種目標市場，是有明確行銷目標的一種行銷形式。它的特徵有：一是目標明確，層次明晰，以行銷目標為基本要求；二是市場特徵比子市場更為明顯，是行銷的一種常用市場模式；三是行銷效益比較穩定，是對整體市場行銷的補充。

3. 現代市場連鎖行銷

市場連鎖行銷即指通過相同的行銷模式的連結所形成的一種群體連鎖行銷模式。這樣的行銷一是有連鎖優勢，可以較快擴大市場佔有率；二是行銷相對穩定，有一定的效益保證；三是具有跨地區、行業等優勢，容易形成行銷特色。

(四) 市場促銷的基本形式

促銷是行銷過程中以各種方式、方法所進行的產品增量銷

售。它的特徵有：一是方法多種多樣，容易呈現創新性；二是往往與行銷渠道等結合，會以一時間或階段為依託，注重行銷效益的規模化；三是可以在產品行銷週期的任何階段進行這種行銷，帶有突擊性行銷色彩。在相對市場行銷中，經常出現的網絡促銷、交叉促銷、事件促銷、定向促銷、電話促銷、定點促銷、活動促銷，等等，既是行銷的手段，更是促銷的多元形式。促銷是市場行銷的重要手段或形式，任何市場行銷都離不開促銷的配套，也是行銷過程中最容易產生效益的環節。

(五)市場行銷中政治力量的基本形式

政治是經濟發展的延續，經濟是政治發展的基礎。政治力量對現代市場行銷的巨大和潛在的影響，使之成為了現代市場行銷的一種新形式。政治力量的特徵有：一是以各種經濟政策、經濟或政治性法規、經濟等法律法規等形式來影響市場行銷；二是在經濟發展需要步入更高階段的時候、經濟出現重大變化或轉折的時候、在經濟需要政治以全新理論來引導其發展的時候，政治力量總是以一種「理論指導」的形式來影響市場行銷；三是每當行銷出現轉折、問題、滯後情況等，其背後總會出現經濟的「聚變」，而這樣的聚變動力常常是隱形政治力量以政策調整、指標修改等形式在起作用；三是政治力量需要經濟形態來表現自身的存在及其重要作用，對行銷常常亦常常以「行政權力」、「經濟權力」、「監督權力」、「執法權力」等的確立與運用為標誌，對行銷進行重大影響，具有舉足輕重的作用。

(六)市場行銷中公共關係的基本形式

公共關係學是一門充滿生機的學科，對現代行銷的發展有非常重要的指導作用。搞行銷工作，不能沒有公關意識與技能，不能沒有超前的行銷思維與行動。現代市場行銷總會自覺或不自覺地運用或反應公關原理，維繫行銷的關係、業績、能力、

價值，體現行銷自身的內涵與素質。行銷就是公關，公關推動了行銷。公關在行銷中的基本形式有：一是在行銷過程中體現公關原理，展示著公關內涵，行銷的一些形式同樣成為公關的形式，如產品促銷實際上也是公關促銷；二是行銷人員建立的各種關係、運用的各種方法、推銷各種產品，等等，所涉及的具體的人際關係、工作關係、生活關係等，都與公關有關，會在自覺或不自覺中反應公關原理及相關準則，其行銷行為也就是具體可見的公關行為；三是公關對行銷深刻的影響，更多是「依附」在行銷的形式上，其核心形式是貫穿於行銷行為全部過程中的「公關脈絡」，即行銷中明確的公關主題；四是成功的行銷總會在公關的影響中得以創新和發展，公關必然會以更新的形式出現在市場行銷中，並且會成為市場行銷的一個有機部分。

在現代市場行銷基本形式影響下，現代市場行銷的領域和思路更為寬廣，具體的行銷方法層出不窮。現代市場行銷基本形式的創新性運用，已經成為現代市場行銷的最有意義的重大課題。

(一) 產品行銷已立足於產品和服務創新

隨著現代市場行銷的不斷深化，行銷自身對產品的創新要求已經越來越高。開發和設計不同層次的新產品，不斷創新行銷產品形式，對現代市場行銷的規模、效益、發展具有極為重要的作用。新產品科技含量高，功能更為突出，性價比好，消費優勢特別明顯，又處於產品週期的創新和成熟期，最富有行銷的生命力，最容易成為市場行銷的暢銷品。另一方面，產品創新又必然推動行銷服務的創新，最容易出現服務的多元化、立體化特色，從而形成服務優勢，可以更有效地占領和擴大行銷市場。產品創新可以填補市場行銷的空白，滿足行銷對象新

的需求；服務創新可以提升行銷水準，依據產品增加積極效益的附加，因此，市場產品行銷以產品創新和服務創新為代表，推動著現代市場產品行銷的創新性發展。

1. 注重產品與服務創新的差異行銷

差異行銷，即是以自身系列產品的差異來區分競爭對手產品的行銷行為。差異行銷目前已有比較新的行銷形式，其策略主要體現在四個方面：形式產品差異、服務產品差異、人員產品差異和形象差異。其中，在細分市場做差異行銷最重要的是形式產品差異。這種策略，就是對產品的特徵、性能、質量等加以改變或超越，來實現與對手產品的差異，從而突出自己的「獨有」。如五糧液酒出名的在於它的歷史和獨特的工藝，勞斯萊斯汽車在於它的非常嚴謹的手工製作、質量優越、性能突出、地位高貴。目前，市場行銷產品同質化、同類化現象比較突出，對自身行銷定位、行銷產品及市場分析思維單一，線條簡單，競爭者多是相互模仿，盲目競爭。事實上，產品與服務創新的差異性行銷，行銷者可以借此進行市場細分，選擇自己具有比較優勢的產品市場進行行銷，同時進行服務的配套，從而形成自身的差異化行銷。這樣行銷形式的創新，就是市場細分和準確定位的結果。產品創新與服務利用產品差異，突出其優勢所在，成為當今市場行銷的新形式。它主要表現在：一是創新產品具有行銷優勢，利用差異化進行行銷成功率較高；二是容易形成自身行銷新、快、好的特色，即利用產品形成要素，拉大與對手產品的差異，以己之長勝對手之短；三是善於利用和創新服務策略，以優秀員工的優秀服務增加產品的附加效益，樹立產品的卓越形象；四是注重自身的品牌形象、行銷形象與對手的差異；五是充分利用自身所累積的行銷經驗、成果、現有關係強化行銷工作，進一步提高行銷質量。

2. 以新產品行銷鞏固現有差異行銷形式

以新產品行銷鞏固現有行銷形式是市場行銷的一種新舉措。

新產品若具有影響市場的力度，就極易迅速擴大市場，形成行銷優勢。新產品優勢在於：一是可以對行銷產品進行替代與覆蓋，在產品功能、形式、價格等上吸引行銷對象；二是對現有行銷產品進行改造，即通過部分功能的提高、進行新的組合、改變包裝等手段來提高產品的競爭力。在這樣的條件下，差異性行銷的優勢便十分明顯：第一，生產者或行銷者自己瞭解和熟悉產品，知其長處與短處所在，容易改造，投放較快，投入不大，成本不高，容易產生效益；第二，累積經驗，利於促進新產品開發，形成行銷產品梯次，保持行銷產品鏈的延伸；第三，最容易形成自身行銷特色，延伸行銷優勢，提高行銷檔次；第四，差異性行銷容易拓展市場要素，形成新的目標市場或行銷的子市場，也具有行銷連鎖的可操作性，是創新性行銷的基礎所在。在產品改造完成還沒有進入市場之前，差異性行銷首先是利用產品創新進行的行銷，注意新產品的行銷宣傳，在產品名稱、形態等上突出重點要素，使產品要新、精、巧、易認、易讀、好記、好用，能被行銷對象盡快接受。此外，還注重產品內在質量與優勢所在，突出此產品與彼產品的不同差異性，在對比中進行差異性行銷。

3. 服務創新已成為保證產品市場行銷的重要前提

進行服務創新，提供延伸服務，是立足於推進產品創新和服務創新的一個新開發點。市場行銷可以依託服務的新形式來促進產品行銷。產品創新還必須借助服務創新來提高行銷效益。服務創新需要不斷開發服務項目、擴大服務範圍、提高服務質量，做到人無我有、人有我優，積極創建自身的特色服務，不斷提高行銷對象的滿意度。目前服務創新基本形式大致有：一是鞏固現有的服務體系或模式，構建服務的運作機制；二是在現有的服務基礎上創新延伸服務，如上門服務、電話購物、網絡行銷服務、預約服務，等等；三是利用提供延伸服務的方法，進行產品行銷的配套服務，即對行銷產品的關聯產品進行配套

服務；四是延伸產品售前、售中、售後服務，特別是在售後服務上以積極回訪、定期維護等強化服務終端，充分利用服務產生的附加值來提升服務水準，創新自身獨特而優秀的服務。創新服務具有空間大、路子多、思維新、見效快的特點，一直是當今市場行銷的關注熱點和重要的服務形式。從實踐的過程看，進一步搞好創新服務可以創新意識，確立高度，強調新意、創見、延伸、操作幾個環節，突出「人無我有，人有我優」這個中心；可以擴大或豐富服務項目，構成服務項目的梯次優勢，把握延伸服務的新思路與新起點，在服務體系基礎上真正創新和鞏固服務的運作機制。基於此，市場行銷的創新服務應抓住服務的新起點，進行服務的附加值探索。

(二) 對市場行銷價格的創新利用

市場行銷產品價格的創新利用，即依據價格法則、價格變化、價格分析等進行的創新利用。價格對保障國家經濟安全和社會穩定有極大影響，因而價格的定位、準則、監控、運用等歷來受到不少制約，市場行銷價格必然會受其影響，出現不同的形式。如行銷的基本價格、批發價格、優惠價格、抛售價格、專供價格，等等。市場行銷依據市場化運作規律、價格競爭機制和國家相關價格政策、價格開放等措施，進行價格的創新性運作必然也會推出一些新的行銷價格運作形式，代表目前市場行銷價格的創新性變化。

1. 利用價格空間注意對新產品和新市場的開發運作

此創新是指行銷者在為了盡快推廣新產品或進入新的區域市場時，制定較低費率以便滲透更多的細分市場，獲得較大的銷量和市場份額。在這個時候，要擴大市場，投放產品，即面對的是產品開發到應用的初期，是又一輪新行銷的起始階段，其行銷的重心顯然不在價格而在市場的佔有率。但從對新產品和新市場的開發運作看，有幾個要素特別明顯：一是從新產品

進入市場的生命週期發展階段看，要利用價格優勢提升產品引力，吸納更多的消費者必然要給予一定的價格優惠。尤其是對具體的某些新品種，更需要利用價格優勢來擴大影響，形成自身優勢。二是價格優勢常常可以通過增加服務項目等來體現，存在價格對服務的價值轉換。三是價格優惠的幅度一般不會太大。四是價格優惠會以多種形式加以體現，如「特價」、「風暴價」、「試銷價」、「買一贈×」等。

2. 實行定點、定向行銷的價格優惠

實行定點、定向行銷對保證市場佔有率非常重要。如對某個消費單位、某個行銷對象進行的定點、定向行銷。行銷者可按行銷量的一定比例給予優惠。其優勢在於，一是一次性實現批量性行銷，以行銷的數量作保證，行銷方便簡潔，時效簡短，「一次性效益」明顯；二是可以有效而迅速地占領或擴大市場，延續產品行銷週期，為更多新產品的開發與推出贏得時間與發展機會；三是可以有效更新和擴容自身的產品庫，擴大產品系列，增加產品綜合利用值，塑造產品個體與集體形象；四是存在較大的發展空間。只要可以運用價格實現促銷，就可以採用多種形式進行價格要素的合理開發與利用。當前，營運價格優勢進行行銷的方法多、點子新，如統包性的「統保優惠行銷」、「分期性付款行銷」、「信譽行銷」，等等，都是行銷價格的創新運用。

3. 注重團購的價格優惠創新

行銷者尤為重視團購，一直將其視為擴大市場份額和效益的突破口。團購行銷證明：維持一位老顧客與發展一位新顧客的投入比為 1：3.5。團購行銷的潛在效益是非常明顯的，它與定點、定向優惠價格行銷相互呼應，相得益彰，利於構成行銷利益鏈條，帶來效益的層面效果。它的優勢表現在：一是延長了產品生命週期，為新產品的推出贏得了時間和成功的機率；二是取得了行銷對象的信任，擴大了行銷者自身的知名度，為

做大、做強市場行銷提供了相當的保證；三是既保證了行銷的固定性效益，又維持或擴大了自身的市場份額，促進了行銷的深化；四是降低了行銷運作成本，增加了效益的附加值。團購的價格優惠同其他價格優惠一樣，以行銷數量來保證行銷的效益質量作用非常明顯。因而，目前市場對團購的優惠價格的行銷形式一直看好，而且該形式在不斷的深化之中，形成了更多的創新模式：以單位擔保形式的團購；分期付款的團購；開設專線交通的團購、網上預訂的團購；集體信譽團購；組織活動團購；節假日團購；不同消費對象的團購，等等，正在不斷深化和延續，成為了市場行銷的一個亮點。

4. 注重創新性的行銷價格下浮

行銷者實行定期的行銷價格下浮，是擴大一般行銷對象的經常性舉措。它的優勢在於：可以穩定既有的行銷對象，是對定向優惠、團購優惠等的有力補充，有價格優惠面的優勢；可以強化或提高固有的市場地位，特別是在固定行銷點擴大行銷，如固定的商場、專賣店等；可以盡快創造行銷形象，擴大信譽度，提高知名度等。利用固定點行銷進行價格優惠的創新極多，一些新的運作模式也在不斷的探索之中頻頻出現：節假日前熱點產品或長線產品等的活動優惠；每週或每天部分產品價格的下浮；購買到一定數量時贈送購物券；購買部分產品時贈送其他產品的捆綁優惠價格；一些耐用產品的以舊換新進行價格下浮；定期以循環方式進行部分產品的「特價」、「風暴價」、「搶購價」行銷；以某些產品進行免費的「體驗」而進行的價格優惠；以會員卡進行的會員購物價格下浮；分期付款的免息價格優惠；等等。這些優惠性價格下浮行銷對創新的要求極高，創新的形式多樣，但也極容易形式化，運作週期一般不長。

5. 注重組合定價的行銷價格策略

為擴大市場行銷份額，行銷者採取對某些產品實施虧損定價策略，或者保持其最低成本價，即對產品價格進行某些組合，

從而利用價格的槓桿原理來增加行銷效益。這是當前市場行銷逐漸興起的一種創新性行銷。組合定價方法多種多樣，有配套法、交叉法、梯次法、等差法等，其運作的空間非常大，可以推出不同的系列組合。如行銷汽車與供應油品的組合或車內裝飾物件贈送的組合、房屋裝修與家具配套的組合定價行銷等。由於組合定價注意品種組合的相互關聯與配備優化，具有很好的可操作性，行銷對象很容易看到產品優惠所在，因而突出了產品的「點」與行銷的「面」的優勢。產品價格定價組合具有行銷的戰略性特徵，能與市場發展充分結合，長遠利益非常明顯。注重組合定價的行銷主要利用價格空間進行行銷創新，模式新穎，富有創意性，是提高行銷者形象、擴大行銷面的一種好方法。這樣的組合定價行銷，行銷者要善於創造自己的「大手筆」，善於推陳出新，給人以耳目一新的感覺，這對行銷者自身行銷綜合素質的提高，更具有潛在作用。

(三) 注意分銷渠道的創新行銷

行銷渠道是將產品從生產者轉移至行銷對象的過程或途徑。市場行銷的分銷渠道的暢通與否和覆蓋面的大小，往往決定著競爭能力和市場份額。一般來說，市場行銷渠道主要分為直接渠道和間接渠道。直接渠道是指由行銷業務人員對行銷對象開展業務，間接渠道指通過行銷代理來開展業務。目前，市場行銷分銷渠道的創新是現代市場行銷的重頭戲，直接決定著行銷者自身行銷的實際成效。

1. 創新分銷渠道的途徑

分銷渠道通常以不同的分銷方法形成不同的分銷模式。由此，分銷渠道形成了各種代理，如一級代理、二級代理、總經銷、總代理等不同的分銷渠道式樣。基於分銷跨地區、跨行業和新型代理等特徵，分銷渠道的創新更具有行銷的戰略性，它往往關係到一個地區、一個大層面的行銷成效，其領軍作用非

常突出。從探索與研究角度來看，目前分銷渠道的創新有：一是深化縱向分銷，即以不同地區、不同行銷對象來積極拓展分銷，對自身的行銷分支系統等在不同地區開設的行銷市場、分銷代理市場、連鎖行銷市場等進行進一步鞏固，注意其行銷模式的創新。二是深化橫向分銷，即利用行銷同行近似產品、關聯產品的組合與配套，擴大品種，創新行銷產品的關聯性行銷。這樣容易壯大行銷，形成自身行銷的品種與服務特色。三是更注重代理行銷的創新方式，降低行銷成本，在細化行銷中形成分銷網絡，真正占領和擴大自身的行銷市場。如個人代理行銷，可以有效降低行銷成本，減少行銷風險，是對網狀行銷中「點」的有力補充。四是注重股份制的運用。在分銷中以股份的份額作為行銷效益的保證手段，使分銷中的責、權、利進一步明晰，更容易調動行銷人員的積極性，保證分銷的順利拓展。五是注重對分銷渠道的不同組合的研究與實踐。分銷渠道的創新要注意行銷機制的建設，穩定現有渠道，積極發展新型渠道。六是注意專職專業化的分銷與一般性分銷齊頭並進，抓住分銷渠道關鍵，即渠道行銷隊伍的建設與渠道的模式創新。

2. 發展分銷渠道兼業代理優勢

要擴大行銷，還要在降低行銷成本上做更多考慮。行銷在現代市場的推動下，分銷渠道兼業代理的行銷形式已在悄然擴大。這樣的行銷模式是利用兼業代理人進行行銷渠道擴展，進而擴大行銷領域，降低行銷者行銷成本。它表現在：一是實現低成本行銷可以借助兼業行銷代理人的資源和關係，迅速開拓市場。二是具體可以以多種行銷形式進行這樣的行銷，方法比較多，利用空間比較大。如行銷的某些產品可以通過兼業代理人自身的行銷場地來進行行銷；一個行業或系統可以通過其行業相關部門進行集中代理。分散性業務、一些具體零售等，可通過點多、面廣、信譽程度較高的個人網點進行代理等。三是可以培養行銷的外圍隊伍，以「借雞下蛋」的形式進行拓展性

行銷，其優勢非常明顯。

3. 充分利用分銷渠道進行行銷整合

目前，中國市場行銷的分銷渠道整合工作還明顯滯後，表現在渠道比較分散、布點不盡合理、專業優勢不明顯、專業行銷質量不高等，利用分銷渠道進行新的整合已勢在必行。特別是一些大的行銷企業，有著管理水準和行銷資源等方面的優勢，更應該利用整合，擴大分銷，盡快占領更多的市場行銷份額。新的渠道整合主要集中在：一是對現有渠道進行創新性組合，積極引入行銷競爭機制，優勝劣汰，壯大新型的分銷渠道隊伍，實現行銷利益的真正雙贏；二是分散性行銷和大眾型行銷要進一步通過兼業代理形式，以廣泛的行銷分支機構來拓展分銷渠道，擴大市場覆蓋面；三是進行密集型渠道分銷，即對行銷中比較固定集中的團購、群購等成立專門的分銷渠道（如行業管理部門）或採用更新的直銷模式進行選擇性分銷；四是對存在一定風險的渠道分銷，可通過風險轉移的模式進行渠道分銷。如對高檔耐用產品可以通過保險、銀行等進行仲介專業化分銷。

促銷是市場行銷中重要的環節。行銷者在開發市場，加強產品、價格、分銷渠道的同時，還必須開展促銷活動激發行銷對象的購買慾望，促進行銷產品從賣方向買方轉移。促銷手段組合包括廣告、人員推銷、營業推廣和公共關係等。

廣告是行銷者支付費用，通過大眾媒介向目標顧客傳遞產品和服務信息，並說服其購買的活動。利用報紙，雜誌，和其他廣告媒體形式可以增加行銷對象對產品、價格、分銷等的認識，提高其消費或應用理念，並且可以擴大現有行銷市場。人員推銷是指行銷人員直接與行銷對象接觸洽談宣傳介紹行銷產品的活動。營業推廣是行銷者用來鼓勵行銷對象進行購買的直接行銷形式。公共關係的目標主要在於樹立行銷者自身形象，

採用的手段也多種多樣。如：對社會關心的行銷活動進行宣傳；參加或舉辦各種大型會議、知識競賽、社會公益事業、體育活動等；加強與政府、企事業單位、新聞媒體和社會大眾的交往，借此來營造良好的行銷環境，擴大行銷產品的輻射等。促銷不同於分銷，是行銷中最常見的形式。從目前促銷的形式看，有活動型促銷、公關型促銷、廣告型促銷、價格型促銷、導向型促銷、定向型促銷、分散型促銷，等等。由於促銷存在階段性與時間要求，因而促銷式樣新，手段多，具有面的優勢，而深度則明顯不夠。促銷創新主要應該注意：一是構建促銷體系，真正形成促銷的創新機制，不斷創新模式，深化內涵，提高促銷的檔次；二是不斷進行各種促銷模式的交叉、綜合運用，注意其立體性促銷效果，形成自身促銷特色；三是對一些創新性促銷進行積極探索與實踐，如推行親情型促銷、超前型促銷、福利型促銷、分紅型促銷、保值型促銷等，都是當前還沒有積極展開的促銷新模式；四是積極培養專職促銷人員，形成促銷中堅力量，組建促銷機構，專門進行促銷的理論與實踐的大膽探索；五是特別注重促銷的核心，即注重價格要素、服務要素、廣告要素、公關要素的綜合性運用，其中價格與服務應該作為重中之重予以充分落實，務求抓出效果，形成促銷的行銷優勢。

　　政治力量對經濟發展一直起著巨大的促進或制約作用。從市場行銷角度看，政治總會以某種力量的存在形式貫穿於整個市場行銷過程。1984年，世界行銷大師菲利普·科特勒提出行銷的政治力量一說，擴展了「4Ps」行銷的內涵，在相當深度上看到了政治力量對行銷巨大和潛在的影響，為現代行銷提出了嶄新的課題，提供了行銷發展的又一空間，意義非常深遠。政治力量的影響表現在：一是當經濟發展、轉型、突變等情況出現後，政治力量總會以一定的形式進行干預，憑藉法律法規、

措施等來解決市場行銷中存在的問題；二是政治力量總會以新理論、新觀點等來引導現代市場行銷的發展，會制定各種新的經濟政策、各種政治文件、各種新經濟理論等，影響甚至左右市場行銷的發展；三是任何市場行銷的背後，常常有隱形的政治力量作為其核心，它會利用市場行銷的經濟形態來表現自身的存在並展示其重要作用；四是政治力量對行銷的影響及作用，存在形態化特徵，即往往以「政府指導」、「行政管理」、「執法權力」、「監督批准」、「施行條例」等的確立與運用為標誌，對行銷有著舉足輕重的作用。因此，政治力量作為行銷工作一大新的研究課題，重點在於政治力量在市場行銷領域內的權力運作，以及政治權力對經濟領域的決定性作用。在現代市場行銷條件下，政治力量如何與現代市場行銷運作進行互動，並對市場行銷進行戰略性指導，已是一個重大而嶄新的研究課題。注重政治力量在市場行銷中的作用，就要注重政治力量對現實市場行銷存在的現實與潛在的巨大影響；行銷者必須注意在市場行銷過程中，對一些政府行為、政策舉措等進行必要的關注與研究；行銷者必須重視對自身政治力量需要的訴求或願望表達等，把自己作為政治力量中的一員；注意充分利用政治力量等來發展自身與組織的關係，利用政治力量的各種要素來優化自身的市場行銷工作。

現代市場行銷的公共關係是世界行銷大師菲利普‧科特勒提出的又一行銷理論。事實上，公共關係學是一門充滿生機的學科，對現代行銷的發展有著非常重要的指導作用。搞行銷工作，沒有公關意識與技能，沒有超前的公關思維與行動，是難以勝任的。在行銷工作中，我們都在自覺或不自覺地運用公關原理，維繫著自覺的關係、業績、能力、價值，體現著自己的內涵、素質與個人能力。行銷就是公關，公關推動行銷。公共

關係對市場行銷的創新非常明顯：一是行銷就是一種新型關係的確立，總會體現公關原理，展示公關內涵，行銷的成功就是新型關係的構建成果。二是行銷人員建立的各種關係、運用的各種方法、推銷的各種產品等，都會涉及具體的人際關係、工作關係、生活關係等內容，涉及多種公關知識的具體運用，這些方法的運用是市場行銷本身無法解決的，要靠公關關係來進行推導與推動。三是成功的行銷總是在公關作用的發揮中得以創新和發展。市場行銷要有新的發展，就必須依靠公關來進行行銷新課題的探索與研究。四是公共關係運用於市場行銷，在理論上肯定了公共關係對市場行銷的能動作用，是市場行銷人性化、豐富化、多向化發展的一種積極探索，極具可比性、先進性與科學性。從公共關係對市場行銷的創新性影響中可以看出，注重在市場行銷中公共關係的創新，並由此進行拓展與深化，在創新上確定公關類別、層次、步驟等，從而建立自身的行銷公關體系或系統已經必不可少，作用非同小可。

　　現代市場行銷的產品、定價、分銷渠道、促銷、政治力量、公共關係這六大行銷基本形式是相互聯繫、相輔相成的，要充分發揮它們的功能，達到最佳的行銷效果，取決於對它們如何進行創新性的運用。我們應該把「6Ps」看成錐體模式來運用，即其中一個「P」是戰略性的，這個「P」在某個行銷單位或某個行銷階段應該作為主要行銷手段，而其他「5Ps」應該作為戰術性的要素圍繞這一個「P」來運用，從而構成整個行銷體系的創新運作。這樣的現代市場行銷帶戰略性的創新性組合，主次清楚，線條明確，輕重有序，最容易全面提升市場行銷整體素質，實現現代市場行銷的創新性突破。目前，行銷基本形式的創新組合理論已非常成熟，具體的實踐性運作亦在不斷進行之中。此中，尤其要注意兩個方面：一個是新思維、新觀念等主

導運作，另一個是對實踐效果的總結與推廣。

現代市場行銷是經濟發展的永恆話題。我們只要注重利用和鞏固行銷基本形式，從注重創新，注重實踐，注重推廣，注重效果，注重規律，就可以真正實現現代市場行銷的更大進步，推動現代市場行銷的更快發展。

參考文獻：

1. 周小其．改革與創新［M］．成都：西南財經大學出版社，2010．

2. 符玉琴．實用公共關係學．成都：西南財經大學出版社，2002．

3. 關培蘭．組織行為學．北京：中國人民大學出版社，2002．

4. 金碚．中國工業國際競爭力．北京：經濟管理出版社，2004．

5. 蘭苓．市場行銷學．北京：中央廣播電視大學出版社，2002．

構建和諧企業的幾個對策

高思忠　　　　　　　　　　　　　　　（四川電力建設二公司）

[摘要] 突出對企業和諧發展的資源支撐與基礎建設作用，堅持以人為本是構建和諧企業的關鍵。注重鞏固構建和諧企業的利益原則和注重創新和諧的人際關係，並充分發揮企業黨組的促進作用，才可能建設和諧文化。

[關鍵詞] 和諧企業　對策

中圖分類號　D412.6　　　**文獻標示碼**　A

現代企業的特徵之一，就是企業的全面和諧。構建和諧企業是保證企業全面發展的基本手段和策略，也是現代社會和諧的一個重要組成部分。企業的和諧保證了企業的穩定發展形態，對於企業文化建設、現代管理和現代行銷等具有極其重要的意義。企業和諧，發展是前提。在企業和諧發展中，各種要素的整合是基礎，包括企業自身的要素開發與利用、企業外部要素的開發與利用、企業全部員工的和諧工作與和諧相處、企業與自然和諧的充分體現與融合等，更具體表現在這些和諧的運作狀態和實際效率上。因而，構建和諧企業是一項複雜的系統工程，涉及面廣，內容繁復，具有極大的探索、研究與發展空間和課題研究價值。

要充分認識構建企業和諧的意義、把握和諧發展的目標、運用和諧的客觀規律、創新和諧理念、構建和諧模式，必須堅持以科學發展觀為指導，統領發展大局和保證企業的和諧與科學發展，就必須充分開發和利用構建和諧企業的綜合性資源與基礎性建設工作。具體看，就是提供構建和諧的資源保證，以企業基礎建設作強力支撐，企業才可持續發展，構建和諧企業才成為可能。企業資源與基礎建設組合與運作由此成為企業重中之重的工作，是構建企業和諧的「要務資源」，是構建和諧企業的價值體現。

(一) 構建和諧企業主要資源的作用分析

企業主要資源包括人力資源、文化建設資源、管理資源、經營資源等，他們是企業發展的綜合性動力所在，也是構建和諧企業的主要資源。

1. 強化人力資源的第一要素作用

企業人力資源作為企業發展的第一動力，是構建和諧企業的第一保證要素。在現代企業發展中，企業人力資源一直首當其衝，引領著企業發展的其他要素，構成了企業發展的基礎。人的和諧是企業和諧的基礎。在構建和諧企業的工作中，人力資源的開發、利用與績效，決定著企業的和諧程度與和諧的質量。強化人力資源的第一要素用以構建和諧企業必須要注意幾個方面：第一，必須利用人力資源開發積極發現與培養人才，運用現有人力資源進行高效配置，以開發壯大隊伍，夯實構建和諧企業的人力基礎；第二，必須重視人力資源的充分利用，以人力要素的利用優勢充實構建和諧企業的運作，創新轉變發

展方式,把人力資源的利用具化為人力的保障能力、發展創新能力、管理控制能力,以人力資源的能效轉換來實現人力資源與構建和諧企業工作的互動;第三,充分利用人力資源的績效功能和績效資源來提高和諧企業的建設效率與質量,使構建和諧企業的工作進一步提升檔次,取得更為明顯的和諧建設質量;第四,實現人力資源機制與構建和諧企業機制的對接,以企業文化建設、管理、經營為具體內容,達到和諧企業的高效優質;第五,注重人力資源的進一步開拓,抓好企員工隊伍的建設,突出員工的主人翁地位,以員工和諧為起點,積極結合企業其他資源要素的利用,使構建和諧企業更務實、更形象、更有先進性和可信度。

2. 注重文化建設與構建和諧企業的互動

企業文化建設是發展和評價現代企業質量的三大要素之一,最能體現企業文化建設的實質,表現企業精神,展示企業形象,在整體上反應出企業的優秀綜合素質。同時,企業文化建設縱橫關聯,與企業黨建工作、員工隊伍建設、現代管理與現代經營等有千絲萬縷的關係,最能產生整體性績效,是企業優勢發展的顯著標誌。企業文化建設與構建和諧企業存在著密切的關係,在屬性和特徵上非常相近,並且可以相互運作,兩者你中有我,我中有你,使構建和諧企業的工作更具有要素優勢和構建的基礎。注重企業文化建設與構建和諧企業的互動,我們可以看到明顯的互動效果:企業文化建設資源運用於構建和諧企業,表現在目標、運作多個環節上,文化建設的內容可以轉換為構建和諧企業的內容,文化建設的模式可以被構建和諧企業借鑑和吸收,文化建設的手段可以成為構建和諧企業的手段。這種通用性、可行性非常明顯。兩者直接的多種資源性的要素轉換,使構建和諧企業的績效最容易形成特色。因為和諧企業包含著企業文化建設的相當要素,可以用互動的形式實現資源的最大利用,企業文化建設的成效也可以由此實現構建和諧企

業的成效。這樣的互動主要體現在目標、資源、模式、運作、考核、評價等的綜合互動、綜合融通過程,也是構建和諧企業必須依靠和利用的基礎。

3. 發揮企業管理資源優勢,促進構建和諧企業的綜合管理

企業資源對構建和諧企業的保證作用也非常明顯。企業的任何工作都離不開有效管理。構建和諧企業亦然,必須要有科學的管理來保證構建和諧企業目標的實現。構建和諧企業的綜合管理與企業的管理大同小異,趨同性、一致性的執行前提比較穩固。發揮企業管理資源優勢促進構建和諧的管理,效果是非常明顯的:從宏觀看,管理資源實現了互動,互補,資源進一步得到純化與提升,使得構建和諧企業的管理內容豐富,手段更為先進,績效更為明顯。從局部看,企業管理資源的嫁接,可以補充構建完善和諧企業的管理,或衍生,或指導,或創新,或填空白,並且見效快、效果好。反之,構建和諧企業的固有管理也可以作用於企業管理的方方面面,是管理互動、交流、融匯的極好形式。同時,具體的促進形式可以多種多樣,如對構建和諧企業的目標管理、執行環節的管理、執行力的管理、運行過程的管理、相關物資的管理、創新模式的管理、和諧內容的護理、監督考核的管理,等等,可以用具體的、分門別類的文本、規則、條例等進行具化,使其有章可循。

4. 利用經營資源的演繹提高構建和諧企業的執行質量

企業經營資源包括行銷資源、信息資源、產品資源、供應資源等。它動態性極強,資源的演化速度快,手段比較繁復,存在一定的不可確定性。經營資源的動態形式也影響著經營的內容和經營績效。動態性特徵反應了經營資源的價值多元性,演繹與構建和諧企業的作用上,更多是利用經營手段的創新性來影響企業和諧運行的質量。從此,可以利用經營動態性的積極要素增強構建和諧企業的運行的層次、運行的基本勢態,增

加運行的活力；可以嫁接經營的多樣手段，增加構建和諧企業的表現力和先進式樣；可以借鑑經營的影響力和公關力來豐富來企業和諧表現力度和塑造和諧形象；可以發揮經營的效益循環，提供構建和諧企業績效模式和績效運用，等等。提高構建和諧企業執行質量，重在恰當地、科學地利用企業經營的模式、經驗、手段、勢態等的不斷運行優化來保證構建和諧企業的執行，並以執行的績效來提高構建和諧企業的質量。

(二) 企業基礎建設對構建和諧企業的能動作用

企業基礎建設是指構建和發展企業的基本性的建設，包括物質和精神建設兩個方面。企業基礎建設對構建和諧企業的能動作用，更多也更具有價值的，是物質性能動作用的發揮。相對而言，企業基礎建設的物質層面更多，物質作用更強。構建和諧企業則精神層面更為明顯，與企業的文化建設、精神文明建設、黨建工作、企業工會工作更為貼近。這樣，兩者事實上構成了物質與精神的互動，物質對精神的能動，就更堅實了和諧企業的構建基礎。企業基礎建設所發揮的能動作用不僅重要，並且會直接影響到和諧企業的發展。如何進行能動，將更多物質的力量轉變為構建和諧企業的積極要素，為壯大構建和諧企業自身的基礎建設所吸收，這才是關鍵所在。所以，能動作用應該突出在兩個方面。

1. 注意兩個企業基礎建設的資源配置

企業的基礎建設與構建和諧企業的基礎建設的資源配置，存在著同一性和差異性。所謂同一性，主要指兩者在物質性建設的相同點，即通過資金、物資的投入來搞好基礎性建設。如兩者共同需要的辦公投入、人員投入、資金投入、設施投入，等等。所謂差異性，是指投入存在不同的區別性。前者可以有生產性投入、經營性投入、產品材料投入、生產設備投入等，而後者投入的範圍不大，涉及項目不多。在相當程度上，還可

以將構建和諧企業的基礎建設納入企業基礎投入之中，使之成為企業基礎投入的一個單列部分。反應在資源配置上，兩者還會出現彼此都需要的共同配置和其中一方不需要的差異配置。利用這一配置關係，就需要把握好兩個方面：一個是共同投入時資源配置的數量，提高投入的質量；另一個是差異投入時用質量來反應投入的效率。當我們在進行兩個資源配置的配置的時候，要充分考慮幾個要素的變化，一個是共同的物質性投入，另一個是物質基礎保證構建和諧企業的精神部分的投入。優質的資源配置應該是兩者的平衡、互為作用明顯，差異性的配置則注重其各種配置的穩定與和諧。

2. 重視企業基礎建設的能動支持

重視企業基礎建設的能動性是多樣化的。從構建和諧企業的角度看，企業基礎建設對構建和諧企業的能動支持主要體現在幾個關鍵要素上：企業基礎建設的要素保證作用和優質配置的質量狀態對構建和諧企業的支撐狀況；構建和諧企業的基礎對企業基礎建設的願望與要求以及滿足程度；兩者的配置互動狀況及運行的實效表現；企業基礎建設對構建和諧企業的長期性與穩定性延伸；能動支持的多樣性豐富企業和諧的廣度與深度的狀況；更多物質性的能動支持激發構建和諧企業的物質與精神的雙向發展活力，等等。從這樣的能動性考慮出發，利用企業基礎建設就可以對構建和諧企業形成強力支持，以積極的能動力量和多元性建設來保證構建和諧企業的績效率。基於這樣的前提，能動支持的就必然更具有科學性、可信性和可選性，支持的形態也就必然多樣而實在，並且富有特色，實效更為明顯。構建和諧企業就可以由此成為企業發展的重要基礎工程、引領工程，與企業黨建工作、企業文化建設、管理建設、經營建設、員工隊伍建設、員工主人翁地位建設等多項工作一起形成強大的互動力、執行力、內聚力，成為企業發展的核心內容。

以人為本是科學發展觀的本質和核心。如果不堅持以人為本，企業的和諧就沒有最基本的立足點。企業員工是企業的主體，具有法定的主人翁地位，是企業發展的基礎力量。顯然，構建和諧企業不僅要立本於人，並且要在相當高度上關注企業的民生問題，積極以企業的民生工程建設來充實構建和諧企業的內容。

（一）以人為本的企業和諧是體現和諧企業的績效核心

企業和諧也是人本和諧，是極為寶貴的資源。它是發展企業的基礎元素之一，是企業發展的根本性保證。在以人為本的前提下，企業和諧和發展企業並行不悖，兩者互為因果，互相促進，依存性、互動性、共生性非常明顯。企業發展與企業和諧建設相濡以沫，企業的可持續發展才有更有堅實的基礎。企業員工的能力發揮、員工的利益保證、員工個人的主觀能動性等潛質元素才會被激活，從而成為企業發展的強大動力。在以人為本的基礎上，既抓企業發展，又抓企業和諧，以和諧促發展、以發展促和諧，企業與員工的雙向進取才可能真正實現。在員工能力最大限度發揮的驅使下，憑藉員工的主體作用發揮，保證企業和諧與企業發展的同步推進，企業才能實現可持續、高質量的良性發展，企業的既定目標才可能真正實現。實踐證明，以人為本來支撐企業和諧，並將此作為構建和諧企業的績效核心，從構建的本質上清晰了人本命題，表明了和諧的關鍵所在，確立了以人為本的主旨，使構建和諧企業有了強大的生命力。從確立績效核心看，它突出了人本意義，對企業和諧做了最本質的啟示，保證了和諧企業的建設質量，明確了和諧的主題要求，體現了構建和諧企業的先進性、科學性，因而企業和諧才可以長盛不衰，企業整體素質不斷提高更有了實質性的

保證。

(二)注重創新以人為本構建和諧企業的方法或模式

圍繞以人為本這個核心，關鍵還要注重構建方法或實施模式的創新。沒有創新就沒有構建和諧企業的後續力。兩者的創新不僅對於消除僵化保守、改變自我封閉、防止構建和諧企業可能出現的形式主義和教條主義的傾向具有積極意義，並且對進一步創新觀念、改變思維方式，積極吐故納新，使構建和諧企業的工作盡快步入先進行列有著極大的激勵和促進作用。

1. 搞好構建和諧企業的方法與實踐創新

方法與實踐的創新來自兩個方面。從方法的理念或觀點創新分析，一要創新群眾觀。它包括在認識上創新對企業員工群體的信任度、尊重度、理解度和關心度。在工作中要創新目標和要求，即深化以人為本的內涵，圍繞企業員工主人翁地位建設，在聯繫員工、團結員工、引導員工、依靠員工的具體工作中，真正傾聽員工呼聲、反應員工意願、集中員工智慧、代表員工利益，調動員工積極性和主動性，在目標內容上更貼近實際，在認識程度上和思維方式上，真正落實目標，保證實踐運行的創新質量。二要堅深化正確的群眾觀，要發揚民主作風，切實推進企業民主建設。具體要在積極倡導廣開言路、暢所欲言、獻計獻策、共謀企業發展的新理念、新觀點、新思維，在深化中以充分的實踐活動保證進一步的理念創新，帶動思想的創新。要增強企業和諧建設相應的政治基礎，還要特別注意企業工會、職代會建設、廠務公開建設、企業員工素質提高等具體工作的科學性和先進性要素配置和責任落實。三要在切實保障員工權益，通暢員工的訴求和表達渠道，充分考慮員工訴求逐級反應和反饋機制作用發揮上進行創新性研究。四要關注員工成長成才，引導並幫助員工進行職業生涯設計，為員工成長成才創造必要的條件進行思考。五要在保證企業員工參與企業工作的知

情權、監督權、建議權等權益上進行創新性探索,等等。六要在涉及員工利益的問題上進一步堅持公平、公正、公開原則和員工利益的其他保證原則上制定更務實、更有深度的執行舉措,在多辦實事、好事,全力解決好關係員工群體切身利益的突出問題上創新解決辦法。七要真正在建立和諧機制的基礎上形成有效的制度,讓員工們看得見、摸得著、想得了、靠得住,並對這些有效的制度的維護、保障,發展有前瞻性的認識。

從實踐創新具體分析看,在觀念、思想上進行創新,並做好執行前的設計、運作等方法的準備之後,尤其要重視方法的運作過程,即必須以實踐創新作為檢驗方法創新的唯一標準。構建和諧企業方法創新必須要通過實踐,通過具體行之有效的行動來保證績效質量。絕不能僅僅在口頭或文字上做空頭承諾,或僅僅有一些表面的、形式的落實。實踐創新方式較多,如企業可以開展企業領導者與員工互動的「接待日」、「熱點問題解答解答」等活動以保證員工群眾的言路暢通;可以依據責任、職責、目標要求,通過實踐對既定制度的實施效果的進行專項檢查、總結等以保證和諧建設的順暢、高效;可以通過組建專門的班子保證日常工作效率以處理員工反應或存在的問題;可以通過員工群眾代表的有效參與相關工作,組織多種活動來保證機制的健康發展;可以憑藉高度的責任感和真摯的關愛之心去檢驗關心、關愛員工的具體作為,等等。

2. 積極探索與研究構建和諧企業的創新模式

以人為本構建和諧企業離不開運作的模式。創新構建和諧企業的模式是創新方法的形象提高,具有質的飛躍特徵。構建和諧企業的模式多種多樣,優勢各異,創新的重點在於聯繫實際、積極吸收、充分對比、自成風格。結合企業領導者和生產者,可以構建「雙向迴歸和諧模式」。這種模式以各方工作責任為起始點,在交叉中形成互動,以單向發展形成雙向反饋,即通過責任所實現的績效狀態進行對比,在對比中研究各方揚長

避短的方法，最後實現互動作用下的和諧。如企業領導者的責任落實與員工生產、管理、經營責任的落實進行對比，找到執行的差距，分析優勢與不足的成因，從而相互取長補短，在一個既定點即相關目標上實現和諧。參照人本和諧要求，可以運行「人際關係群體互動模式」，即利用企業板塊進行不同模塊的組合，利用關聯優勢，創新管理手段，依據企業不同群體或不同機構的不同工作特徵，以網狀輻射與聚斂回收方式通過群體互動與比對，對不同群體的和諧狀態進行績效分析，實現單元和諧，並以單元和諧組合企業整體和諧。如利用企業文化建設模塊、管理模塊、經營模塊、企業員工地位和利益模塊、企業領導者能力模塊等進行單個考核評價，再由此進行組合對比，利用撒網與收網的一般過程，在動態中構建和諧。評價企業構建和諧的績效，可以運用「和諧議程設置模式」，即運用「0/1效果」，或稱「知覺模式」，即利用構建和諧企業的某些績效，來影響人們對整體績效的認知；運用「0/2效果」，或稱「顯著性模式」，即突出強調某些和諧績效，引起更多人對該績效的明顯關注；利用「0/1/2…N效果」，或稱「優先順序模式」，對一系列績效按優先順序排列進行不同程度的評價，由此影響人們對這些績效不同程度的關注或判斷的程度。

　　構建和諧企業的創新模式很多，可以根據具體需求來設置模式，可以引進他人模式，可以以不同模式廣泛運用於不同和諧階段或不同內容，對實現最終實現和諧企業的目標、績效等的影響已經越來越大。

　　構建和諧企業涉及不少利益關係和利益體。利益是構建和諧的一個核心。和諧在相當程度上也要體現利益的和諧並成為連接企業成員的重要紐帶。利益也作為衡量企業是否和諧的標尺，會體現出和諧構建的實效質量。鞏固和諧企業的利益原則，

兼顧各方利益，進一步協調好利益關係，對於企業和諧建設及未來發展具有重要意義。

（一）創新構建和諧企業的利益決策

構建和諧企業必然要反應各方參與者的利益趨向以及利益取捨。創新利益決策，在利益權限與利益資源享用上形成新的決策體系尤為重要。它主要表現在兩個方面。

1. 注意創新利益決策的基本要素

確定目標，依據調查、預測、可行性研究過程後就是決策。決策是執行最直接的依據，在整個和諧企業的建設中，起著畫龍點睛的作用。創新利益決策的基本要素，可以提高執行的績效，更重要在於創新利益模式，體現利益各方的真實績效，在利益的擁有之上體現和諧能效，啓揭示和諧的內涵與質量。創新利益決策的基本要素體現在：一是在公平、公開、公正原則下，統籌兼顧利益各方面利益，保證其利益所得。在維護基本利益前提下，創新利益差距傾斜要素，突出企業和諧主體，即企業員工群體的利益維護、利益保證和利益落實。二是創新現有的制度保證，對制度的綜合性要素按利益體的不同進行創新性調整，在利益分配中充分考慮各利益體的兩個要素，即和諧能力與績效能力，並依據能力的運用、潛質在按勞分配的慣用模式上進行創新，重在能力績效，潛在能力上在創新利益分配模式。三是創新和諧績效的效果評價模式，增加評價要素，使評價更充分完備。四是創新監督機制，強化監督要素，提高要素的能動發揮，保證利益的公平性和效率性。五是有效增加協調要素，充實利益協調機制的執行要素，對利益可能出現的不公進行協調和干預。如企業員工崗位與職業區別可能出現的收入差距問題、員工收入未能充分體現崗位特點和貢獻大小的問題、強勢群體使分配過多地向自己傾斜的問題、權力運用導致利益裂變出現利益懸殊問題，等等。

2. 注重和諧企業利益決策的和諧度

和諧度即和諧的程度。利益因其特殊性，它所構建的利益體系的和諧程度最能反應構建和諧企業的績效利益質量。無論利益是物質層面的，還是精神層面的，它必然要在相當程度體現利益者或利益體獲得的實際和諧狀況。在決策中，利益分配的平均主義結果是人人獲利，它不是和諧。反之，所謂的「獎勤罰懶」，會拉大利益分配差距，人為造成利益公平的信任危機，它更不是和諧。從利益決策和諧度反應功能看，它已經是決策效果的體現。決策效果怎麼樣，和諧度就會怎麼樣；它是實現決策過程中的一個創新型要素，當和諧貫穿於整個過程的時候，可以在相當程度上保證和諧建設的整體績效；它是優化決策的可靠形式，並且具有極大的運作空間。抓好決策的和諧度，有七個基本點：一是必須保證和諧度的真實性；二是注重和諧度的主導性；三是搞好和諧度的基礎性；四是強調和諧度的嚴謹性；五是突出和諧度的科學性；六是創新和諧度的操作性；七是推進和諧度的互動性。

(二) 善於創新和諧企業的利益原則

利益原則是執行的參照依據。在原則作用下，利益遵循目標要求，實施不同的分配，體現著利益的公正性。在構建和諧企業內在或外部條件不斷變化的情況下，利益原則自身也存在內涵和意義不斷創新的過程。由此，利益原則需要不斷創新以適應和諧建設亦成為一項重要工作。善於創新利益原則，主要體現在幾個方面：其一，善於根據和諧建設內容與要求的變化及和諧績效，不斷創新相關利益原則以反應和諧的績效利用價值，如從利益的雙贏原則到多方多贏原則的演繹；其二，善於在已有原則基礎上進行相關原則的改造、補充，延伸原則的利用率和績效率；其三，依據和諧建設的績效狀況，進行專項原則的設計和運用，如和諧績效的信息利用效率原則；其四，注

重創新人本利益的原則,如人才能力與績效的利益評價原則;其五,善於創新和諧機制與和諧績效的對比原則,在整體上對利益原則進行創新性的設計與運用。

和諧的人際關係是構建企業和諧的基礎。廣義看,指企業與企業、不同的企業員工群體之間的和諧人際關係;狹義看,指人與人具體的和諧關係的具體狀態。和諧的人際關係依靠祥和寬鬆的人際環境,依靠人際關係的不斷發展與融合,必然會產生嶄新的向心力和凝聚力,這是構建和諧企業的關鍵元素。

1. 充分提升人際關係的親情化質量

人際關係的親情化是人際關係人性化的體現形式之一,是構建人際關係重要的動力基礎。強調人際關係的親情化,體現了人本原則的基本內涵,豐富了人性要素的基本特質。在構建和諧企業的工作中,人際關係親情化的要素開發與利用非常重要,構成了企業和諧的基本內容,也成了和諧建設的一大目標,體現出企業和諧的實質價值。領導者與員工群體的關係是構建和諧人際關係的根本。提升這種親情化質量,著眼點之一,是企業領導者與員工群體的親情關係的明顯改變。在兩者關係中,企業領導者居於主導地位,是提升人際關係的親情化質量的最大源頭。企業領導者要充分提升親情關係,就要轉變思維方式,學會用和諧的思想認識事物,用和諧的態度對待問題,用和諧的方式處理矛盾。具體看,就要充分提升對企業員工群體的關愛程度,像對待親人一樣關心員工,在為他們誠心誠意辦好事,長期不懈辦實事,竭盡全力解難題上突出親情化的內涵。同時,在親情化基礎上,要注重突出吃苦與奉獻、善於為員工群體辦實事,辦大事、敢於自我批評,說真話,做真事,有行動,有決心,有能力,有技巧,千方百計地體現真摯情感,搞好與員工的關係。

2. 切實把握構建和諧人際關係的方式

企業人際關係狀況對和諧建設至關重要，必須引起高度重視。只有真正把握好構建和諧人際關係的方式，才可能構建出有價值的親情關係。這些方式的重點是：加強思想道德教育，大力弘揚以愛國主義為核心的民族精神和以改革創新為核心的時代精神，樹立見利思義和顧全大局的處事準則，為建立和諧的人際關係提供執行保證的教育方式；培育與人為善和樂於助人的道德情感，在處理利益關係和矛盾糾紛時互諒互讓、相互包容、友好協商，為構建團結互助的和諧人際關係奠定思想道德基礎；克服構建和諧人際關係的消極現象，杜絕空洞的形式主義、教條主義、文件指示和照本宣科、辦事得過且過、說大話，做架子的敷衍塞責等角度方式，等等。此外，還要注意構建和諧企業的具體方法，不斷創新執行的模式，要特別注意改善人際關係親情化的豐富性和可行性。在具體方式上，要進行人際關係建設的分門別類，注意積極吸收心理學、社會學、經濟學等學科的相關內容、創新模式和研究方向，注意檢驗實踐的實效對比、注意人際關係構建的長期性、新穎性和先進性。

和諧企業離不開企業黨建工作的支撐。企業黨建可以充分激發黨組織和黨員的模範帶頭作用，促進企業和諧建設的資源開發和充分利用，以企業黨建作用的積極發揮，為企業提供精神動力、思想保證、組織開發和智力支持。實踐證明，構建和諧企業與企業黨建工作一經結合，企業黨組就可以從構建和諧企業這個中心，以自身的先進意識和綜合能力，在構建和諧企業的工作中有所作為。

其一，企業黨組可以充分利用在積極參與企業重大問題的決策，保證監督黨的路線方針政策的貫徹執行，引領黨員在企業和諧建設中發揮先鋒模範作用的優勢，在思想、人力、組織

上為構建和諧企業提供強大的支撐。其二，可以充分發揮企業黨組織領導參與能力，在和諧建設中出謀劃策，創新意識和方法，積極提供和諧建設的創新思路、創新模式、創新步驟與創新標準。尤其是在堅持民主管理、民主協商、民主參與、民主發動和民主引導的工作中，可以發揮其獨特作用。其三，可以充分發揮企業黨組織善於用民主溝通的方法調解矛盾和解決問題的能力，積極化解各種矛盾，認真對待和解決各種矛盾，防止簡單化處理。同時，黨組還可以根據和諧建設階段性工作重心，積極支持、協助企工會開展工作，以工會建設成效來鞏固和豐富企業和諧建設成果。其四，可以在和諧建設的工作中強化黨組織解決與協調能力，務實求新，以實際行動與企業行政、企業工會積極幫助困難的員工，為企業企弱勢群體解決實際困難。其五，可以提升黨員增強建設和諧企業的責任意識，結合保持黨員先進性的「創先爭優」等活動，為推進企業和諧與發展建功立業。在構建和諧企業工作中，要充分發揮企業黨組織作用，還要注重企業黨組織的領導班子的有效建設，重視領導班子的創新能力、工作能力、凝聚能力、化解能力的建設，真正發揮其新型「火車頭」的作用；夯實普通黨員的黨性基礎，強調個人的帶動作用、協調作用、配合作用與模範作用。必須要堅持高效、務實、創新、持久的作風，讓員工群眾真正看到實效，真正能上下團結一心，搞好自身的和諧建設。

構建和諧企業離不開先進的和諧文化建設。先進的和諧文化可以為企業發展的強大精神動力，成為企業文化建設的有機部分。和諧文化的核心就是人的文化，可以具化為人際關係的互動文化、人情的構建文化、人格與人性的培育文化、人的能力發揮與魅力展現的文化。企業和諧文化的建設依據構建和諧企業的目標，在文化特有的視角上進行特別建設，對整個企業

和諧建設意義重大。

(一)努力構建和諧文化的價值體系

　　培育先進健康的和諧文化、構建以和諧為核心的價值體系，可以使企業領導者、管理者和企業員工之間的互動關係達到最佳狀態，並通過各種形式促進員工的認知和理解，形成崇尚和諧的價值取向，最大限度地釋放個人的潛能，從而加快企業的發展。構建和諧文化的價值體系要從緊緊依靠和諧文化的認知、理解、構建模式、績效評價等建設環節入手，要立足於人的本質與能動價值核心，抓住價值體系物質和精神兩個具體建設層面，突出價值的重要作用——物質價值的基礎作用、精神價值的引導作用、人的綜合價值的開發利用與潛質作用、價值的趨向與創新作用、價值利用的表現與形式作用、價值體系的核心內容與目標的關聯作用、價值的提升與創新作用、價值與企業文化建設及企業黨建的互動作用，等等，從而構建出真正的價值體系，推動企業的和諧文化建設。要進一步突出價值的構建手段或方式，如思想政治工作與和諧文化建設的結合方式，企業領導者與員工群體的和諧整合方式，一般與特殊的構建方法，典型性、代表性、創新性價值的突出方法等，在方式方法上為價值體系的壯大開發補充積極要素，使和諧文化的建設更新穎、更形象，更有感召力和吸引力。

(二)積極培養健康的和諧心理

　　和諧心理是努力構建企業和諧文化的重要要素。個人或群體的和諧心理與整個和諧文化建設關係密切，是和諧文化建設的基礎。培養健康和諧心理，著力點在以下幾個方面：一要在「以和為美」的引導下，積極引導企業領導者、管理者和員工群體樹立相互尊重、信任和幫助，相互包容與謙讓等的理念，充分認識和諧的美學價值及能動效應；二要結合現代美學原理、

現代心理學概念和人本要素等，進行有質量、有層次的宣傳，使人們深刻理解和把握和諧文化建設的深刻內涵，積極營造和諧健康的思想環境、和諧環境和輿論氛圍，借此強化企業個人或群體的心理健康與認知能力；三要重視人文關懷和心理疏導，引導人們正確對待自己、他人和社會，正確對待困難、挫折和榮譽，以大度、包容、和善的行為舉止體現和諧心理；四要加強心理健康教育和保健，健全心理諮詢網絡，使企業領導者、管理者和員工群體在遇到矛盾和遭受挫折時也能夠保持理性平和的心態，從容穩定，真正做到內心和諧；五要在確立和諧文化建設的價值導向和行為準則後，積極引導，自覺踐行，形成知榮辱、講正氣、促和諧的風尚。

(三) 務求構建和諧文化工作的真正落實

在形式與內容上要確立和諧文化建設體系，更重要的是要在行動上予以落實。要依據落實的兩個基本面，具體抓好執行，注重過程，在落實的成果上突出和諧文化實踐性和先進性。

1. 抓好統籌安排，確立落實目標

積極培育先進健康的和諧文化必須要統籌安排，務求真正落實。結合目標、內容，在統籌安排上，要做到聯繫實際，促進幾個基本面的落實，進而再突出一些關鍵點、熱點的落實。在基本面上做好充分籌劃，精心安排，要加強對道德價值取向的探索與研究，構建自身的道德價值取向體系，開展必要的課題研究，進行必要的討論，在理論與實踐上有所突破和創新；要加強對心理學、心理諮詢、美學、社會學、道德學等的倡導與學習，在和諧建設的理論上形式自身的特色；注重陶冶個人或群體的魅力、體魄、情懷、風貌等，進一步提高自身的綜合素質，自己有寬廣、堅韌、豁達、包容的胸懷，有比較豐富的感情內涵與處理情感問題的能力；切實確立企業先進健康的和諧文化的標杆、基石，形成自身的主導與特色等。按照基本面

內容，在時間、階段、組織等採取措施，將其納入具體工作計劃，注重實效，進行必要的考核評價。

2. 利用不同方式提高落實的質量

構建和諧企業的方法、方式、模式、定律比較豐富，它體現的形式多種多樣，重點與特色比較突出，可以充分保證落實和諧文化階段的質量。如採取請進來的方式，請相關教師、專家等進行專題講解，解決企業員工急於解決的一些熱點問題、企業和諧建設的最新進展情況、一些帶有普遍性或特殊性的問題；可以走出去，積極學習其他企業構建和諧企業文化的舉措、經驗或成果，吸納先進的模式、定理，強化自身的建設工作；可以結合企業黨建、文明建設、工會建設、民主政治建設、企業文化建設等工作進行交叉互動，進行優勢互補；可以將和諧企業文化建設、相關改革精神結合在一起，積極開展一些和諧文化建設的主題活動，如「健康諮詢與培訓」、「專題心理講座」、「和諧課題探討」、「和諧之家建設」等多種形式不同的主題活動；疏通渠道，設立相應機構，促進員工的自我心理調整，讓員工有「發泄」的機會，如定期的企業領「民主建設諮詢」、不定期的「員工主人翁地位討論」等。

事實證明，構建和諧企業是一項非常重要的工作，對不斷增加企業發展的和諧因素意義重大，對增強企業和諧理念、構建和諧機制有舉足輕重的作用。我們要不斷創新構建和諧企業的工作，堅持創新意識，樹立新觀點、新理念、新思維、新方法，在理論和實踐上不斷探索新舉措，新模式，善於分析，勇於判斷，敢於決斷，從而構建自身有特色的和諧企業建設體系，進一步發揮構建和諧企業導向、調節、凝聚和創新功能，使企業發展更有創造力、創新力和凝聚力，在構建和諧企業的工作中再創輝煌。

參考文獻：

1. 周小其．改革與創新．成都：西南財經大學出版社，2010.
2. ［美］約翰·羅爾斯．正義論．謝延光，譯．北京：中國社會科學出版社，1988.
3. 孫立平．斷裂——20世紀90年代以來的中國社會．北京：社會科學文獻出版社，2003.
4. ［英］埃比尼澤·霍華德．明日的田園城市．金經元，譯．北京：商務印書館，2002.
5. 吳忠民．社會公正論．濟南：山東人民出版社，2004.
6. 張敏杰．中國弱勢群體研究．吉林：長春出版社，2003.
7. 郭震遠．建設和諧世界：理論與實踐．北京：世界知識出版社，2008.

創新企業人才隊伍建設的基本認識

楊　珣　　　　　　　　　　　　（中鐵八局集團昆房公司）
周小其　　　　　　　　　　　　（四川工人日報社）

[摘要] 正確認識企業人才隊伍建設是發揮人才隊伍優勢的基本要求。通過對企業人才隊伍建設的創新性認識，注重創新企業人才隊伍建設的基本形式，注重企業人才隊伍建設內容的創新要素，就可以在充分發揮企業人才隊伍建設的作用中注意並及時解決出現的各種問題。

[關鍵詞] 人才　認識　內容　問題

中圖分類號　F406.17　　文獻標示碼　A

充分開發和利用企業人力資源，強化企業人才隊伍建設一直是企業發展最重要的課題。依據人力資源的構成、運用、原理、配置、執行等諸多要素，進一步創新人力資源工作，搞好競爭機制的建設，促進人才的高效配置與利用，仍然是當前的課題。它對企業人才的創新性開發、配置、利用所引發的新的探索與研究，對人才隊伍建設的現實狀況與未來發展，其影響愈發深遠，意義深刻。

人們對企業人才歷來有不同的感悟與認識。在現代信息社會的影響下，人們對企業人才培養及人才隊伍建設有了更新的

探索與實踐，在思維、觀念、行為等要素的利用上，已經有了全新的認識，形成了新的人才機制與運行模式，創建了對企業人才培養、選拔、利用、考核、績效等立體的縱橫體系，初步實現了多層面、多結構、多階段、多維度的企業人才隊伍開發與建設的新局面。

(一) 企業人才隊伍建設的新概念與新內涵

現代企業對人才的開發與利用，其顯著特徵首先是在對人才隊伍建設的概念與內涵有了跨越性的創新認識。這樣的認識意義重大，直接引發了企業人才建設的極大更新，加快了隊伍建設步伐，提高了隊伍建設的質量，其實效顯著，優勢已經非常明顯。

1. 企業人才隊伍建設的新概念

人才，即具有某些特質、素質、魅力、學識等綜合性特徵，或德才兼備，或特長突出，可以影響他人或群體的人。人才隊伍是由相同或近似上述綜合性特徵的人所組成的，富有活力、生氣與創造性並受到尊重與愛護的集體。

在這裡，綜合現行的人才開發與利用體制，企業人才隊伍的創新概念與傳統的認識有明顯的不同，表現在四個層面上：一是人才已不僅僅是以一技之長來界定，更多突出在人的綜合素質與綜合能力上的考核，即更多注重複合型人才的開發與利用之上；二是企業人才隊伍建設更趨向於人的個體素質、氣質、個性、特長等綜合性選擇；三是在新概念的影響下，更突出人才機制的運行實效，強調用人的公開、公正與公平原則，更加尊重個人意願、個性趨向與親和力；四是更加注重人才的潛能狀態，人才隊伍的可選性、先進性與科學性，強調人才的個人能動性發揮與人才隊伍的團隊精神。

2. 企業人才隊伍建設的新內涵

這些新內涵是：人才的能力與技能的綜合要素優勢；人才隊伍由具有相同或近似特質、素質、魅力、學識等綜合性特徵

的人構成；處於富有活力、生氣與創造性狀態並受到尊重與愛護的集體。

從新內涵可以看出，企業人才隊伍建設的概念新，內涵的外延空間較大，可以由不同的人才構成不同的集體，發揮出不同的人才與人才群體作用；可以由不同的人才組成的團隊，體現出的不同的團隊精神；可以由個人的綜合能力整合集體的綜合能力，提升人才隊伍的整體質量，等等。

這就是說，若用狹隘、偏頗、封閉的眼光去看待現代企業人才隊伍建設，缺乏對企業人才隊伍建設的概念、內涵深層次的認識、理解，就難以建設企業人才隊伍，難以利用企業人才優勢來實現企業現代發展的目標。

(二) 對企業人才隊伍建設創新要素的認識

企業人才隊伍建設顯然不同於其他建設。從人力資源的特性分析，它是企業發展諸多要素中最重要的環素，是企業發展的第一資源或「第一生產力」，可以隨意與其他要素、概念、定義、規律等進行「嫁接」或組合。在長期的企業人才隊伍建設中，我們粗淺地認為人才就是可以激發人們意志、鼓舞人們的一種力量。在過分強調或誇大人才的思想「覺悟」、「境界」的情況下，企業人才以及人才隊伍建設成了一種更多含有政治、道德、社會意義的專用品，可以隨意對其進行延伸、演化，引發出人才隊伍建設的無限外延，致使人們對於人才及人才隊伍建設的理解出現盲區，出現一些膚淺理解與泛濫使用人才的狀況。這也是不少企業人才隊伍建設至今難以適應現代社會及現代經濟建設需要的一大原因。

1. 現代人才綜合性能力取代原有的一技之長的技能

現代人才理論與實踐證明，複合型人才的培養和選用已經與舊有的人才開發利用有了極大的區別。前者在一技之長基礎上，從技能到能力有了更多的連結，更強調人才的綜合能力及

潛能發揮；後者更多突出人的某些技能，常常以某種技能進行覆蓋，以一概全，注重人才單一的技能塑造，盡力突出其專業性與完美性。顯然，兩者都是對人才概念的一種界定，而後者的缺失在於缺乏對綜合能力的創新認識，沒有技能到能力的複合過程，是對人才的一種狹隘理解。我們知道，完美是人或事物的完備美好，沒有缺點，無懈可擊，它常常被打上思想或道德的烙印，多在體現一種精神境界，抑或一種思想質量。人才的完美以一技之長而掩飾之，與現代社會強調的「複合人才」有天壤之別，不符合當前強調或主張的人才價值的新趨向。現代人才綜合性能力之所以被視為現代人才隊伍建設的創新性要素或識別人才的重要標尺，是因為社會呈立體發展的需求與信息資源的更多傳播、利用與反饋，賦予了這種綜合能力要素更多的涵義：其一，人的綜合能力更具有利用價值，是人才開發的成果和績效的創新性體現，代表著人才開發的新思維、新觀念、新潮流、新動向；其二，綜合能力更利於建立現代人才競爭機制，在優勝劣汰的作用下，可以加快人才隊伍建設，創新更多人力資源可供要素與人才選擇的範本、模式，從而實現企業人才隊伍的高速發展與高質效率；其三，可以不斷改善或創新企業人才隊伍結構，實現更多人才配置，進一步優化人才質量，更多作用於企業文化建設、企業管理與企業經營；其四，對人才綜合性能力的要素開發、機制建設、運用模式、考核評價、績效利用、理論創新、實踐探索等，提供了更多創新想的思考，引發了更多創新性的探索與研究課題，既可逐步滿足企業或社會需求，又展示了巨大的空間和發展前景。

2. 注重對現代人才個體潛質中諸多要素的開發與利用

提到人才，人們常常更多地圍繞人才培養的客觀環境進行思考，缺乏對人才個體更多的創新認識，由此引發出了許多的平面的「人才形象」。事實上，在企業人才隊伍建設的旗幟下，我們更多地應利用環境要素，並充分發揮這種環境的要素作用，

鑄造人才模式，運用一些主觀性原理，通過組織的管理手段，而不是人才機制的運用來發現人才、使用或培養人才。於是，就有了這種趨同性並產生出這樣的結論：人才常常是組織孕育的，只有組織才是發現和利用人才的必然基礎。由於簡單追求行為產生的模式，簡單地用單向思維或單一概念，這樣，也必然衍生出我們意料中的一種結果：人才是組織的，應該體現組織的意志和願望，遵循組織的行為進行工作，人才應該是一種形象，而不是鮮明突出的具有個人要素特徵的人。把人才精神予以擴大，而不注重人才的個人價值及其潛質，這樣的結果正好是我們人才培養工作中的一大瓶頸。現在，我們開始注重對現代人才個體潛質中多要素的開發與利用，正是對舊有的人才培養、利用方式的改進。人才個體多要素的開發與利用已經顯示出來極大的優勢：一是更加注重人的素質、氣質、技能、興趣、性格、特徵等的研究，摒棄以單一的技能要素來確定人才的觀念，確立了綜合性要素開發與利用測定現代人才的最新標尺；二是人才的個體願望、訴求、價值、取向等得到了尊重，親情化、人性化的綜合測評更為科學，幫助、包容、個性、報酬等成為了人才評定的積極要素，人才的培養與利用立體多維化要素非常明顯；三是對人才的現實能力與潛在能力、可變素質與潛在素質等有了新的認識與把握，其系列化的運作，已經構成了現代人才機制建設與運作的極佳環境；四是在現代人才競爭機制的作用下，公開、公平、公正地使用人才，充分考慮人才的潛質中多要素的利用，使之成為複合型人才績效明顯；五是開發與利用人的潛質而強化對人的多面認識與研究已在逐步深入。如人的性格特點與任職的互動、人的興趣與個人發展的關係、人的喜好與事業的關聯、人的意願與工作的對比，等等，都成為了現代人才培養與利用的積極參考或利用要素。

3. 注重人才個性與群體共性的新統一

依據辯證法理論，人才個性與群體共性相互作用、相互依

靠,相互制約、相互發展,兩者同時存在,是辯證的統一。沒有人才的個性狀態,就沒有群體的共性,反之亦然。實踐表明:人才群體的形成,首先是個人素質等的自我組合與調配,因而必須尊重個人的尊嚴與人格,尤其是尊重個人富有吸引力的個性與特長,這樣才可能產生共性的人才群體;其次,個人與他人的素質、能力等組合是揚長避短的、目的性極強的組合,是對個人精神的提煉,使個人優秀的精神元素或能力元素等融入群體中,從而增加優秀的群體容量,提升了群體整體質量;再次,在企業人才隊伍建設中,人的個性融匯於共性,共性得以昇華,才會有發揮個性的機會或空間,也才會有共性行為與能力的更好表現;最後,人才隊伍依靠人與人的和諧共處,要依靠個性與共性的親和力、互動力和執行力加以維繫,不能靠「長官意志」或行政命令來支撐其運作。在這樣的認識基礎上,注重個性與群體共性的統一才有了更多的實質意義。這些新的統一,可以使我們更加深刻地領悟現代企業的人才隊伍建設創新的意義所在。同時,我們也要充分注意人才個性與群體共性統一的相對性與差異性。當群體利益與個人利益發生矛盾衝突時,選擇群體利益才是唯一正確的。因為群體利益是對企業利益的深化,是最具道德的權威,是企業精神的形象化體現。但事實上這是對群體利益或請企業利益理解偏差與誤釋。因為我們倡導群體與企業利益,不能消滅個人利益。哲學原理告訴我們:沒有個人利益也就沒有群體利益。兩者可以對某些倡導、提法等進行意義上的連結,深化所倡導的意義或主題,但不可以進行兩者概念或內涵上的互換互用,甚至等同。這種人才個性與群體共性的相對性與差異性,實際上也個性與共性的統一與和諧。

4. 注重人才隊伍建設中物質與精神的創新性互動

人才精神是屬於精神層面的反應,是人們的精神境界與精神外在的表現形式。群體精神同其他精神產品一樣,也需要物

質作基礎來支撐其精神作用的發揮。物質決定精神，精神才可能反作用於物質，兩者同樣存在互補互用的關係，缺一不可。我們更多強調物質對精神的基礎性或決定性作用，強調構建、發揮、壯大、鞏固企業人才隊伍建設，就是為了真實地反應人才、群體或企業精神的實質，也是為了促進其精神的更好發展。那種靠精神就可以不要任何物質的支撐來戰勝一切是不現實的。當然，不可否認，精神在一定條件下，一定階段中或一定時期裡，在沒有物質支撐條件下存在的超常發揮的可能。如各種災害、重大事故中人們表現出來的精神風貌。人才隊伍建設中物質與精神的創新性互動，主要表現在四個方面：第一，企業人才隊伍建設必要的物質基礎或物質的數量與質量，對精神的發揮至關重要。物質狀態與精神狀態不僅相互依存，並且互動性極強，創新之一就在於將其視為人才隊伍建設的寶貴資源，實現兩者價值的最大化利用與最大化互動。第二，依據物質作用的最大價值來昇華精神層面，即注重創新精神力量的發揮。如我們可以利用物質基礎和保證作用強化人才建設，進而激勵個人、群體或企業精神的更大發展。可以從人才素質的發揮進化到為群體或企業真誠服務的理念，以強大的精神動力與感召力來凝聚人心，進一步搞好企業人才隊伍的建設等。第三，互動不是彼此替代，創新不是形式上的擺設。創新性互動，關鍵在於利用經濟、物資的基礎作用和巨大功能，實現與人才隊伍精神文明建設的思想、觀念、思維、行為等的充分結合，在「保證物質，提倡精神」的互動關鍵點上有所作為。如在充分考慮人才個人物質的，經濟的要求的同時，必須考慮個人的道德、情操、價值取向、職業理解等精神層面的要素質量以及可能的潛質發揮。第四，進一步創新企業人才隊伍建設的趨同性、共同性與可選性，創新個人作用、需求、主張、表現等的施展空間，在物質與精神的互動上，處理好「小我」與「大我」的關係，要防止依賴物質作用或經濟槓桿，防止回到唯命是聽，唯

命是從的精神建設的老路上，以「長官意志」完善新的集權思想；也要杜絕過度依賴精神，嚴重忽視個人創造力、主觀能動性，使個人最本質的個性與特長被埋沒掉的傾向。

人才隊伍建設的基本形式或稱謂不少，但雷同性比較明顯，並且一旦使用便被固化，成為難以改變的運行模式。特別是在一些國有大型企業中，組織關係、人事管理仍多依靠上級部門的行政手段。這樣，企業人才隊伍建設的機制常常被上級部門文件的「命令」、「指令」所制約，人才隊伍建設因而被固化，企業引進人才、使用人才等仍然套用著舊的模式。同時，不少改制企業、民營企業淡化自身人才隊伍建設，疏於管理，鬆懈運作。於是在不少企業中可以看到，當需要人才的時候，才想到了人才可貴；當企業面臨極大的技術等困難的時候，才想到了才隊伍建設……凡此種種，要麼仍然是對人才隊伍建設的概念模糊，要麼是被動的機械地運用，人才隊伍建設被公式化、概念化、虛擬化的情況仍然比較突出。人才隊伍建設不是護身符，不是可以隨意挪用的舶來品。那麼，應該怎樣去創新人才隊伍建設的基本形式，值得我們進一步去探索研究。

（一）深化人才隊伍建設的單目標形式

從企業人才隊伍建設的類型看，單目標形式是一種基本形式，又叫基本式。這種形式以一個既定目標為起點，人才隊伍建設圍繞這個目標進行培養、選拔與利用，帶有專一的特徵，具有相當的深度。如人才的行銷能力、管理能力、組織能力、專業技能、特色技巧，等等。這種形式創新的主要特徵有：其一，利用流程比較簡單，線條比較清楚，易於掌控，「廣選精用」有利於提高人才利用率；其二，專業性強，目標單一，層次分明，可以側重「精其一點而忽略其餘」，容易取得良好的專

業性效果或發揮某些特殊技能的績效；其三，人才所依賴的團隊結構線條清楚，適應性強，「紅花與綠葉」界限明晰，人才容易很快進入「角色」，快出成效；其四，創新點具有相當深度，可以注重其深度優勢與專業技能的精華，為深化人才隊伍建設的多目標等不同形式提供基礎性支撐。創新的關鍵在單目標的確定、深化與擇優、技能或能力的實際運用等上。

(二) 進一步創新人才隊伍建設的多目標形式

多目標形式即企業人才隊伍建設目標涉及多個人才建設層面或多個建設子目標，其反應狀態是複合型的。在多目標形式前提下，實現人才的層次性、系統性的開發，可以構成相當的人才系統，是一種具有明顯創新價值的目標形式。如可以分清主次，對人的個人綜合素質進行比對分析，在其全能上，即學識、能力、智力、特長、性格等得到比較清晰的反應。利用目標的分項，如人才的「技能體現」一項，就可以得到技能的發揮狀態、技能的潛在質量、技能的利用手段等不少的參數或指標。同時，多目標還體現在對不同的人才進行集合選擇，即利用構成的人才群體進行人才與人才之間的對比分析。這種形式的創新突出在群體性的價值開發與利用上，並以系統性、網絡化構建運行機制，極容易取得人才隊伍建設的設計效果。它所體現的創新運作空間有：一是在總目標之下，建立了人才目標的分級形態。橫向看，可以有個人的單項與多向人才分析；縱向看，可以有群體的，相互比較分析的系列分析，從而可以構成人才隊伍建設的多目標體系。二是這樣的人才隊伍建設比較容易創新人才選擇等現有模式，實現對不同群體的選擇或應用，擁有極大的創新空間，資源比較豐富，信息傳播、利用與反饋速度快，績效比較明顯。三是由於受眾面廣，特別利於企業相關的團隊建設、管理建設、經營建設等比較大的項目運作，帶有一定的戰略性。四是由於效應空間比較大，因而比較容易找

到創新點，發掘更多人才建設要素，進一步創新企業人才隊伍建設的理論與實踐。

(三) 充分利用企業人才隊伍建設的特殊（特定）目標形式

人才隊伍建設的特殊（特定）目標形式是指在一定時間、一定範圍、一定條件下實現的具有明顯特徵的人才開發或利用的目標。如企業帶有階段性的人才建設活動、帶有特定目的或意圖的人才開發、在特定條件下的人才利用，等等。要對這樣的目標形式進行創新，可以在三個創新點上進行探索與實踐。創新點之一，是利用目標的特定性、範圍的選擇性、人才能力發揮的密集性、相對性特徵，做好特殊的人才選擇、培養與利用工作。其探索在於特殊（特定）人才的發現與利用過程的形式、績效狀況。其實踐在於運用人才隊伍建設的特殊性規律來擴大隊伍建設的運用面，綜合人才系統特徵，創新人才門類。創新點之二，是利用人才隊伍建設工作的階段性、突擊性，作用發揮的相對集中性，在一定階段上取得人才隊伍建設的相對性突破。創新點之三，是利用策開發的範圍相對較小、目標相對集中、效果容易顯現的特點，利用其一定的典型性、專一性累積人才建設經驗，在「單元」上提高建設質量，為建設的質量、層次、大小、優劣提供模板。

企業人才隊伍建設在新的條件和新的環境下，應該不斷創新內容，對建設內容進行不斷的探索與研究。人才及其群體代表了一系列鼓勵發展、積極回應、提供支持並尊重人才個人興趣和成就的價值觀念。因此，對企業人才隊伍建設所表現的內容，即我們通常講的表現出來的富有活力與生氣的狀態，我們也就有了更新、更深、更廣闊的理解。

(一) 尊重人才個性是企業人才隊伍建設的靈魂

尊重個性，就是尊重人格。個性，即在一定的社會條件與教育下形成的個人的比較固定的特性。如何有效尊重人才的個性、進行最好的人員配置與利用，關係到人才隊伍作用發揮的成功與否。成功的人才開發常常在於：一是區別對待人才，在尊重個性的基礎上，保留最好的；二是人才經選拔組合，特意配備，所承擔的工作是有區別的，人才在一定程度上可以發揮自己的個性色彩；三是人才管理不是僵化、呆板的，而是通過精心設計和相應的培訓，使每個人才的個性、特長得以最大發揮；四是人才隊伍建設必須是務實、豐富的，有表現力的；五是人才隊伍是不同個性的統一體，在共同目標下才可以形成凝聚力、親和力與戰鬥力；六是人才個體總會體現隊伍的整體精神風貌，而這個風貌是獨特的，富有個性的；七是人才的形成基礎是尊重個性，尊重並維護個人的興趣和成就，更注意尊重個人的能動性創造；八是人才有個人成長的優良環境，具體表現在有良好的待遇、有自己稱心的崗位，有和諧相處的夥伴，有張揚自己個性的機會。理解人才隊伍建設的實質，才可以創新人才隊伍建設的內容，以內容的新穎、實際、和諧、暢順來促進其健康發展。

(二) 真誠合作是企業人才隊伍建設的核心

人才隊伍創新內容最直接的體現是可以實現協同合作。它是實現人才隊伍建設目標的主導性功能，決定著人才隊伍作用的大小，即能力的具體表現。從鬆散的個人能力走向群體能力，進而實現企業目標、弘揚企業精神，人才的真誠合作是最重要的保證。這種真誠合作體現出的核心要素是：人才隊伍可以集中體現成員的共同利益，共同要求，共同趨向，共同目標；只有真誠的合作才有群體或企業的發展業績，才可能形成精神的

感染力與物質的創造力；所有成員的工作績效只有通過協作精神，才有可找到一個共同點，那就是人才隊伍精神的內聚力所醞釀出的極高的效率；只有合作才可能實現成員在能力、特長上的互補，產生合作的協同效應，共同實現群體或企業的既定目標。事實上，這樣的合作可以跨越群體成員之間的官、權、位、利的障礙，真正實現心靈的溝通。因此，人才隊伍建設的內容就要注重合作的內容、協調的要素、一致的行為、綜合的發揮。在親情、人情、人性、人格、個性等要素上充分考慮人的潛在特徵表現及潛在能力的聚合，使合作主體鮮明生動，實施內容務實求真，讓人在本質上不得不去接受、去感發、去行動。

(三) 凝聚力是企業人才隊伍建設的最高境界

凝聚力就是人或物聚集到一起的力量。在共同目標的指引下，這樣的力量一旦進入忘我的境界，就會產生極大的精神和物質力量。我們可以看到構成這種境界的特徵：這些由人才內心動力演化出的向心力、凝聚力，核心在於他們有共識的價值觀，有展示自我的良好機會，並且還不斷吸引著群體成員聚集能力，以形成真正的向心力凝固人才隊伍，趨同性、一致性就會成為人才隊伍的強大動力源。在群體成員彼此有良好的協作意願以及協作方式條件下，他們能形成真正的凝聚力，使各成員充分信任自己的隊伍，沒有信任危機，沒有彼此猜疑，不會放棄協作，喪失信心，鬆散隊伍，而是會緊緊依靠自己的群體或企業實現質量越來越高的創新。凝聚力作為企業人才隊伍建設的最高境界，不是簡單地要求人才們必須以自我犧牲的精神、自我奉獻的行為來保證凝聚力效應，而是為了一個共同的目標，彼此自覺地在認同和維護基礎上，以個人的自願來承擔責任並願意為此作出共同努力，實現共同的目標。同時，還必須依賴人才隊伍的建設、良好的配套、良好的氛圍、良好的前景，人

才群體的精神與主觀能動性才可能聚力發揮並進入一種境界。凝聚力在內容的反應集中在兩個方面：一個是自身人才隊伍建設內部的各種優良要素的充分利用，進而演化為具體可操作有特色的創新內容；另一個是具有人才生成的優良的外部生存環境，即群體環境、企業環境、社會環境。以環境要素的科學配置，促進內容的豐富性與感召力，從而提升凝聚力。

(四) 奉獻是企業人才隊伍建設的遠大目標

現代企業人才隊伍建設從內涵上可以分為：形成人才隊伍；形成具有科學性、先進性的群體，構建出有質量的成熟群體、團隊；形成可以塑造出人才特有精神的優秀隊伍；形成具有魅力和相當影響的人才隊伍，使之成為企業發展的必需力量。這就說明，企業人才隊伍建設發展的最高境界所主要依據的是：奉獻。

奉獻更多屬於精神範疇，是一種精神的高質量昇華。任何企業，任何組織都離不開對最高精神的依託。當我們把奉獻視為自己發展的遠大目標時，對奉獻的理解就必須這樣考慮：一是人才隊伍作用的發揮要達到一個怎樣的目標才是優秀的人才隊伍，必須用具體的量化指標進行檢驗。這如同我們用經濟指標來衡量效益一樣。人才隊伍建設當然需要目標，但這個目標實際上是可以用具體的指標來測評的。精神要達到什麼狀態、程度，雖然存在著極大的不可預測性，動態的量變始終不可能按部就班地進行目標的分量測評。但我們必須認真考慮人才的奉獻指標、奉獻狀態、奉獻行為、奉獻績效，將奉獻具化、實際化，增加科學可行性、可選性與可信性，確立奉獻模式，推出奉獻標準，建立奉獻機制。二是深刻理解精神物質化的轉換與資源利用。人才隊伍的奉獻是一種精神產品，但它更多強調的是具體一種精神能量的充分發揮。三是每個人才隊伍成員擁有明確的目標，擁有內在的動力，擁有群體的凝聚力，擁有真

誠的合作，實現的最大目標就是——奉獻。我們把奉獻看作是企業人才隊伍建設的一個精神目標，是因為奉獻是人才隊伍的精髓，是群體的終極目的所在。奉獻存在的多少，決定著人才隊伍的作用發揮狀況，決定著精神和物質的兩個轉化變量。把奉獻作為團隊精神建設的目標，符合企業人才隊伍建設的內涵與要求。四是創新奉獻認識，賦予更新的內涵，可以改變對企業人才隊伍建設陳舊、僵化和機械的理解，可以擴大人才隊伍的精神活力，在精神產品轉化為物質產品的進一步探索與研究上，極大拓展了運作與實驗的空間。

(五) 注重理論與實踐的創新要素配置

企業人才隊伍建設是理論與實踐的共同產物。一般說，有怎樣的理論，就有怎樣的實踐。但這並不是絕對的。兩者相對於一種平衡之中，實踐性的東西多了，就會靠理論的研究、創新來回答實踐沒有解決的問題，反之亦然。在現代社會發展非常迅猛的情況下，信息越被大量利用，其價值的增幅越發明顯。從企業人才隊伍建設的實際運作績效看，其建設理論與實踐都已明顯存在同時「更新」的問題。從理論上看，人才隊伍建設迫切需要有新的理論突破：一個是人才隊伍建設的觀念、思維、制度等較多理論課題還沒有真正形成新的理論或操作定理，理論的探討更多還處於探索階段。如人才的自由度、人才的本質渴求、人才的物質保證、人才的法定保護，等等，都沒有在理論上有更多的突破，現實的人才機制、競爭制度仍然不完備，經常受到挑戰。從實踐看，需要更多的實踐模式來豐富或創新理論。因為人才隊伍建設的任意濫用、漫無目標的企業行為、改制企業極端性的「為我所用」、制定新的法律法規的明顯滯後而缺乏有效監督，等等，已經喪失了太多人才隊伍建設的信任價值。因此，企業人才隊伍建設理論與實踐的創新要素配置更為重要：其一，在一定範圍內進行理論與實踐的配置，結合自

身實際,可以自我創新一些人才應用的試驗模型,以小見大,進行探索,如人才個人的某些特長的實踐範例與理論分析。其二,特別注意兩者的不平衡狀態,在此消彼長之中進行互動,彼此影響,彼此共進,尤其是要注意不平衡狀態的關鍵所在,利用差異性,達到同一性,再利用這樣的循環,力求提高人才隊伍建設的績效。如利用充分的人才實踐活動來促進理論創新,反之亦然。其三,善於借鑑、引進、消化、吸收先進的人才隊伍建設的實踐與理論創舉,在創新上舉一反三,創立自身建設特色或風格。其四,進行必要的組織準備,物質準備,機構調整,創造條件進行理論與實踐的積極研究。

(六) 注重應用與創新的新嘗試

任何事物總是在發展過程中不斷創新,進而發展壯大的。我們應該注意企業人才隊伍建設在賦予新的內涵後,要靠實踐來進行驗證,通過實踐再創造出新的內涵的交替循環過程。首先要注意應用的力度和拓展的範圍。賦予企業人才隊伍建設以新內容、新涵義,不僅僅精神的層面,還要在一些特定環境,利用新模式產生的特別功用來進行新的測試。總之,企業人才隊伍建設作為一個比較特殊的運作對象,一個極具創新的領域,作為一種精神,更應該賦予新的層面,賦予新的內容。作為一種資源,更要強化新的實踐,不能等待「創新」並依靠他人「模式」來循序漸進地一味穩定自身的建設進程,不能照本宣科地去貫徹什麼「文件」或什麼「指示」來求得發展,更不能放任自流或封閉保守,一切應以當前的運行方式、慣用手段來發展自身的人才建設事業。這裡要堅持兩條:一條是堅持應用可行的、科學的、先進的理論或實踐模式,確立中心,強化機制,在競爭中發展壯大自己的人才隊伍建設成果;另一條是創新不斷,敢於突破,敢於嘗試,對一些有爭議的課題,敢於去標新立異,對實踐證明的一些好做法,要敢於去發揚光大,不惜餘

力地推進創新，發現新規律、解決新問題。

　　企業人才隊伍建設是精神與物質的一種能動，存在著潛在的精神動力與物質形式的互動作用，在一定程度上，是精神與物質的轉化，是一種帶有明顯特徵的綜合性資源，對企業的人力資源建設極具作用。同樣，因為它的特殊性、多變性、可選性，加上還存在著相當的人為干擾，使人才隊伍建設更複雜，有相當的操作難度。由此，複雜企業人才隊伍建設還應該注意一些有代表性的問題：第一，企業人才隊伍建設既是精神層面的也是物質層面的，要「具體可感」、形象地進行描述並簡單予以應用存在相當難度，所以，要進行充分準備，必須夯實運行基礎。第二，企業人才隊伍建設必須依據相關群體或團隊進行人才的開發利用，選擇運作對象必須嚴謹有序，尊重規律。第三，企業人才隊伍建設雖然存在巨大的創新多維空間，可以在理論上確立它的無止境的特徵與無邊緣的發展形態，但它總是在一定階段、一定時間顯示其相對作用的。因而去發揮也總是有條件的，有極限的，有其「生命週期」特徵。第四，不同的企業有不同的企業精神與物質的追求。不同的精神與物質的內涵及要求，顯示了兩者的多面性、複雜性、綜合性。第五，企業人才隊伍建設不僅僅反應精神，還可以「折射」精神所依賴的的物質形態。如人才素質、人才的不同狀態、人才群體的整體技能、群體的綜合表現，等等。因而要注重精神要素轉化為物質要素的動態，重視可能出現的各種問題。第六，企業人才隊伍建設的作用發揮，必須依賴於一定的物質基礎。沒有相應的物質支撐，隊伍建設難以發揮作用。必須加大物質基礎投入，在人力、財力、組織上予以可靠保證。第七，企業人才隊伍建設不能任意拔高，不能視為發現與利用人才的唯一支撐，不能刻意製造具「能力」、「人才定律」的建設過程，必須正視人才

隊伍建設的種種誤區和人為干擾，有自身抗干擾的能力以保持人才隊伍建設的樸素、真實與和諧。

優秀的企業人才隊伍建設擁有豐富的人才資源，可以不斷引發人才個性、才能和技巧，引發潛在的能動力量。人才一旦被尊重、被重視、被感動、被鼓舞，就會同舟共濟，提高群體或團隊整體素質，更快促進企業發展。我們要充分認識企業人才隊伍建設是指一個組織具有的共同價值觀和道德理念在精神與物質層面上的反應規律，依據人才隊伍的作用發揮、共同的價值觀等，就要保持其獨特而旺盛的生命活力。企業人才隊伍建設表現為一種文化氛圍、一種精神面貌，可以感知其精神素質和精神態勢；可以表現為一種物質、一種資源，從中感知其物質質量和資源優勢。深刻認識企業人才隊伍建設的實質，就必須把尊重個性視為企業精神的靈魂，把真誠合作視為企業發展的核心，把人才的凝聚力視為企業精神的境界，把奉獻視為企業精神建設的目標。這樣，我們才能正確看待企業人才隊伍建設的作用與不足，正確人才隊伍建設的不同要求，把握企業人才隊伍建設的精髓，以務實求真的態度、嚴謹的研究學風和敢於探索的創新精神，才能使企業人才隊伍建設日新月異，企業發展更為燦爛輝煌。

參考文獻：

1. 趙永樂，王培君．人力資源管理概論．上海：上海交通大學出版社，2007.

2. 王曉輝．人力資源開發．北京：清華大學出版社，2008.

3. 薛永武．人才開發學．北京：中國社會科學出版社，2008.

4. 格魯夫．只有偏執狂才能生存．安然，譯．沈陽：遼寧教育出版社，2002.

企業員工主人翁地位法定化的思考

周小其　　　　　　　　　　　　　　　　（四川工人日報社）
曾文鵬　　　　　　　　　　　　　　（四川省第一建築工程公司）

［摘要］以法定化過程維護企業員根本利益，就必須要深刻認識企業員工主人翁地位法定化的重要性，深刻認識當前企業員工當家做主存在的難點、盲點，對真正確立企業員工主人翁地位進行創新性思考，以法定原則保證企業員工法定的企業主人翁地位。

［關鍵詞］主人翁地位　法定化　思考
　中圖分類號　D412.6　　文獻標示碼　A

切實維護員工利益一直是貫穿於現代企業文化建設、經營、管理三大發展核心要素的主線，是現代企業最重要和最基本的決策。企業員工作為企業發展最寶貴的生產力和企業真正意義上的主人，其利益、地位、動力、作用對企業生存與發展至關重要。企業員工一旦真正確立了主人翁地位，企業就有廣闊的發展前景，員工上下和諧包容，就具有強大的生命力和發展後勁。要真正保證企業員工應有的各種利益，從根本上改變企業傳統的「組織人」、「利用人」的模式，摒棄企業所有者或代表者以及高端管理者靠權威、靠高壓、靠經濟手段、靠自有資產來進行家長式管理的做法，就必須要在法定化的進程中，緊緊依靠法制的力量來確保企業員工的基本利益。目前，國家相關

法律法規以及制定的相關政策，在理論與法定上已有相應的界定，但在實際工作中，企業員工主人翁地位的法定化過程並不明晰，尤其是維護其核心的政治利益與經濟利益的法律法規的執行文件不多，相關條款不夠完善，呈明顯滯後狀態，影響和制約著維護企業員工利益的各項工作或措施已非常明顯，存在不少亟待解決的問題。

　　企業員工是最寶貴的生產力，是第一要素，也是最有活力、創造力的能動力量，他們激情與動力的煥發，關係著企業的發展進程，關係著企業自身與社會的穩定，其重要性為企業發展的其他要素不可比擬。企業員工不是企業的簡單的「活資產」，不是靠簡單的管理、嚴密的控制或個人主觀臆斷就可以進行隨意調控與指揮的。在當前不少企業中，家長式管理中普遍存在，企業群體分化明顯，所有者、管理者、勞動者三個層面衝突加重，矛盾突出的現實狀況下，加上國家維護企業員工的相關法律法規以及制定的相關政策比較滯後，員工利益的法定化過程及法定要求的體現，即進一步真正明確員工主人翁地位已迫在眉睫，其重要性已影響到企業穩定，關係到國家相應的政治改革、經濟建設的質量及其成效。企業企業員工主人翁地位法定化非常必要，其重要性不言而喻。

(一) 企業員工主人翁地位法定化的延伸體現了民主政治精神

　　現行的《工會法》、《勞動法》等體現了企業員工當家做主的政治精神，也是中國政治制度的性質和內涵的一種體現。企業員工合法利益的體現，也是社會與政治發展在企業的一種縮影。企業員工主人翁地位有了理論的支撐，在運作中就有了實踐的經驗和寶貴的基點，但實際成效卻不盡如人意，關鍵在於

員工主人翁地位法定化過程比較簡單，法定的結果由於歷時較久，與現實的發展需求已經存在較大差距。企業作為政治或社會的一個「單元」，不斷通過改革來突出和確立新的人本關係已是一種必然。企業員工主人翁地位法定化的延伸，即在先前制定《工會法》等法律法規基礎上，進行新的法定過程以深化企業員工主人翁地位，已經勢在必行。其意義在於：法定化過程的延伸，即以新的法定化過程來真正確保企業員工地位已經是當前和以後相當長一段時間企業政治民主建設的一項重要內容。它所體現的，已經不是僅僅在法律法規條文上的滿足，或在實際運作中的表面化操作。相反，它應該也必然會反應企業員工作為人本要素的必然性，要充分體現其人本的核心，即人格尊嚴、人格訴求、人格願望、人格追求，等等。法定化的延伸，既是繼往開來，承上啓下，又是創新與發展的必然，會更加充分地體現民主建設的精神實質，表現出中國民主政治建設的實效。企業員工在企業得到政治與經濟利益，不是簡單的形式上的肯定，或原有理論的延續，而是中國政治民主建設的一個創新組成部分。因此，它還表現在民主法制的集思廣益，傾聽不同意見，尊重企業員工意願，積極維護他們的根本利益，真正確立他們在企業的主人翁地位的過程，更重要表現在貫穿於法定化過程到法定文本的成立以及有效執法的民主建設與民主精神，可以得到進一步的提倡與發揚。

(二) 法定化的結果從根本上保證了企業員工的基本利益

從根本上保證企業員工的根本利益，是發展企業之本。企業員工作為企業發展的根本動力，是企業獲得經濟效益的根本源頭，要充分調動其積極性，才能保證企業經濟效益的可持續發展，實現良性循環，從而把企業做大、做強。對企業員工主人翁地位新的法定化過程，對從根本上保證員工的基本利益具

有實質意義：一是新法律法規文本的誕生，保證企業員工基本利益有了明確的法律支撐，為員工主人翁地位的強化與深入，提供了法律的維護與執行保障；二是法律轉化為具體的執行行為時，其責任主體、執行主體與監督主體各司其職，各盡其責，被維護的利益方，即企業員工的基本利益才可能落到實處；三是法定化的過程所體現的法定質量，可以保證實現企業員工的基本利益，其延伸性同時支撐了員工的其他利益，利於構成企業員工利益的保障體系，可以成為企業民主政治建設的有機部分，對於企業的其他改革進一步深化，如勞動協商制度的建立、員工當家做主的深化形式等，具有重要的引導作用和意義；四是只有進行必要的法定化過程，通過制法、立法、執法，從根本上保證企業員工基本利益才有可能防止員工利益的流失，才可能防止一些企業我行我素，以我為中心，置法律法規於不顧的「企業行為」。

（三）企業員工法定地位的深化是助推企業發展的新型動力

在現代社會，企業實現自身現代化正面臨著一種全新的競爭環境，高速的經濟變革，增加了企業改革與發展的難度，企業之間、行業之間、地區之間的競爭，已具有高度的不確定性、突變性。這樣的競爭，往往反應或集中在實力、資源、經濟、環境、技術、設備、效益等層面上，而實際的對人才、先進理念、先進思維的競爭卻是根本。企業要發展壯大，迎擊競爭，依靠的基本力量是員工，沒有他們主人翁地位，沒有他們發自內心的驕傲與自豪，沒有他們的執著與追求，沒有他們的創新與超越，企業的壯大發展便無從談起。作為第一生產力，企業員工所具有的地位狀況，會直接影響企業的發展狀況。在法定化持續深入的前提下，企業員工隨著自身地位的進一步強化，必然會更大地發揮主觀能動性，發揮個人才智，並把這樣的能

量變為企業發展的最新動力。來自企業的相關調查表明，員工地位明確，利益得到相應保證，加上人力、資源、技術等的合理配置，企業的發展實力強勁，其產能、效益、環境等要素優良，現代企業的企業文化、經營、管理三大特徵非常明顯。深化員工的法定地位，既是維護員工利益的繼續，也是企業增加自身動力的持續源頭和法制建設的重要內容，同時是我們推進民主政治建設的突破口。員工法定地位深化助推企業發展的核心在於：以法定程序和法律法規來保證企業員工基本利益的有效性與延續性，必然會調動員工積極性、創新性來反作用於企業發展，成為企業程序創新發展最寶貴的動力，並且持久、高效。

(四) 深化員工法定地位對企業文化建設與發展具有重要意義

現代企業發展的實踐證明，企業文化、經營、管理是最基本的三大要素，是衡量企業發展質量的力度指標。其中，企業文化建設尤為重要。企業文化是企業內在精神的體現，是企業形象的主要參照對象。企業文化表現在外部的，更多是企業形象，如企業標誌、徽記、企業行為、企業走向等，而最為核心的是人的文化，包括員工基本素質培養、技能培養、人格與人性培養、情趣培養、員工集體或個人形象，等等。因此，企業文化是企業綜合素質高低的一個衡量指標，是企業內在凝聚力、中心力表現的重要形式。沒有企業文化底蘊，很難想像企業會有長足的進步與發展。員工地位一旦被深化，對企業文化建設的發展具有重要意義，表現在：首先，員工的利益得到保障，其人力資源的優勢就可以實現效率的最大化，可以有效增加這種資源的附加值，即員工的智能、體能會得到極大釋放，在以人為中心的運作下，企業文化建設才具備要素優勢，文化建設才具有寬鬆和諧的發展環境；其次，企業文化建設可以保證員

工提高素質與技能，為經營、管理工作奠定雄厚的基礎，是人本能力促進經營、管理的必備手段；最後，員工法定地位的深化，即主人翁地位的進一步確立，企業文化才有可能獲得新的動力支持，文化的內容、特徵、優勢等，才可能更大地作用於企業經營與管理，從而構成企業發展的整體性優勢，形成企業的自身特色。

(五) 深化企業員工法定地位保證了員工個人能動性的積極發揮

深化是對先前作為的延續與補充。儘管現行的《工會法》等法規對調動企業員工個人積極發揮能動性起到了極大作用，但在目前作用於企業員工地位的相關法律法規滯後的情況下，企業員工面對新的形勢，如何更大地調動其積極性，存在著相應的操作難度。它表現在兩個基本點上：一是企業員工新的利益衝突、群體分化、分配熱點等問題不斷出現，而相應的解決缺乏法定的支撐點；二是企業實現股份制後，企業解決了經營權、管理權問題，但特別重要的所有權一直沒有真正解決，國有控股企業的國有特徵仍然非常明顯。相反，一般改制企業，如民營企業的所有權，按《公司法》相關規定，實際掌握在擁有絕對股份的個人手中。這樣又容易出現企業資產擁有者、管理者、生產者的分化，員工因為不擁有企業資產而成為一般勞動者，其主人翁地位難以真正確立。那麼，深化企業員工法定地位從而保證員工利益則尤為重要：第一，深化的結果是以更新的法定要求來制約企業行為，可以在根本上保證企業員工應有的基本利益，並及時解決一些熱點或難點問題。第二，明確了企業與員工各自的責任主體與責任行為。明確的法定性界定，可以極大地整合企業各發展要素，尤其是員工法定地位進一步的確立與加強，可以極大地調動員工的多種積極性。第三，員工有了更大的個人發展空間，有了更多訴求願望、要求等機會，

他們的自信、尊嚴、能力等都得以更多表現，主人翁意識進一步強化，當家做主的自豪感會使員工們個人能動性的積極發揮有了更為廣闊的天地。在主人翁地位作先導的條件下，企業員工可以極大地調動員工的個人積極性，充分發揮自身優勢，以個體優良的綜合素質推動群體綜合素質的整體性提高，進而全面提升企業的綜合優勢，這是時代與社會發展的要求，也是企業優化的首選之路。

現代企業的標誌之一，是真正確立員工地位，以人的意志體現企業的意志，以人的優秀帶出優秀的企業。儘管目前有了一些法定依據，也有了相當的實踐過程，但由於各種原因，目前不少企業仍然對員工主人翁地位及其作用認識不清，觀念模糊，在員工地位問題上不同程度地存在著這樣或那樣的問題。尤其是在一些民營或集體性質為特徵的中小企業中，隨意侵害員工利益、視員工為「機器」、片面追求效益最大化的現象非常突出。

(一) 員工缺失應有的政治待遇，從屬、依附的現象突出

在一些企業中，員工沒有真正享有自己應有的政治待遇，從屬、依附的現象非常突出。員工們往往受到壓抑和排擠，缺乏自身應有的尊嚴，他們的才幹、潛能也受到限制，難以充分發揮。這表現在：相當的員工在企業沒有真正的選舉權與被選舉權，沒有真正融入企業環境，他們不瞭解企業，不瞭解國家相關的政策，僅僅是「打工者」或簡單的「勞動機器」，不知道怎樣維護自己的各項政治權利；一些企業工會，也常常「擺架子」，形同虛設，成為可有可無的東西，工會沒有維護員工利益的良好條件與實力，沒有條件或能力獨立有效地開展工作；

一些企業對員工搞「愚民政策」，員工對國家法律法規不瞭解，尤其不清楚與自己利益休戚相關的舉措，如勞動保護、勞動報酬、生產安全、勞動爭議、計劃生育、工傷處置、工齡計算、等等。對員工應該知曉的國家相關文件、政策不傳達，不貫徹；企業的所有者或領導者，高高在上，不問民情，不關心員工疾苦，員工們受到政治歧視的現象非常突出；在勞動管理上，一些企業對員工實行苛刻的勞動制度，員工沒有自己說話和反應的權利，不能表現個人的意志，只有無條件地執行，並且一些企業領導者隨意按自身標準開除或辭退員工的現象時有發生。沒有相應的政治待遇，企業員工的主人翁地位便無從說起。

(二) 員工勞動付出與相應的經濟報酬不合理

員工在企業的經濟地位不盡如人意，收入低下，缺乏根本保證。一些企業常常為了經濟效益的最大化，在經濟上自定標準，違反國家相關法規，對員工極不公平，嚴重侵害了員工的經濟利益。調查表明，根據不同地區的具體情況，各地政府在公布本地區企業員工最低工資標準後，一些企業常常是就低不就高，執行的是最低工資標準。員工們遭受經濟侵害，受到經濟剝削問題比較多，性質惡劣，後果嚴重。同時，一些企業打著「效益為中心」的幌子，任意制定標準來確定員工收入標準，模糊勞動與收入的界限，降低其應有的收入水準；一些企業以「打卡」等方式，不公開員工個人收入情況，以所謂「梯次工資」劃分收入檔次，在收入上對員工「分而治之」，極大地挫傷了員工的積極性。並且，企業可以隨意加班加點，重大節假日不按國家相關規定辦，不發或少發員工應得到的工資補貼，或以「補假」沖抵，至於日常則每週只休息一天，以及每天工作量超過勞動法規定的工作時間的情況更為普遍。員工的醫保、社保不落實，或按最低標準辦理，並經常被企業拖延；涉及員工辭職等，相應的補貼不發放，能瞞就瞞，能拖就拖；任意減

少或取消員工必要的勞動保護、衛生、辦公、福利等必要的開支；利用承包形式、集資、員工購股等，轉嫁企業矛盾，減少開支，增加經濟指標，最大限度地榨取員工勞動的剩餘價值。此外，一些企業還巧立名目，克扣員工收入，或任意拖延員工工資發放；一些企業領導者個人收入不公開，不透明，公費開支現象比較突出。尤其是一些實行年薪制的企業領導者，其收入員工難以知曉，等等。沒有相應的經濟待遇，企業員工的主人翁地位則難以鞏固。

(三) 企業管理者、經營者、勞動者三者關係不明，界定不清

企業管理者、經營者、勞動者三者關係不明，界定不清，形成不同的利益群體或集團，難以真正確立員工的主人翁地位。在當前經濟發展日趨加快的情況下，國家相關法律法規企業管理者、經營者、勞動者三者關係的闡述、新的界定已相對滯後，三者在利益的劃分、權利運用、利益範圍等問題上，還沒有新的法定文本予以解答和界定，沒有更新的舉措，在區分於執行上出現了一些真空；在一些改制的中小企業，企業擁有者作為企業的資產與權利的法人，擁有絕對的支配權，處於經濟的強勢地位，在企業具有絕對的政治與經濟的「權威」。管理者，尤其是高級管理者，作為企業所有者的依靠對象，必然要維護所有者的利益。這樣，勞動者以勞力、智慧、技能等的發揮獲得經濟收入，始終處於弱勢地位，最容易成為利用對象或最廉價的勞力輸出者。同時，勞動者沒有自身的資產優勢，只有靠國家相關的法律法規保護，而這樣的保護，一旦不落實，不執行，沒監督，勞動者就難以從「經濟弱者」成為企業當家做主的「主人」。所有者、管理者、勞動者三者關係不明，勞動者將始終是地地道道的「打工者」。因此，國家對勞動者的法定保護亟待深入，政府有效的監管機制亟待強化；同時及時進行企業三

方利益、權利、責任等的法定界定，以新的法律法規來引導企業發展已經刻不容緩。沒有理順企業三方關係、責任及權屬，員工主人翁地位必然容易被束之高閣，形同虛設。

(四) 企業員工缺乏維護其利益的更為具體的法定支撐

由於政治、經濟體制改革相對滯後或不對等，齊頭並進的配套、呼應、連結不夠，具體涉及企業員工利益的相關相關法律法規具體化、系列化工作還深化不夠，都在客觀上影響或制約著企業員工主人翁地位的確立。政治體制的改革從法制化，民主化等方面看，其改革的力度與深度在近年都有所加強，在幹部任用制度、勞動人事制度、反腐敗具體措施等六個方面，政治改革的民主化、制度化改革已經初見成效。從經濟改革看，成果豐碩，早已深入人心，但兩者進程各異，同步性不突出，配套不完善。政治改革相對滯後，已經比較明顯地制約著經濟改革更深層次的發展。一些經濟領域的更深層次的問題與突破，還沒有從政治角度上予以體現，還不能對一些經濟現象或問題作出更準確的解答與闡述，在新的理論上予以確立。在這種情況下，就企業員工問題而言，一些企業一般的、基本的勞動保障、勞動收入等淺層次的問題還沒有根本解決，他們在勞動就業、工資分配、社會保障、勞動安全等方面的新問題、新矛盾又不斷產生，明顯缺乏更為具體的法定執行與保障行為的進一步支持。具體的法定支持，即以新法新規制定的更為具體的有關條款來維護員工利益，員工在缺失自己的「經濟財產」、「有效資本」的情況下，他們可以得到法律法規的有效保護，可以在高效的執行機制中，才可能行之以有效強大的法定力量來保障其主人翁的地位。沒有更為具體的法定支撐，企業員工要真正鞏固其主人翁地位就只能是事倍功半，難有實效。

(五)企業領導者觀念、思想、素質、能力亟待改變

對企業員工「主人翁」地位認識上的片面性,導致一些領導者在轉換企業管理體制、經營模式、建立現代企業制度的過程中,常常會出現這樣或那樣的問題。這些問題主要集中在以下方面:一是一些企業領導者在思想上不能從改革大局出發,高度認識員工在企業中舉足輕重的作用,沒有從改革、發展、穩定的高度來認識企業與員工唇齒相依的關係,沒有看到企業發展與員工當家做主的內在聯繫。他們看重企業經濟發展,而忽視員工的「主力」與「奠基」作用。他們知道民主管理,卻認識不深、意識不強,常常在具體工作中漠視或淡化員工,視員工為簡單的打工者。二是他們知道國家相關法律法以及相關文件精神,而實際行動中卻「以我為核心」,曲解國家對勞動者保護的相關政策,自行其是,不計後果;他們中個別領導者素質低下,綜合能力差,缺乏現代企業發展的意識,固守自然經濟發展思維,簡單追求原始的經濟累積。三是他們片面強調或依靠企業「精英」式人物,沒有看到個人與大眾、領導與群眾的互動要素,簡單確立領導與被領導、「白領」與「藍領」的關係。四是在行動上,一些領導者言行不一,或出爾反爾,或一意孤行,作風虛浮,官僚主義嚴重,以勢壓人,權力至上,處處以我為主,強化「主僕」關係,挫傷了員工參與企業發展的積極性和主動性。他們看重行動而漠視精神,極少與員工進行平等的交流,沒有深入細緻地做必要的思想政治工作,常常以簡單的甚至粗暴的命令、規定等來約束員工。五是他們注重自身的群體利益,追求集權下的經濟效益,沒有集思廣益,深入基層,體察民情,真正把員工看做企業的依靠力量;等等。

(六)企業員工素質與思維定勢明顯滯後

企業員工隊伍建設亟待加強,真正從員工自身營造員工主

人翁意識的氛圍與環境已經非常必要。從當前員工隊伍的自身素質來看，隊伍文化參差不齊，綜合素質不高，尤其在一些建築、運輸企業中，有相當的員工屬於所謂的「農民工」，他們長期靠簡單勞動來維持生計，缺乏主人翁意識，自身難以擔當「主人翁」重任；一些企業忽視員工的培訓、繼續學習工作明顯滯後，知識老化，觀念陳舊，思維定勢難以改變；部分員工工作環境穩定，待遇相對較好，思想保守，墨守成規，視野狹窄，已滿足現有的工作與生活，缺乏競爭與風險意識，淡化了主人翁的意識；一些員工面對企業改革缺乏思想與意志準備，消極不安，擔驚受怕，唯恐自己的崗位、待遇等有所變化。這種恐懼與不安，使員工難以理直氣壯地去做企業的主人。

中國的大部分企業完成轉制工作後，仍然還有相當的問題需要解決。股份制明確了企業與員工的責、權、利的新型關係，從理論到實踐解決了企業與員工的一些基本問題，員工的熱情與能量有了相應的發揮，企業管理體制、經營模式、建立現代制度等，有了長足發展。從另一方面看，企業實現轉制後，新體制還需要更多的補充完善，企業又面臨大量的新工作、新思維、新信息、新技術的競爭與挑戰，仍然存在著高度的不可確定風險。同樣，維護企業員工的利益，也引出了更多的新問題。不少企業員工認為自己的地位被弱化了，經濟的「聚化」作用，不僅沒有看到「主人翁」地位的真正確立，認為自己成了受雇傭的對象，成了企業的弱勢群體，成了給「老板」打工而不是給「國家」貢獻的人，已沒有什麼地位可言。基於此，企業員工主人翁地位以法定化的創新來予以鞏固已是大勢所趨，勢在必行。

(一)以新的法定文本來鞏固企業員工的主人翁地位

在繼承、發展、創新的能動作用下,以新的法定文本來鞏固企業員工的主人翁地位是根本。這就是說,要在中國民主政治的建設與經濟領域的深化改革中進行綜合配套。特別是涉及企業員工利益的大事,對與之配套的法律法規的細化、系統化尤其要予以高度重視,要建立長效機制,保證員工利益的落實。它體現在幾個要素上:一要加快探索與研究步伐,對涉及企業員工利益的相關法定文本進行必要的清理,根據新形勢與新發展的要求,廣泛聽取員工意見、建議,拾遺補缺,積極進行新法新規的制定,及時解決一些法律法規滯後的問題。同時,還要在新法的制定中,注重突出人本與長效原則,使之更有權威性、延續性和可操作性。二要建立法律法規執行、監督的長效機制,使之法制化、專門化、科學化,有自身的運作規律與模式,尤其要在執行與監督上注重務實高效,突出實際效果。三要在具體的實踐中不斷豐富內涵,以實踐來檢驗法定效果,並隨時根據需要,進行必要的補充與完善,在如何鞏固企業員工主人翁地位上闡明法定精神,明確法定要求,清楚相關條款,使之成為執行的強力支撐。四要圍繞企業員工主人翁地位,要創新企業關於主人翁地位的理論體系,為相關的法定文本的進行不斷提供理論支持,在不斷地探索與研究中,切實回答或解決企業員工面臨的深層次問題。

(二)在法定過程中加強政府相關部門的有效執行與監管

強調企業員工地位,還必須加強國家相關部門對法律法規的有效執行與監管,從根本上保證員工主人翁地位不虛不空,卓見成效。事實上,中國的法律法規的制定速度、制定數量舉世矚目,但在有效執行與監管還存在不少問題。調查顯示,當

前仍然存在相關法律法規的執行與監管不力的問題。在一些企業，員工地位名存實亡，既有漏洞，也有空白，「軟」、「鬆」、「拖」現象仍然比較普遍，與執行與監管不力有很大關係。結果是事前預防不力，事後「亡羊補牢」的舉措成了一種「定勢」。事實證明，政府相關部門監管抓緊了，預防到位了，企業發展就相對平穩，員工隊伍也相對穩定。進行有效監管，是保證企業員工利益，確保員工當家做主地位的重要舉措，是政府相關部門不可推卸的責任。從現實的企業發展看，政府相關部門應該加強監管的基本舉措表現在四個方面：其一，要大力宣傳國家相關法律法規，要求企業必須遵紀守法，在法律法規允許的範圍內從事企業經濟活動，形成企業知法、執法、守法的良好環境，從而發展和壯大企業。其二，要加強對企業所有者以及高級管理者的有效監控，除生產、銷售等工作之外，重點要對企業所有者（包括企業法人）的權利運用、經濟舉措、員工地位等進行經常性的調查摸底，聽取工會、員工的意見，重視反應的問題，做到防患於未然。特別是員工反應的待遇、地位、工作、勞動、保護等敏感問題，要及時介入，高度重視，果斷處理，決不能拖延、推諉。其三，要建立或強化勞動保護等機制，構成監督體系，建立企業用工檔案，依據法定文本，做到有法可依，執法必嚴，違法必究。其四，要加強政府相關部門人員的廉政建設，提高對腐敗的認識，提高職業道德教育水準，甘做「公僕」，自覺維護政府形象。

(三) 加強企業工會建設，使其真正承擔法定責任和行使法定權利

中國工會是法定組織，是具有合法地位的社會性團體，享有相應的法定權利。企業工會作為員工利益的「當家人」，有維護員工利益的法定責任與義務，在確保員工主人翁地位的工作中具有領軍作用。由於國家現行的對企業員工法律法規保護的

粗線條比較多，細化配套尚有難度。因此，企業工會在維護員工利益、展開工作中同樣還存在一些問題。事實上，企業工會發揮監督與參與作用，在一些企業也是舉步維艱。工會具有知情權、建議權、監督權、維護權等，但沒有實際的執行權、處置權、裁決權，員工主人翁地位難以真正確立。此外，企業工會缺乏自身個性，在形式與內容上還缺乏自身的工作規律與工作特徵，類似企業黨組的一個工作部門。加強企業工會建設，根本在於按照法律法規所明確的法定責任與義務，充分落實法律所賦予的法定權利。這就要求按照《工會法》等法定文本規定的工會的責、權、利界定來積極開展工會工作。同時，還要結合相關的新法新規，以及建立企業工會與企業關於工資集體協商制、企業工會的「勞方」資格的確認等新課題，從法律法規的高度上充分落實政策，形成強大的運作氣候，才可能進一步維護員工利益，樹立員工主人翁形象。從工會性質及工作要素看，企業工會要明確法定責任，行使法定權利，就必須要首先進行五個基本面的思考：第一，工會是國家法律法規保護和支持的具有獨立法人資格的社會團體。工會要突破現有企業工會模式，真正形成工會自己的特色，就必須改變長期留於節假日、員工生病等的「慰問」與「關心」，改變簡單的「配角」狀況，要充分行使職代會權利，把監督權、參與權等落在實處，真體現其法定責任與法定義務。第二，按照法律賦予的責任與義務，工會依法行使法定權力，除必須堅持現有的職代會制度，堅持應有的知情權、建議權、監督權、參與權等之外，還要突出法人特色，明確法定權限，積極創造條件，獲得工會對相關事務的執行權、處置權、裁決權等相應的權力。工會要敢於創新，依照法定責任與義務，擴大工會作用，真正通過展開獨立的、有工會特色的工作，在員工中樹立威信，成為企業員工的知心人。工會領導者與工作人員必須真正深入員工群體，改「傳聲筒」為「代言人」，真正體察員工疾苦，改變作風，為企

業員工多做實事。第三，工會要依法加強自身建設，要切實提高工會工作人員的學識、工作能力、政策水準、維權能力、綜合素質等。同時還要主動出擊，利用法律法規的相關規定，改變工作環境和完善工作條件，真正形成自己的綜合運作實力。第四，工會除了用好政策，用夠政策外，還要切實抓好班子與人員配備，搞好組織建設、思想建設，形成自身的立體工作系統，建立自己的綜合工作面，開展有效工作，形成自己的長效機制。工會還必須與各級婦聯、共青團等加強橫向聯繫，形成相互體諒、相互支持的工作局面。同時也要與政府相關部門建立長期支持與協作關係，改變工會「單打一」的工作現狀。第五，結合國家民主政治建設，工會除依法充分行使法定權力外，還要在黨的領導下，充分發揮積極性與主動性，不斷探索與研究新問題、新熱點，積極建立企業員工利益保障機制，鞏固其法定地位與法定利益。要積極爭取擴大運作空間，以保障機制來鞏固工會地位，樹立工會形象，完善工會體系，促進工會建設。

(四) 以法定內涵積極培養企業員工主人翁意識

積極培養員工的主人翁意識，是塑造員工主人翁形象的物質基礎。企業員工要發揮主力軍作用，珍惜主人權利，履行主人義務，有工作激情，有積極的主觀能動性，有自己的凝聚力，就必須要依法積極培養企業員工主人翁意識，它體現在四個基本方面：首先，要站在法定高度看待主人翁地位的合法性和生存權，在法定的範圍內，充分認識企業員工主人翁地位的豐富內涵，懂得主人翁地位的深遠意義，真正維護自己的主人翁地位。其次，要在法定建設中的責、權、利統一在主人翁地位的確立與維護之上。通過積極培養，在調動和發揮積極性、主動性、創造性的同時，明確員工對企業應該承擔的生存與發展的責任。再次，要給員工提供寬鬆的工作與生活環境，營造企業

員工在企業「當家做主」的氛圍，做到意見有人聽，反應有下落，解決有結果。最後，要加強員工隊伍建設，加強員工的技能學習，提高其綜合素質。要倡導員工的自我表現能力，煥發其潛能，為企業的發展積極獻策出力，使其有主人翁的實在感、優越感、驕傲感。同時，要具體做到企業領導者、高級管理者聽取員工意見，發揚民主管理等制度，建立領導者信箱、網絡平臺交流、熱線聯繫等行之有效的形式，充實制度建設內容，使員工的主人翁地位看得見、摸得著、用得好、有效果。

(五) 以法定基礎弘揚主人翁精神，推進企業現代管理

現代企業管理，人是根本。沒有有效的現代管理，企業發展無從談起。企業必須建立按現代企業發展思路，健全規章制度體系，進行科學化、人性化、績效化管理。這樣的管理必須依據幾個基本點，那就是依據企業員工的法定地位來推進管理。具體看，就是要以勞動法規和經濟法規來保證建立健全企業員工當家做主的運行機制，在建立明確的績效標準和民主化的進程體系時，要緊緊依靠員工的法定地位這個基礎，有計劃、有措施、有行動、有效果地體現員工的主人翁地位。有了法定地位的根本保證，確定了員工在企業的法定運作基礎，才可能充分利用員工主人翁精神推進企業現代化管理，從而取得實效。在法定基礎上，充分依靠員工主人翁地位參與企業改革，促進企業發展，依靠他們的聰明才智，集思廣益，創新管理意識，強化企業管理，提升管理實力；在法定基礎上，充分發揮企業工會在員工與企業之間的紐帶作用，多做實效工作，及時化解企業矛盾，真正解決問題，使員工真正有所靠、有所信才可能真正成為的現實；在法定基礎上，企業所有者、管理者、生產者要建立員工自律體系，明確相互關係，承擔各自的責任與義務，才可能把敬業意識與工作責任結合起來，解決企業發展與員工自身發展的問題，服從大局與局部穩定的問題，企業效益

獲取與自己收入增加的問題，真正發揮員工與企業的凝聚力和創造力。法定基礎決定了企業員工的法定屬性，也決定了員工主人翁精神的實際狀態，深刻影響著企業的現代管理運作，是企業確定員工地位的最根本要素，為其他要素所不可比擬。

（六）以法定精神強化企業員工受益原則，真正落實員工利益

企業發展的一個重要原則，就是企業與員工的責任共擔，利益雙贏。作為企業，堅持員工總體受益的原則，是解決企業諸多問題的關鍵。實實在在為員工服務，建立健全企業現有的服務與管理體系，意義十分重大。企業員工是否真正受益，往往是體現員工主人翁地位的重要標尺。以法律法規文本做基石，以法定內涵界定員工利益，以法定精神強化為員工服務的原則，除了堅持科學民主決策、堅持以人為本、堅持現代人本管理之外，真正落實員工利益還需要進一步落實：一是民主受益原則，即企業在發展過程中，必須堅持民主向導，體現員工的民主權利；二是民主管理原則，即推出各項改革措施時，必須突出「員工要求民主管理，民主管理為了員工」的精神，以民主的人本管理帶動企業的現代綜合管理；三是服務受益原則，即充分考慮現實員工的綜合承受能力、現實員工的實際生活水準、員工現實的種種需求、員工現實的勞動、收入等保障狀況等，在政治與經濟兩個基本待遇上切處理好「服務」與「受益」的互動，形成企業服務和受益的鏈動體系，盡力維護員工利益，使員工主人翁地位真正深入人心；四是民主監督與評價原則，即運用維護企業員工的利益機制，依照相應的規定，對員工利益的受益進程進行監督，對員工受益的廣度或深度情況進行評價和總結，等等。

確立並保證企業員工主人翁地位關係重大，工作任重而道遠。在新形勢下，我們必須要對企業員工主人翁意識的培養、

主人翁地位真正的確立予以全新的認識。要充分結合當前企業工會代表員工與企業開展工資集體協商制度的建立；結合近來中辦、國辦《關於進一步推進國有企業貫徹落實「三重一大」決策制度的意見》，即規定國企重大事項須由領導集體決定，進一步解決好企業發展戰略、產權轉移和資產調整等重大決策事項、重要人事任免事項、重大項目安排事項和大金額資金運作事項的精神，進一步探索和研究企業「資方」與「勞方」課題，等等，真正在理論和實踐上實現新的突破，按法定要求進一步建立健全企業員工利益的維護與保證機制，並在行動和實效上力爭達到高度的統一。由此，企業與員工就會患難與共、齊心協力，企業自我發展與自我壯大、員工自我激勵與自我創新，就有了更堅實的保證，企業員工法定的主人翁地位才會得到真正體現。

參考文獻：

1. 周小其．改革與創新．成都：西南財經大學出版社，2008．

2. 陳遠敦，等．人力資源開發與管理．北京：中國統計出版社，2006年．

3. 舒爾茨．論人力資本投資．吳珠華，等，譯．北京：北京經濟學院出版社，1989．

4. 高賢峰．新主人翁精神．中國人力資源網，2008－05－28．

再探企業員工主人翁地位建設

周小其　　　　　　　　　　　　　　　　（四川工人日報社）
吴向東　　　　　　　　　　　　　　（四川省工業設備安裝公司）

[**摘要**] 企業員工主人翁地位的要素欠缺，使我們在進一步提高企業員工主人翁工地位的基本思考中，積極推進企業員工主人翁地位建設的探索與研究，無疑具有積極的現實意義。

[**關鍵詞**] 主人翁　地位　探討

中圖分類號　D412.6　　文獻標示碼　A

如何進一步強化企業工會法定地位，充分發揚民主，認真承擔責任，切實履行權利，積極參與監督，真正提高企業員工主人翁地位建設的質量，創新性地發揮企業員工主人翁作用，已是當前企業工會一項極為重要的拓展性工作。確立和強化企業員工主人翁地位，是國家法律法規的一種法定要求，也是工會行使相關權利與履行義務的根本依據和基本動力，是企業工會得以發展的根本基礎。進一步確立並以強化手段來鞏固企業員工主人翁地位，已經是企業自身發展的根本要素，被視為企業必須承擔的一種法定責任，也是企業員工充分調動個人主觀能動性、激發個人創新意識和能動精神，提高企業文化建設、企業管理和企業經營的重要途徑。

人力資源是社會發展最寶貴的資源。企業員工作為企業最

活躍的生產力和企業發展的第一要素，是現代企業發展的根本動力。企業員工成為企業最寶貴的資源，進一步確立或強化員工的主人翁地位，由此成了資源開發、配置與利用的首要條件。儘管我們在理論和實踐上明確了員工主人翁地位，在法定的範圍內提出了相當的法定要求與法定責任，並且依據這些要求與責任對企業員工主人翁地位的確立或強化進行了積極的綜合性要素組合，在一定程度上樹立了員工的主人翁形象，但由於各種客觀條件的制約與種種現實的原因，有一些企業員工主人翁被表象化、虛無化、形式化的傾向非常明顯，員工地位被淡化的現象屢見不鮮。在不少企業中，工會運作方式單一、工作單一、組織單一、績效單一的現狀並沒有在根本上改變，法人代表作用極不明顯。由於構建員工主人翁地位的綜合要素欠缺，企業員工主人翁形象、權威、職責、作用等要素沒有得到充分開發利用，作用難以充分發揮，主人翁形象形同擺設。尤其在一些民營企業中，員工的主人翁地位已名存實亡，由此引發了不少問題。

(一) 企業員工主人翁法定地位尚缺乏執行與監督保證

企業工會能量激發與作用發揮，首先要有國家相關的法律法規的法定保證。按照中國憲法、《工會法》等相關規定，在合法的基礎上，企業工會作為法定的群團性組織，承擔法定責任並行使相應的權利與義務，已有了明確的規定，並且受到法律的保護，享有獨立的法人地位。同時，工會作為一級組織，代表著企業廣大員工的政治、經濟利益，維護著員工應有的主人翁地位，對企業的維護建設、管理、經營等享有知情、參與、參議、評價、監督等權利。國家法律法規的相關規定保證了企業工會的合法性與代表性，但在實際運作中，相當的企業工會並不是這樣，突出表現在工會法定地位缺乏相關的執行與監督保證，缺乏有效的執行力與監督力，因而缺乏後續力和穩固的

延續性，對企業工會運作與建設影響比較明顯，制約著企業工會的創新性發展。企業員工主人翁地位缺乏執行與監督保證主要來自兩個方面。

從執行看，執行力度不夠，執行過程及結果缺乏必要的監督與評價作為強力保證，對一些企業工會維護員工主人翁現實與未來的地位影響非常大。它表現在：工會有了法定地位的明確，但體現法定精神不夠，沒有真正解決享有獨立法定地位的組織與一般組織被簡單等同的問題，認識模糊，概念不明，致使一些企業在執行中力度不夠，有執行形式而沒有展開內容；資源配置不足，在組織落實、人員配備、機構健全等工作運行中影響了執行；存在人為因素干擾，執行環節連結尚不緊密，出現執行偏差，依法執行的效力受到影響；法定精神體現常常以相關的文件、指示演繹而來，執行的文本單一，手段不新，方式固定，上傳下效，缺乏相應的信息反饋，導致執行照本宣科，缺少創意，執行被公式化、概念化，因而沒有相應的深度和力度，等等。

從監督看，企業工會自身獨立法人體現模糊，缺乏獨立性，因而被從屬化，在參與中依法監督能力不強。企業工會知情權、參與權、監督權等被形式化，並且缺乏必要的執行權或處置權；一些企業改制後，其經營權、所有權發生轉變，員工地位客觀上被削弱，在出現企業領導者、管理者、勞動者三個利益層面後，加上領導者與領導者的關係發生變化，互動性的交流減少，經濟性的處置加大，員工自身應有的監督作用被淡化；一些政府相關部門的職能發揮欠佳，監管不力，監督缺乏有效的手段；執行與監督綜合性的互動差，兩個緊密的運行過程脫節並缺乏執行與監督的創新法定文本與創新手段，使兩個能動作用發揮不夠，相互制約，監督由此缺失有效的考核與評估，常常被形式主義與教條主義固化。

(二) 保證員工主人翁地位的法制規定及措施相對滯後

任何組織的生存與發展離不開相關法律法規的強力支撐。這些法律法規及應有的強力措施一旦滯後，影響非常明顯。在較長時期內，支撐中國工會建設的法律法規執行文本並不多，相應的執行條款細化不夠，已經難以適應現代企業的發展需求。另外，隨著企業發展與各項制度改革的深入，保證企業員工切身利益，確立員工主人翁地位所出現的一些新問題、新矛盾也隨之而來。員工在企業新體制條件下的勞動就業、收入分配、企業保障、勞動安全、社會監督等方面的矛盾日益突出。事實上，在一些企業出現的所謂企業「勞方」與擁有企業資產權和絕對領導權的「資方」之間的關係重新確立、分配差距的進一步擴大、員工基本利益或基本保證可供資源嚴重不足等問題，由於受到相關法律法規及措施滯後的影響，企業工會缺乏執行手段，相關政府部門或上級工會組織欠缺監管依據，因而難以從根本上改變。這樣，國家或政府相關的法律法規制定相對滯後，影響了企業員工主人翁地位的真正確立。如根據工會法，企業工會作為法定的社團組織，具有合法的法人資格，擁有對企業各項工作的知情權、參與權、監督權等，但卻沒有相應的執行權、決定權。沒有與企業工會發展相適應的、具有更新內容的法律法規出抬，企業工會缺乏展開工作的法律依據。

(三) 企業工會發展的要素配置弱化明顯

不少企業在改變管理體制、經營模式，建立現代企業制度的過程中，由於企業經營權、產權的變更，以及企業資產的股份化等原因，確立企業員工的主人翁地位的難度更大。企業工會能力要素被弱化表現在這樣幾個方面：一是企業產權、經營權歸屬發生變化，一般員工地位被「從屬化」，出現企業領導者的絕對領導和絕對權威，企業員工法定主人翁地位被公開或隱

性弱化，地位形象被扭曲，維繫地位的利益保證被置換，企業工會員工地位綜合要素缺乏有效配置，難以鞏固地位形象。二是一些企業領導者難以深刻理解企業改革、發展、穩定的極端重要性，沒有意識到企業員工與企業發展唇齒相依的關係，改變了企業發展與員工當家做主的雙向需求，員工作為一種簡單的勞動資源，被視為簡單的雇傭勞動者，出現了一種扭曲的「主僕」關係，挫傷了員工參與企業生產、經營、管理等的能動性、主動性、積極性。同時，員工個人發展、個人意願、個人訴求等必要的配置，失去了法定的保障或依託，被領導者以個人意志或意願替代。三是一些企業片面追求經濟效益，重經濟、輕管理，將企業工會視為簡單的執行部門、協調機構、輔助單元，政治民主建設不力，民主管理意識不強，淡化了工會及員工在企業發展中現實與潛在的能動作用，使員工主人翁地位要素被弱化。四是一些企業依法保證員工合法利益執行不力，舉措難以到位，工會責任不明、權屬不清、執行乏力等，導致工會被形式化、虛擬化，工會作用難以發揮，工會機構成了一種擺設，工會工作缺乏個性與鮮明色彩，難以進行開拓與創新。五是在一些企業，工會運行與管理行政化傾向明顯，工會發展的潛在要素開發明顯滯後。在這些企業的管理中，相應的行政管理、業務管理、領導任用、企業運行等仍然依照「大而全」模式，參照政府機構設置方式，上有領導，下有機構，企業各級領導者，包括工會責任人還在參照政府機構的任職或任命方法，仍然實行與政府機構相對應的處級、局級、廳級等職位任命。這樣的封閉、僵化的行政化傾向，使企業工會法定的獨立性以及企業工會屬性極易喪失，難以從行政化的羈絆中解脫出來。從屬化傾向越發突出，企業工會要素配置就越被明顯弱化。

(四)企業員工自身素質的要素結構存在缺陷

企業員工主人翁地位被異化的原因多種多樣，其中之一，

与企业员工自身综合素质存在着结构性缺陷有极大关系。企业员工是企业发展的根本性动力，是宝贵的「第一生产力」，但在员工身上仍然存在著自身素质的一些缺陷。客观来讲，员工作为企业的宝贵资源，「劳动力」要素及生产技能要素被放在了首先利用的高度上，对其进一步的开发、扶持、培养等往往立足于如何利用的基点上。因此，企业忽视或淡漠对员工的素质、能力、潜质、情趣等的综合性培养与提高，在不同的企业中或多或少的存在。企业的经济效益要求看重员工某些技能发挥，单一性扶持突出。同时，企业员工最容易被简单视为雇佣对象，付出与收入更多是依靠经济链条，对於员工的自身素质等要素的开发或利用，企业不可能更多地提供学识、智能、综合能力等的培养与应用空间。再加上员工的政治与经济地位保障存在一些亟待解决的问题，企业分配不公问题、用人的「亲缘化」或「血统化」问题、政府相关部门的监控不力问题，等等，一直影响着企业员工素质的进一步提高，影响着员工要素结构的科学构建。从员工自身素质看，要素欠缺亦是一大原因。员工自身素质整体性不高、整合性不理想，难以优化其要素结构。它主要表现在：一是观念、思维、意识等自我提高不够，一些员工保守、封闭，视野狭窄，安於现状，缺乏自我个体创新。二是部分员工个人素质参差不齐，技能与综合能力不高，缺乏互动性，影响了自身认识能力、适应能力、改善能力的进一步提高。三是员工队伍流动性强，往往缺乏继续接受国民教育的机会，或缺乏个人实践，一时难以适应企业相关要求，员工吸收新技术、新科技的能力不足。四是一些员工难以适应改革、竞争，自我心理承受能力不高，工作压力大，难以当好企业主人。五是员工对企业的期望值过高，特别看重自身经济收入，忽略或漠视在企业发展过程中自己的能动发挥等。综上分析，企业员工自身素质的要素结构存在缺陷，受到来自客观环境和个人综合素质的影响，其一时结构的缺陷制约了自身主人翁地

位的進一步強化。

要真正提高企業員工主人翁地位，不僅要有法律法規的保證與優質的執行、監督機制、法定地位的繼續強化、組織、人員、財務、機構等資源的優良配置、工會運作環境的持續優化、員工自身素質的綜合提高等，還需要創新性地改變企業工會運作條件，圍繞主人翁地位及其內涵要求，繼續創新認識，改變思維方式，堅持創新模式，在理論與實踐上進行更大突破，進而創立企業工會工作的嶄新局面，促進員工主人翁地位的真正形成。

(一) 切實在解決企業工會法定保障滯後的問題上有所作為

法律法規是企業工會發展的根本保證。由於中國改革的進一步深化，社會發展進一步提速，一些深層次的問題開始顯現出來，新的法律法規制定的滯後情況一直存在，制約因素比較明顯，致使企業發展出現的各種新問題還缺乏相關條款的有力支撐和具體指導，難以運用現行的法律法規予以闡釋。企業工會工作面對這樣的現實大環境，要力爭求得運作環境的改善，有所作為，就必須要考慮現實狀況，通過自身努力，力求：其一，要深入瞭解國家當前執行的相關法定文本，以及全國總工會、相關政府等制定的相關文件、具體規定與具體條例，理解條款，把握內容，依靠依據，加強執行，充分利用法定手段來加強工會工作，樹立企業員工主人翁地位形象。同時，要結合實際，充分調查，善於發現執行空白或薄弱環節，找到問題的癥結所在，為解決問題進行必要的組織準備。其二，要充分利用組織渠道，及時向上級工會和政府相關部門反應相關情況，並加強與各級人大、政協、共青團、輿論監督單位等的橫向聯

繫、積極互動、有效合作，求得廣泛支持，促成相關新法新規的盡快出抬，營造工作環境，真正鞏固主人翁地位。其三，注重與同級工會的互動協作，互通信息，進行工會資源整合與共享，注重共同利益的一致性、趨同性與執行合力的運用。其四，注重與企業其他部門或機構，如企業黨組、人力資源、財務部門、管理部門等的積極協作，相互理解與支持，盡力改善企業工會的生存與發展環境。其五，進一步探索與研究企業工會的職代會功能、企業工會應有運作權力和潛在權力、企業「勞方」與「資方」的形成要素、企業工會法人治理結構領域、工會獨立性的體現、維護員工利益的深化形式等課題，積極引出新理論、新實踐，及時上報、及時反應，為相關新法新規的制定與執行提供先進的可操作範本或例證。其六，注重對現代信息的充分利用，積極吸收企業工會工作的先進經驗、先進模式，注重員工主人翁地位的最新內涵、功能、概念等內在要素的變化，充分結合企業自身黨建工作和企業政治民主建設、民主管理、監督保證等執行績效，提高工會自身的應變能力、執行能力和處置能力。

（二）創新性地充分利用企業員工主人翁地位的資源

在不少現代企業黨組、行政、工會三大構成格局中，企業行政因為企業特性所定，佈局最大，執行機構或相應科室也最多，具有企業資源優勢。企業工會在企業黨組織和上級工會領導之下，其中企業黨組織對工會的影響和介入最多，也更為直接。

企業工會是企業一大資源，員工地位更是該資源中的核心要素。企業員工自身沒有企業所有權與經營權，沒有企業法人資格，主人翁地位缺乏「物質性」保證，缺乏可操作的優勢要素，要高度認識主人翁地位是責、權、利的統一，實際上存在相當難度。我們要創新性地利用企業員工主人翁地位的資源，

真正鞏固員工主人翁地位，就必須進行資源要素開發與利用的整合，揚長避短，創新性地利用資源要素，把員工主人翁地位建設中的精神內涵更多地轉化為物質內涵，實現更多物質性激勵與績效利用。如體現員工主人翁地位的分配制度創新、顯示主人翁地位的民主管理創新、職代會綜合資源開發、員工在企業民主政治建設中的主力軍作用，等等。由此出發，創新性地利用企業員工主人翁地位的資源就必須在觀念、思維上進行創新性的思考：一是要充分利用企業工會的法定資源，在法人地位、獨立開展工作、合法地承擔法定權利與義務上進行新思考和新探索，力求擴大運作空間，找到盲區，發現空白，積極補缺，用好現有法定資源。同時，應該賦予工會相當的執法權，並允許其參與相關法規的制定工作，如企業工會的「勞方」角色與企業行政的「資方」角色的法律法規界定、企業工會代表員工與企業經營者進行的工資集體協商制的法定依據與法定權利，以及實現最大值的途徑等。二是必須要增強企業員工對其企主人翁地位的創新認知，積極培養員工的法定主人翁意識，激發員工的能動性，提高員工的積極性和凝聚力，突出員工當家做主的法定責任與義務，充分激發和調動員工的積極性、主動性、創造性，運用經濟、政治、行政等綜合要素，利用維權、監督、干預、參與等多種手段，成就員工實際利益。三是要求員工珍惜主人權利，履行主人義務，充分發揮聰明才智，並自覺承擔企業生存、發展的責任，把主人翁地位的資源進一步責任化、履行化，突出自身應承擔的責任與義務，擴大主人翁地位資源的應用範圍。四是延伸員工地位作用及影響，以建立民主管理、強化參政議政意識、創新監督保證、積極加強信息化體系建設、積極構建企業合力等優質資源，在加強主人翁地位的工作中，開放納新、兼收並蓄，特別注重當前國家新法規的制定動向，注重吸收先進企業工會的成功經驗，塑造自身嶄新的主人翁地位形象。五是利用主人翁地位建設，積極培養員工

自律意識，力爭改變現有素質結構與知識結構，結合員工人力資源綜合優勢著力打造具有現代企業創新精神的員工隊伍，以員工的主人翁地位資源擴大企業的「第一資源」，實現企業整體資源的最大價值的充分利用。六是進一步拓展員工主人翁地位的外延，將員工應承擔的風險、責任和能力與企業文化建設、管理、經營、企業環境、企業發展等要素充分結合，使員工主人翁地位更為豐滿，更為形象，工會工作更有創新力、執行力和吸引力。

(三) 堅持企業員工主人翁地位，真正維護員工利益

企業員工主人翁地位的核心要素之一是要真正體現員工利益，要積極傾聽員工心聲、意願、訴求，關心員工實際生活，過問疾苦，解決困難，用企業工會這個「家」的能動作用來體現員工主人翁地位。維護企業員工利益的指向明確，內容豐富，著眼點不少。從企業員工享有的政治利益與經濟利益兩個方面作進一步分析，企業工會圍繞主人翁地位建設這個中心，維護員工利益的基點就在於：其一，企業員工應當是企業的主人，對於涉及員工切身利益的各種方案等，工會及職代會應廣泛討論，真正做到尊重員工的地位和權利，不可違背員工意願，侵犯員工的合法權益。要分清員工基本利益和其他利益，抓好重點，在根本利益上敢於進行突破，重視實效質量和價值。其二，敢於堅持原則，充分利用工會法定地位優勢和職代會權限，承擔責任，運用法規、政策對一些不合理、不合法、不妥當的執行或現象敢於據理力爭，敢於監督、敢於否定、敢於反應、真正維護員工利益，讓員工想得到、看得見、夠得著。其三，在和諧、親情、包容、理解、服務的前提下，企業工會要切實改變作風，深入關心員工實際生活，充分瞭解員工現實的工作、生活狀況，積極採取措施予以解決。這裡特別要注意克服工會照本宣科，機械被動地承擔責任，防止工會成為企業例行公事

的慣常角色，要改「節日慰問」為日常關心，改「傷病慰問」為經常過問，真正成為員工的貼心人、代言人、知心人。

(四) 注重以規章制度確保員工地位的執行力度

依靠國家相關法律法規規定，建立和完善企業員工當家做主的規章制度，已經是當前刻不容緩的重要工作。這裡要注意的是，緊緊依靠相關的法律法規，運用員工利益維護機制，從規章制度上加以充分執行以突出其地位的合法性、必要性和持久性極為重要。利用規章制度的效率作用來體現責任，務求落實，以規章制度的動態執行來體現對既定目標的落實程度，既是保證員工主人翁地位的有效手段，也是規章制度自身質量的重要體現。在這個意義上，規章制度與保證執行是兩個緊密的互動過程。規章制度目標清晰，條款清楚，內容豐富，反應深刻，所反應的內容具有執行的可靠性與科學性，才可能在執行中被進一步優化，而執行也才有可信度和執行力度，才有執行的績效分析與利用。事實也證明，保證員工地位，必須保證執行的規章制度的質量；保證執行的質量，就可以保證員工主人翁地位的目標績效。否則，規章制度便成一紙空文。依靠規章制度，可以逐步形成一套與社會主義市場經濟相適應的企業法規體系；依靠執行力度，可以有效地把制度變為行為，從行為演繹效果，真正保障員工的各種合法權益。

(五) 企業工會要創新服務功能來維護員工主人翁地位

企業工會是員工可靠的依靠力量，工會服務是其中的要素之一。工會服務由來已久，也是企業工會工作的亮點和特色。但長期以來，企業工會因為法定責任落實不明顯，獨立擴展工作特徵不突出，加上一定程度上缺乏財力、物力、人力，所進行的服務更多是一種按上級或企業要求進行的被動的執行行為，按要求、指示、布置式地執行，沒有真正體現工會自身的服務

功能，不是工會服務的本質反應。源於長期被動地工作，長期承上啓下、照本宣科地日常運作，長期受到束縛，工會極容易被視為企業員工的「小賣部」，工會難以樹立威望，難以真正體現自身的服務內涵。工會服務被簡單化、表面化和形式化的傾向在不少企業仍然存在。簡單服務的功能常常替代了工會應該具備的法定服務功能、維權服務功能、員工地位服務功能、監督執行功能，等等，這對企業工會的鉗制非常明顯。圍繞員工主人翁地位進行功能創新，真正實現全方位的深入服務，是目前企業工會要創新的重要工作。它應該體現這樣的服務內涵：第一，工會首先要突出自身的法定服務功能，圍繞員工主人翁地位這個中心突出戰略性的服務。從維護員工的政治權利、經濟權利入手，注重日常維權、執行監督、企業制度建設、民主管理、參政議政等的工作實效，在大是大非問題、熱點問題、關鍵問題、疑難問題上突出服務並見成效。第二，工會的服務功能必須要分清主次輕重，形成有個性的服務系列，並在功能上加大創新力度。以功能促特色，以特色促服務，才可能實現功能資源的合理利用和科學利用。第三，工會服務要經常深入基層、深入員工，必然要體現和反應員工的願望、理解員工的呼聲、關心員工的疾苦，做員工的貼心人。那麼，就必須以功能創新改變服務的形式主義傾向，堅持和創新服務功能的總體原則，堅持和創新服務功能的主旨，在員工切身利益、員工總體受益、員工承受能力等幾個環節上進行卓有成效的工作。第四，維護員工主人翁地位要注重服務的功能轉換與功能交叉，善於進行功能互動，尤其注意功能的整體效率。如運用功能作用強化職代會職能績效、工會「員工之家」等服務組織的反饋效應、對員工普遍關心的企業熱點問題、疑難問題的詮釋分析、員工主人翁地位的創新性闡述評價，等等。

企業員工隊伍建設是一項極為重要的工程，要依靠新思想、新課題、新觀念與新思維的互動支撐。要真正形成企業員工的強勢地位，當然要涉及相關法律法規的建立健全，涉及企業產權的更明確的劃分，企業領導者、管理者、和勞動者三者關係新型關係的確立等不少亟待解決的問題。因此，我們要在確立並深化員工地位的工作中，積極探索，對員工關心的熱點問題、社會性的相關變革等進行進一步研究，圍繞員工地位展開更多理論與實踐的雙向活動，在鞏固企業員工主人翁地位上有更大的作為。

(一) 圍繞員工主人翁地位，注重前瞻性創新

企業員工的地位是企業發展的重要基礎。只要我們能夠把員工主人翁地位意識提升到一個新的高度，同時在理論與實踐中貫穿新思維、新思想，運用新觀念和新功能，不斷進行富有前瞻性的創新，就一定能夠發揮員工更多的能力與才智，形成員工強大的精神動能量與物質能量。在這樣的前提下，圍繞員工主人翁地位，注重前瞻性創新就成為一個極其重要的內容。強調前瞻性的創新，意義在於，它可以促使企業員工主人翁地位的進一步提升，可以充分整合工會現有資源，為工會的其他改革提供理論與實踐契機，進一步形成企業工會合力，壯大工會創新領域。在前瞻性作用下，可以進一步擴展思路，進行更多員工主人翁地位的資源運作，在幾個關鍵環節取得更大探索和績效價值：可以利用企業員工主人翁地位的現實、未來發展與企業民主政治建設、民主管理建設的結合，推動企業的民主進步，並對社會民主建設進行輻射，成為社會民主與和諧的一個有機部分；可以利用深化員工主人翁地位的課題，加強對人

力資源領域的研究，從人的願望、訴求、意志、需要等多角度擴展對人的本質性研究，豐富人力資源的配置要素，在人的尊嚴、個性、自尊、技能、自由、形象等上，與社會學、心理學、法律學、美學等學科進行交叉互動，將員工主人翁地位納入學科研究範圍，有效增加其科學性、先進性、學術性和引導性，成為現代學科的一個重要內容；可以從法定角度充分研究員工主人翁地位的成因、作用、潛質等，為法律法規的制定提供事實案例、操作依據、運用範圍、執行方向、績效目標等高質參照，充實法定內容，有效增加法定權威，提高其執行力、影響力和創新力，等等。

(二)積極研究和參與鞏固員工主人翁地位的新舉措、新改革

工會改革創新前景令人矚目。它關係到國家發展大業，影響著國家政治、經濟、文化、教育等領域的實際運作和發展形態，也影響著極其龐大的國家產業隊伍建設和整個企業發展，涉及面之廣、受眾者之多前所未有。因此，從積極扶持和參與鞏固員工主人翁地位的新舉措、新改革的基點出發，運用新舉措、新改革來充實工會的各項改革，已經具有更多現實和理論意義。

1. 積極探索企業「勞方」和「資方」的創新模式

勞方，是指不同體制的工商企業中以生產或商業勞動為主要特徵的勞動者，即員工；資方，是指不同體制的工商企業中體現資本或資產擁有者（所有者）或被授權的代理者的一方。

為中國的政治體制所決定，國家的相關法律法規也明確了企業員工當家做主的政治地位。從目前企業改革情況分析，企業與員工的關係已不再是原有的關係，新型的「勞方」與「資方」關係事實上已經形成。它表現在：其一，企業中的所有者、經營管理者、勞動者構成新的利益體。企業所有者擁有企業的

資產或資本使用權，必然要以獲取經濟的最大效益為出發點，重視自身的資本累積以求得企業的更大發展，有極強的利益願望與要求；經營管理者雖然常常作為企業所有者的「代理人」，但從根本上看，仍然不是所有者的「合夥人」，不過是有較高收入的企業「白領」，當然也要維護自身的利益，有自己的利益要求；勞動者以自己的勞力、技能輸出，獲得相應的報酬，靠這種報酬開維持自己的生活，其經濟利益的要求更為直接。利益體的存在必然會出現更多經濟性的競爭，這是企業改制以前所沒有的。其二，形成不同的群體訴求形式。企業中的所有者、經營管理者、勞動者構成新的利益體後，其各自的政治訴求、經濟訴求是不同的。前者依賴經濟累積與擴張，形成不同檔次的所謂「經濟成功人士」，有其強烈的政治和經濟訴求，後者則更多關注自己的政治和經濟待遇的落實。對於其他訴求，他們的基點與目標也都存在極大的差別。其三，各利益體賴以生存的方式不同。企業發展的軌跡表明，企業的所有者靠資本累積，靠資產的擴大來改變企業生存現狀，其他的利益體靠智力、靠技術、靠勞力來得到比較簡單的利益，他們的生存方式有極大的不同。

企業工會作為員工利益的維護者和代表者，要在根本上強化企業員工主人翁地位，「勞方」角色非它莫屬。

因而，我們在繼續探索企業「勞方」和「資方」的創新模式的時候，必然要考慮：一是在制定相關的法律法規時，充分考慮工會此項工作的重要性，考慮員工主人翁地位的鞏固條件，應予以一定的政策法規傾斜，使工會的「勞方」角色有充分的法定支持。在強化工會監督、參與作用的基礎上，維護工會獨立法人地位，賦予工會相當的執法權、處置權，並可以作為重要代表，參與相關法規的制定。工會在具體履行責任、義務，維護員工利益時，相關組織與部門應提供必要的法律支持。二是相關組織、機構、部門等為工會的發展提供必要財政支持。

除此外，還可以以法規形式，增加工會會費的提成比例，要求各企業設立工會的專項或專門基金以保證工會的日常費用。它還包括為工會實體提供必要條件，扶持工會辦好各種服務性經濟實體，增加自身的經濟造血功能。三是鼓勵工會積極探索，勇於創新，及時推廣成功經驗，為新的法律法規制定提供理論與實踐依據。同時，積極支持加強工會自身的隊伍建設，在人才儲備、機構設置等工作中提供有效幫助，充實力量，從整體上提高企業工會隊伍的建設水準。在此基礎上，支持工會履行法律法規所賦予的責任與義務，獨立自主地、創造性地開展工作，從整體上提高工會的政治地位、經濟地位和社會地位。四是進一步確立企業工會「勞方」與「資方」的關係，確立兩者不同目標，運作的突破口，在兩者的利益所在、運作模式、共存性、依附性、可行性上考慮不同利益模塊、不同運行模式、不同執行內容、不同角度形式等要素運用上繼續進行創新性思考與實驗，盡快形成法定形式與執行機制，確保該項制度的順利實施。

2. 積極推進企業工資集體協商制度

工會代表企業員工與企業開展工資集體協商，是維護員工利益的積極創新。它以平等協商的形式，在企業員工最關心的勞動報酬上進行突破，從而解決員工最大的後顧之憂，這是新近工會改革的重大舉措，也是員工主人翁地位的一種積極具化形式。工資集體協商又稱工資共決，是指通過工會代表員工與企業經營者依法就企業工資分配制度、分配形式、收入水準等事項進行平等協商，實現勞動關係雙方共同參與、共同決定勞動者工資的一種收入分配方式，是工資正常增長機制和支付保障機制中的重要部分。

據全國總工會公布的資料，截至2009年，全國工會會員總數達到2.26億人，全國共簽訂集體合同124.70萬份，覆蓋企業211.21萬個，覆蓋員工16,196.42萬人。總工會同時明確提出：

「各級工會要進一步加大推進工資集體協商工作力度,力爭到2012年基本在各類已建工會的企業實行集體合同制度,全面紮實推進工資集體協商。」從該制度的運行要素及實效分析,這樣的制度對鞏固企業員工主人翁地位意義極其重大,是對員工地位的強力支撐,也是創新的重大突破。

　　積極推進制度關鍵在:首先,要充分利用法律支撐,積極擴大運作效果。企業工會要根據總工會要求,從企業實際出發,對工資集體協商未建制、拒建制及工資協議到期的企業發出協商要約,這要分兩種情況進行:對拒絕或變相拒絕要約的,由地方工會依法下達「整改建議書」;對拒不整改的,提請勞動行政部門依法處置,並對逾期不改的應配合勞動行政部門依法進行查處,追究其法律責任。其次,依據各級工會還將進一步加強分類指導,企業工會要按照不同的企業不同的協商方式,抓住按勞分配和按生產要素分配兩個關係,充分考慮提高員工工資在企業工資分配中的比重內容。此外,一些非公企業、中小企業工會還要在與企業進行工資集體協商中,注重政策內涵與相關要求,在「不敢談」、「不善談」等問題上勇於突破,力求實效。最後,企業工會還要充分利用總工會提出的各地工會積極參與地方各級人大、政府關於工資分配的立法和政策制定工作,將集體協商機制逐步納入法制化、制度化軌道,爭取對工資集體協商要約、程序、信息提供等設立必要的強制性條款,強化工資集體協商制度的執行力等要求,充分考慮自身的執行力、強化職代會作用、工會組織和員工代表監督檢查作用發揮等具體運作方式,在建立工資集體合同簽訂和履約的監督檢查制度上進行創新性思考,做好前瞻性預測,在具體執行中結合員工主人翁地位建設努力取得成效。積極研究和參與鞏固員工主人翁地位的新舉措、新改革空間巨大,前景光明,我們還可以更進一步圍繞企業員工主人翁地位拓展課題,不斷進行新的探索。如企業黨組、行政、工會的構架形式、企業工會法定獨

立作用的進一步發揮、企業所有權與員工勞動權的互動關係等，都可以成為企業員工主人翁地位建設的課題。

企業工會是中國工會系統中極為重要的組成部分，擁有絕對的數量優勢。企業工會的地位深化、運行狀態、工作質量、績效大小等，對企業、員工及工會自身現實或潛在的發展影響極大。企業工會在進一步確立和強化企業員工主人翁地位，真正維護企業員工利益的工作更為突出，影響更為深遠，意義更為重大。我們要不斷探索思考，積極迎接挑戰，才可能真正鞏固企業員工主人翁地位，使企業工會真正成為企業員工的依靠力量，在企業健康、和諧的氛圍中，實現企業與員工的績效雙贏與利益共存，進而將企業做大、做強，為社會做出更多貢獻。

參考文獻：

1. 斯韋托扎爾·平喬維奇. 產權經濟學. 蔣琳琦，譯. 北京：經濟科學出版社，2006.

2. 約翰·羅爾斯. 正義論. 何懷宏，譯. 北京：中國社會科學出版社，1988.

3. 李映紅. 西方人本主義探析. 學術論壇，2003（3）.

4. 於志明. 人本管理是企業文化的本源. 中共貴州省委黨校學報，2007.

5. 吳忠民. 社會公正論. 濟南：山東人民出版社，2004.

6. 張敏杰. 中國弱勢群體研究. 長春：長春出版社，2003.

7. 道格拉斯·麥格雷戈. 企業的人性方面. 韓卉，譯. 北京：中國人民大學出版社，2008.

企業文化建設與思想政治工作的互動

王 勇　　　　　　　　　　　　（四川省場道工程有限公司）

[摘要] 認識和把握現代企業文化建設的相關意義要素，切實把握企業文化建設與思想政治工作的辯證關係，就可以利用企業文化建設不斷創新和改進企業思想政治工作並極大地拓展企業文化建設的思想政治內涵，從而進一步促進企業文化建設。

[關鍵詞] 企業文化　思想政治工作

中圖分類號　D406.15　　文獻標示碼　A

企業文化，是指企業在一定的社會經濟環境和生產經營實踐中所形成的一種共識。它長期生產經營活動中所自覺形成的，並為廣大員工恪守的經營宗旨、價值觀念和道德行為準則的綜合反應。它是一個企業或一個組織在自身發展中形成的以價值為核心的獨特的文化形式，是企業或組織發展的內在動力和精神支柱，在企業實現發展戰略目標、進行科學管理、廣泛吸納人才、不斷創新進步的過程中具有非常重要的意義。企業文化作為企業思想觀念、價值取向、管理準則、行為方式及其物質形態的總和，其中企業員工是這種文化建設的根本，是發展企業文化的最寶貴的動力和最關鍵的要素。從企業文化建設實踐來看，企業員工的思想道德、業務技能、精神面貌等將直接影響或決定企業文化的整體水準，與企業的思想政治工作作為息

息相關。企業文化具有鮮明的時代特徵、文化含量和思想政治內涵。在企業思想政治工作的積極干預之下，企業文化對企業經營管理理念的整合與提升，才能不斷提高企業的凝聚力、戰鬥力和市場競爭力，體現出企業自身與眾不同的精神追求與文化底蘊。因而，通過完善企業文化建設來加強企業思想政治工作，或以思想政治工作來與企業文化建設進行積極互動，已成為促進企業長遠發展的重要課題。

企業文化建設是企業發展三大支柱要素之一，它對企業現代管理與現代經營具有舉足輕重的作用。在企業文化建設過程中，文化建設的意義，決定了文化建設的目標和績效價值。在這個意義上，企業文化建設的意義要素及其能動作用對企業文化建設的動力特徵非常明顯，並且會深刻影響企業文化建設的內容、進程與績效。

（一）企業文化建設對企業員工的感悟價值

強力企業的文化往往代表一種特殊的價值觀，能讓員工感受到自己的個人價值，並且會與員工群體、團隊、社會等進行互動，從而形成自身的價值特色。它對企業員工的感悟價值體現在多方面與多層次之上，其主要的特徵表現在：一是企業文化建設內涵體現與建設動力體現首先的表現在人力資源的開發與利用上，是對人的價值體現，必然要表現出對人的感悟程度與感悟價值。二是員工的感悟程度與價值會深刻影響企業是建設的實際效果，個人的能動作用在感悟條件下的發揮變成為文化建設的一個重要參考指標。在感悟作用下，員工個人的思想、思維、觀念等必然會發生極大的變化，個人的積極要素會被進一步充分發揮，進而產生積極作用。三是感悟的思想過程是一個複雜而長效的過程，並會在這樣的過程中體現出個人的感悟

價值的多樣性與豐富性,可以影響或有效增加企業文化建設的績效。如積極進取、個人奮鬥、包容與和諧,等等,都會存在價值狀態與價值利用過程。四是員工的感悟在企業還是建設中得到進一步昇華,個人感悟會成為一種積極的互動,成為企業群體、團隊的感悟,成為企業是建設的一種積極動力。五是個人的感悟是人力資源開發與利用的一個前提性條件。沒有個人的感悟便沒有群體感悟的互動,便沒有是文化建設的具體有效的行動。

(二) 企業文化建設對企業員工抉擇的影響

企業文化建設對企業員工的抉擇影響深遠。員工在企業工作中,依據個人能力、思想、行為等,對企業發展、運行、績效等作出正確的判斷與選擇,是企業是建設的一個重要內容。在企業文化建設的影響下,員工可以依據個人感悟,自行判斷個人的行為方式、個人與企業的密切程度、個人與團隊的和諧狀態、個人能動性與企業發展的關係處置等,進而確定個人發展方向、個人奮鬥目標、個人價值取捨等不同的抉擇方式,進行個人與企業的充分融合。優秀的企業文化對員工的抉擇至關重要。它在員工個人感悟的基礎上,可以實現員工個人能力與企業能力的互動,可以決定員工與企業的共存方式,可以增加員工對企業的選擇行為,可以在優秀企文化的熏陶下,實現員工個人的價值發揮與利用。

(三) 企業文化建設對企業員工互動的能動作用

企業文化建設的一個核心,就是利用文化建設增加企業的凝聚力、感召力,促進員工之間的優勢合作,以優秀團隊或優秀群體來確立新型的企業群體關係。這樣的互動關係,能動性極強,對企業員工隊伍建設具有非常重要的作用:第一,可以實現員工的素質、學識、能力多樣性互動,在互動中相互取長

補短，實現個人優勢要素與群體優勢要素的融合，成為企業發展的強大動力；第二，可以實現人與人之間的和諧與共識，在溝通中達到人企合一，強化了企業文化建設中人力資源的主導地位與人力潛能，保證了企業文化建設的基礎構建；第三，通過企業文化建設促進員工溝通與合作，可以有效化解矛盾，減少衝突，化消極因素為積極因素，掃清企業發展障礙，促進去更大發展；第四，員工的互動可以進一步提高企業文化建設質量，增加是建設的績效利用，推動企業現代管理與現代經營事業，在人的因素充分得以發揮的基礎上，使企業文化建設盡快步入先進行列；第五，員工的互動所表現出來的能動性，可以極大豐富企業發展內涵與企業的創新性、創新性與成效性，可以擴大企業發展動力的潛在空間，我企業發展增添相當的新因素，新思維，新觀念、新模式。

（四）企業文化建設對企業員工生存環境的優化

企業文化建設對於優化企業員工的生存環具有現實意義。因為在企業文化建設中，最重要的人的建設就包括著員工個人的生存環境的建設與利用。所以，企業員工總會注重企業文化建設對自身的潛在作用，注重企業文化建設是否具備優良的發展環境，是否可以為自我發展所利用。企業的文化的環境建設不僅包含了企業的外部環境建設，也包含著企業自身的內部環境建設。有效的或優秀的企業文化建設常常可以使企業具有優良的發展與生存的各種環境，可以顯示出企業發展的強大後勁與誘人的前景，對員工的個人生存與發展起著非常積極的作用。它體現在幾個基本方面：首先，優良的企業文化建設環境具備了企業發展的強大動力，先進的思想、觀念必然會催生更新更多的發展模式與創新體系，構成企業的最新發展環境。同樣，這樣的模式與體系也會影響企業員工的思想與行為模式，使員工充分利用優勢環境來打造個人的優勢生存環境。其次，員工

為個人發展而選擇優勢環境作為自己獲得實際利益的最佳途徑，是一種必然。環境的狀況可以決定個人對企業的選擇方向，影響個人現實與未來的發展。再次，優秀的企業文化環境必然會有優秀的企業管理與企業經營環境，對員工的生存與發展有極大的影響，員工選擇這樣的企業環境，不僅個人的能力可以到充分發揮，個人的自信得到尊重，個人的潛質可以充分開發，並且可以在這樣的優勢環境中獲得個人的愉悅、價值、個性等多元的體現，實現個人需求的極大滿足。最後，企業文化建設對企業員工生存環境的優化還表現在人與人的個性和諧、工作環境的優質高效、員工主人翁地位的進一步強化、員工政治與經濟基本利益的極大保證、員工綜合素質的進一步提高等多個方面，其績效持久性、創新性非常明顯。

　　企業文化不僅把企業看成是員工的謀生場所，而且把企業看成員工實現個人抱負、社會責任和歷史使命的組織。企業文化作為一種現代企業的文化理念，它可以在自身的建設中，把思想政治工作作為建設內容，滲透到企業的各個發展環節，用文化的手段、文化的功能、文化的力量去促進企業管理水準、企業整體素質和企業經濟效益的提高。因此，企業文化已經被公認為企業思想政治工作和現代管理的最佳結合點。企業文化建設與企業思想政治工作的有機結合，不僅是中國社會主義市場經濟發展的客觀需要，而且也是企業內部提升文化層次、提升思想政治工作和經濟工作質量的客觀需要。企業文化建設與企業思想政治工作的有機結合，作為企業發展的兩大載體，正確把握和客觀認識它們之間的辯證關係，對於加強企業文化建設十分重要。

（一）「以人為本」是兩者互動的共同理念

「以人為本」是企業文化建設和企業思想政治工作的共同的建設理念。這是因為，人是企業文化建設、企業現代管理和企業現代經營中最基本的動力源，也是企業文化建設和企業思想政治工作的作力對象。兩者都致力於研究人、調動人的積極性，都致力於培育企業員工共同的企業價值觀念、企業行為規範，具有相當的共通性與互動性。之所以把「以人為本」視為企業文化建設和企業思想政治工作共同理念，就在於企業文化建設深深根植了企業思想政治工作的積極要素，在文化建設的過程中必然要體現企業思想政治工作的內涵與要求。同樣，企業思想政治工作也必然會利用企業文化建設的平臺來體現工作績效，即展示概念，突出功能，提升運作，實現與企業文化建設的融合與貫通。在「以人為本」的前提下，切實把握企業文化建設和企業思想政治工作的辯證關係，即通過積極的互動與互為，實現你中有我，我中有你的交融，利用共同的平臺來實施人本管理與人本創新，促進兩個建設的互動性同步發展，不僅是一種企業資源的互動與互為和人力要素的充分開發與利用，也是企業文化建設和企業思想政治工作的進一步創新，其創新模式與創新性運作優勢非常明顯。

（二）企業文化與思想政治工作互動發展的要素明顯

企業文化是企業在長期的生產經營過程中逐漸形成的管理思想、管理方式、集體意識和行為規範。隨著社會主義市場經濟的發展和制度文化、品牌文化的形成，企業文化建設開始進入一個嶄新的發展時期。同樣，企業思想政治工作也依據其創新性、先進性、持久性和成效性來不斷創新工作內容，創新實施手段，在「以人為本」的基礎上，進行著卓有成效的工作，在不斷創新中拓寬工作領域，深化實際效果與績效利用。但必

須看到，社會主義市場經濟的確立和發展也對企業和員工的思想觀念、價值取向、行為方式和人際關係產生了全面深刻的影響。大力開展企業文化建設，不斷培育和建設積極向上的具有中國特色的企業文化，是提高企業綜合競爭能力的內在要求和重要舉措，也是加強和改進企業思想政治工作的關鍵課題。這樣，在共同的目標下，兩者互動發展的要素則非常明顯：一是企業文化建設中的豐富思想內涵，所充分凸顯的思想性、政治性、先進性，是確保企業文化建設健康發展的重要基礎，是企業思想政治工作要素的積極滲入。反之，企業文化建設的先進手段與模式，可以為企業思想政治工作提供創新模本，促進其形式與內容進一步統一，擴大了思想政治工作的運作空間與實施手段。二是具有相同的「以人為本」可充分開發與利用的要素優勢，並且可以實現要素互動，進行要素補充與要素創新。如人力資源可利用要素、企業其他要素的綜合開發與利用、企業文化建設要素與思緒政治工作的要素相互融合，等等，都的兩者要素互動的明顯優勢。三是兩者要素優勢不僅非常明顯，並且又各具特色，富有共性與個性，指向既有共通性也有差別性，進而可以形成不同表現特徵的要素體系。兩者互動發展的要素明顯還在於要素的對應性欲通融性。如企業文化建設的的主題要素與思想政治工作的目標要素的互動、文化建設與思想政治工作的文化要素的基礎性互動、相關聯又具有不同特色的實施手段的互動，等等，都可以極為明顯地表現出兩者互動發展的優勢所在。

(三) 兩者的差異性是辨證統一的積極思考

作為企業管理的兩個載體，企業文化建設和企業思想政治工作在實踐操作中也確實存在不少差異。一般來說，企業文化建設更強調「文化性」，主張以文育人、以文塑人，特別重視文化力量對企業管理的巨大推動作用，它往往通過思維創新和管

理創新，物化為技術手段和技術行為；往往通過觀念創新和機制創新，聚變為企業的寶貴的人文資源。而企業思想政治工作則更突出「思想性」、「政治性」，特別重視思想政治力量對企業管理的巨大推動作用，往往通過各種宣傳、教育、激勵、引導，實現在企業生產經營管理中的全員、全過程、全方位的融入，充分調動企業員工的積極性和創造性，聚變為企業物質效益的能動變化。從企業管理的角度來看，企業文化建設與思想政治工作之間應當是一個互補互助的辨證關係，為此，我們必須正確認識企業文化建設和企業思想政治工作之間的辨證關係，正確認識企業文化建設和企業思想政治工作之間的差異性，促使兩者有機結合、相互促進，不斷提升、共同發展。兩者的差異性作為兩者辨證統一的積極思考，就在於兩者共性與個性的融合與統一，充分利用共通性進行優勢互動；同時充分利用其差異性來進行優勢互補，做到既尊重個性又注重共性，在「求大同，看大局」之上進行積極協調，促進要素間的不斷融會貫通。

在中國改革開放和社會主義市場經濟體制進一步發展的現實條件下，國際國內環境的巨大變化給企業企業思想政治工作帶來了許多新的挑戰，提出了許多新的要求。企業思想政治工作必須依據企業文化建設的現實狀況，始終堅持思想政治工作目標，緊緊圍繞企業經濟建設這個中心，充分發揮思想政治工作的固有優勢，利用企業是極大平臺，促使企業更快發展。

（一）利用塑造企業文化精神提高企業思想政治工作實效

塑造企業精神是企業文化建設的核心內容，是現代企業理念的集中體現。企業思想政治工作要想真正融入企業，就必須

把企業精神的塑造作為中心環節，在企業精神的提煉、宣傳、教育、輻射、凝聚上下功夫，使企業思想政治工作轉化為企業發展的巨大動力。它主要體現在三個方面：第一，塑造企業文化精神也企業思想政治工作的重要內容。通過企業文化精神來體現企業思想政治工作實效與績效水準，不僅科學先進，還具有極大的持久性與可操作性，可以使企文化精神內涵進一步得到彰顯，並且可以成為企業思想政治工作的一種形象體現。第二，企業文化精神的豐富內容與實施空間，可以為企業思想政治工作進行有效鋪墊。企業思想政治工作可以利用塑造企業文化精神的模式、方法等，能動地體現其功能、觀念，在「文化」的平臺上實現思想政治工作的「形象著陸」，在文化的環境與氛圍中提高思想政治工作的實效。第三，利用塑造企業文化精神提高企業思想政治工作實效，本身就是一種積極的探索與創新，是不同要素的積極融合，極富創新性與生命力，也是企業思想政治工作的一個嶄新的立足點，必然會促進思想政治工作的自身發展。

(二) 利用文化建設促進思想政治工作以強化員工隊伍建設

企業文化建設一個突出點，就是加強企業員工隊伍的建設。企業思想政治工作同樣存在著與企業文化建設的共同點，那就是都要把員工培育成「企業新人」與「現代人」。從教育人、培育人、管理人的角度來看，企業思想政治工作利用企業文化建設優勢，可以在企業思想政治工作中擔當角色，並可大有作為：充分利用企業文化建設強調思想政治工作的先進性，突出企業思想政治工作正面教育優勢，尤其是在「以德治國」重要思想指導下，通過「法治」和「德治」的有機結合，樹立企業員工科學的人生觀、價值觀和道德觀；充分利用企業文化建設強調員工隊伍建設的規範性。企業思想政治工作可以將員工的

教育管理與獎懲考核有機地結合起來，充分利用企業的人才建設機制，將職業道德的準則規範置於有效的管理之中；充分利用企業文化建設強調員工隊伍建設的有效性。企業思想政治工作可以緊密結合企業業務工作，將經濟工作的難點列為思想政治工作的重點，突出針對性，強調效果，重在有效性上取得成效。

（三）利用文化建設加大思想政治工作對構建企業和諧的投入

企業和諧是企業文化建設的一個前提條件和建設的最終目的，也企業思想政治工作的一個重要工作目標。企業經營者、管理者及廣大員工的和諧狀況，往往會深刻影響企業文化建設，並且通過文化建設來潛移默化地影響企業思想政治工作的實際運作與實際成效。加大思想政治工作對構建企業和諧的投入意義重大，其績效體現非常明顯：一是企業文化建設與企業思想政治工作一個重要的目的，就是構建企業全面和諧。通過企業文化建設與企業思想政治工作的有機結合，可以極大提高企業和諧建設的進程，豐富企業和諧建設的內容，最容易在時效和階段上取得突破性效果。二是企業文化建設與企業思想政治工作充分結合與運用，可以極大地豐富企業和諧的內涵，並且使三者可以通過積極的互動來形成企業和諧、企業文化建設、企業思想政治工作的立體績效，並在相互的運作中整體性地提高企業發展檔次與企業綜合素質。三是企業思想政治工作的有效投入，也延續了思想政治工作的持續性和創新性，使思想政治工作自身更富於先進性、可行性與科學性。

（四）要把企業形象的培育作為企業思想政治工作的重點

企業形象是企業文化建設的重要標誌，包括企業文化建設層次、企業外在與內在形象塑造、企業形象可感的標誌物等。

企業思想政治工作必須著眼於其形象特色的刻畫之上，目的在於以企業的優秀形象來確立企業地位，展示企業綜合實力、體現企業員工風貌、反應企業精神實質。企業思想政治工作將企業形象的培育作為工作重心，就要極大地利用企業文化建設平臺，在企業形象培育上進行創新性工作：其一，要充分認識企業形象的豐富內涵與客觀要求，對企業形象進行不斷的創新設計。依據企業發展現狀，綜合企業之長，對企業形象的內外要求，即形象性、深刻性、鮮明性等進行規劃，充分結合企業文化建設與思想政治工作的要求，打造企業的新形象。其二，圍繞企業形象塑造，深化企業的企業文化建設、展示企業綜合實力、體現企業員工風貌等實際工作，夯實形象基礎，在形象塑像的物質與精神建設上先進充分準備。其三，要結合形象塑造發揮思想政治工作優勢，結合企業文化建設，提出企業努力方向和員工進取目標。特別要注意員工個人與員工集體的持久性教育工作，要求員工努力成為本職崗位好榜樣、專業技術好榜樣、創新業績好榜樣，激勵員工在參與市場競爭中做到「精神狀態最佳、學習成績最優、工作業績最好、黨風廉政最廉」。

企業文化的突出特點是根植於現代企業管理之上、凝結於生產經營活動的各個環節之中，因而必須高度重視文化力量對經濟運行的特殊的促進作用。要從更深、更高的層次進一步認識文化力量的價值，大力拓展企業文化的思想政治內涵，充分發揮企業文化建設對企業發展的巨大作用非常重要。從一些企業的成功實踐來看，大力拓展企業文化的思想政治內涵，充分發揮企業文化建設對企業發展的巨大作用。從企業文化建設的成功實踐來看，大力拓展企業文化的思想政治內涵，集中體現在追求力、推動力、滲透力、輻射力、控制力、親和力具有特別意義。

（一）激發實現目標的追求力

企業目標的涉及與確立是企業文化建設的一個重要環節，是體現企業價值觀念的重要內容。把企業目標的實現變為員工的自我追求和價值實現，是企業文化建設拓展思想政治內涵的一個基本的著眼點。場道公司在企業文化建設的過程中，以激發員工目標實現為動力，不斷拓展企業文化建設的思想政治內涵。這就要求我們：一是根據企業或行業的發展階段的重點目標和主要任務，進一步明確目標，實現的企業的「前瞻性」；二是結合本企業實踐，昇華創業觀念，並作為形象可親的教育內容，提高目標實現的「有效性」；三是堅持「以人為本」，關心人、尊重人，建設智能型、技能型、知識型的員工隊伍，增強目標實現的「示範性」。

（二）提高文化力量的推動力

當前，企業文化建設的這種能動作用已為越來越多的企業所認同、所運用拓展企業文化建設的思想政治內涵，就是要挖掘文化力量對企業發展的推動力。在開展企業文化建設的過程中，企業要充分發揮品牌文化對企業發展的推動力，創品牌產業，提升企業專業化隊伍的形象，擴大企業的經營規模。提高推動力，可以借助企業思想政治工作的特長，在充實企業文化建設內涵的過程中，注重文化推動力的優勢要素的充分利用。它包括文化底蘊的擴大、動力資源的多元性配置、推動力的質量體現、動力的後續力設計、推動力的表現形式、動力的新體系建設，等等。其中，尤其要注重推動力的持續性與創新性的密切結合，使動力始終處於先進之列。

（三）拓展價值觀念的輻射力

企業價值觀體現了企業文化深層次的內容，主要指企業內

部大多數人所持有的共同的價值觀。企業文化建設要拓展思想政治內涵，關鍵是必須確立正確的價值觀，並使其轉化為企業改革發展的巨大動力。企業就要依據市場的現實需要，對自身進行優勢與特徵亮不同的價值分類定位。通過集思廣益，力求多元化發展的企業價值觀並使其具有強大的輻射力。主要集中在三個方面：首先，要善於化解企業文化建設與企業思想政治工作的綜合性要素優勢，積極開拓新的經濟增長點，形成企業強勢經濟發展形態，在效益發展上承上啓下，將企業的先進觀念演繹為先進的企業效益輻射，催生新的經濟增長點；其次，將企業文化建設與企業思想政治工作績效充分融合，形成輻射中心，在輻射中注意企業價值觀的演變形態、特徵、特長，提高輻射力的質量，擴大輻射力的影響和輻射效力；最後，要注重輻射力的反饋過程和反饋的利用率，將輻射力放射後進行輻射的聚集性回收，在輻射力上分析企業價值觀的實際成效。

（四）突出資源配置的控制力

企業資源配置同樣必須遵循「優勝劣汰」的原則，以積極的競爭力來遵循規則，促進走完優化。企業文化建設亦然，主要目的也在於提升企業的綜合競爭能力，不斷增強資源配置的控制力。拓展企業文化建設的思想政治內涵，關鍵是要在員工中灌輸競爭意識、憂患意識，增強提高企業綜合競爭能力的緊迫感和責任感。在企業文化建設的過程中，企業必須要通過黨組、行政、工會以及職代會、黨代會等形式來宣傳企業形勢，闡明企業在行業中的競爭力，要求員工大力增強主人翁意識，真正確立「企業靠產品，產品靠人品」的現代理念。基於此，企業要在大力拓展企業文化建設中突出資源配置的控制力，就必須做好幾個經常性或基礎性的工作：一是建立有效控制系統，對企業綜合資源進行科學配置，為實現資源的優勢利用做好必要準備；二是結合企業現代管理與現代經營成效，充分「嫁接」

現代管理與經營理念和手段，運用企業文化建設與企業思想政治工作模板，構建企業資源的控制運行機制，保證控制力的有效性與延續性；三是利用執行力來提升控制力績效，即利用多種有效的企業活動來體現控制，突出控制，提高控制，優化控制。

（五）擴大塑造企業形象的親和力

　　塑造企業形象是企業文化建設的綜合要求。在企業文化建設中，樹立良好的企業形象也是拓展思想政治內涵的一個關鍵。企業形象必須具備親和力，對內有凝聚力，對外有吸引力。企業親和力一經加強，對外的吸引力也將相應增強。在當前大力提倡企業親和力的情況下，企業必須要緊緊依靠自我的文化建設和自身的思想政治工作，在企業親和力的構建上建樹自身作為。突出企業親和力主要的體現有：第一，企業的親和力必須以企業的先進性為基礎，以現代企業的發展思路為範本，對親和力有自我的深刻理解並可以進行不斷創新。第二，企業親和力必然要表現在與之相應的組織形式上。如企業工會保證作用、企業職代會運行實效、企業民主管理形式等。同樣，還必然要表現在保證員工主人翁地位、企業和諧程度、員工、群體和團隊之間的接近性與親和度狀態、企業民主政治建設的實際狀況等表現親和力的多種運行行態上。因此，企業親和力必須要聯繫實際，務實創新。第三，擴大企業親和力還必須緊緊抓住企業文化建設、企業現代管理和企業現代經營三大基本發展要素，將企業親和力深深根植於其中，杜絕形式主義和教條主義，必須要以企業的整體和諧和員工的緊密切和諧為導向，真正將企業親和力發揚光大，百尺竿頭更進一步。

　　企業文化建設是一篇大文章，需要的也是大手筆。正確認識企業文化建設與思想政治工作之間的辨證關係，對研究、培養和建設積極向上的具有中國特色的企業文化至關重要。作為

企業思想政治工作者，我們有責任在實踐中不斷學習、不斷探索，為推動企業文化建設、加強企業思想政治工作作出自己應有的貢獻。

參考文獻：

1. 王吉鵬．企業文化建設．北京：中國發展出版社，2008．
2. 郭克莎．企業文化世界名著解讀．廣州：廣東人民出版社，2003．
3. 葉生．企業靈魂——企業文化管理完全手冊．北京：機械工業出版社，2004．
4. 呂志明．企業文化建設與提高核心競爭力．天津日報，2006－05－12．

現代市場行銷的管理過程

李 佳　　　　（中國人民財產保險股份有限公司成都市蜀都支公司）

[摘要] 現代市場行銷管理的重要課題。它的基本涵義與特徵等說明了它在市場行銷中的重要地位。現代市場行銷管理過程的步驟以及多種管理方法、模式，構成了管理行之有效的系統，對現代市場行銷管理實踐具有重大意義，體現了現代行銷管理的內涵，提升了市場行銷管理的價值，展示出了現代市場行銷管理的探索與發展空間。

[關鍵詞] 市場行銷　管理過程

中圖分類號　F203　　　文獻標示碼　A

現代市場行銷是研究市場行銷的系統性學科，而現代行銷管理又是該學科的一大核心。現代市場行銷實踐證明：行銷在於管理，並且始終會貫穿於行銷的全部過程。因此，現代市場行銷的管理過程就是管理者創新性地制定管理決策並實施管理的過程。它的表現形式及運作的質量高低，決定了管理過程的內在形式與外在表現，決定了管理的最終質量。

現代市場行銷管理是商品經濟發展的一種必然反應，是市場經濟成熟的標誌之一。現代市場行銷管理從市場行銷發展的

初創、應用、變革、繁榮四個階段看，行銷管理過程始終貫穿其中，成為現代市場行銷發展的根本動力。

(一) 現代市場行銷管理的基本涵義

現代市場行銷管理的基本概念決定了市場行銷的基本內涵。隨著現代經濟的巨大發展，全球經濟的互動大同化、相互依存等要素的不斷演繹，現代市場行銷管理的基本概念得到了不斷的充實與發展。

1. 現代市場行銷的基本概念

現代市場，即商品交易的場所，反應出商品交易關係的總和，也指商品行銷的某些具體區域。與傳統的市場行銷不同，現代市場行銷可以直接反應出市場當前的交易狀況及產生交易的各種最新關係，具有市場行銷的前瞻與領軍特徵，代表著最活躍的行銷內涵。

現代行銷，即現代商品經濟市場的整體經營與具體銷售。其中經營必然反應出市場行銷管理的式樣、過程等特點，是管理的形象具化；銷售指在經營之下的各種具體交易活動，是經營的必然體現。

現代市場行銷管理，即指以企業為代表的，運用各種措施以滿足消費者需求的一種以市場為核心的行銷活動全過程的管理方式。從現代市場行銷管理過程看來，它具有自身的顯著特徵：一是有管理模多種多樣，並且更具有管理模塊化、系統化、科學化優勢；二是始終處於市場行銷前沿，代表著市場行銷管理的最新觀念、思維、功能、概念等的演繹過程，極具創新特徵和生命力；三是在最終以商品和綜合性服務來滿足消費者並促進自身發展的根本目標上，它更注重綜合性立體服務質量，強調利益的共同分享、消費的形態趨向和交易的雙贏。

2. 現代市場行銷管理過程的概念

現代市場行銷管理過程就是現代市場行銷管理者依據自身

管理目標，通過對行銷市場的現狀與未來進行判斷、分析，從而通過選擇、發掘市場來實現規劃、執行、調整、控制自身行銷活動的過程。

這裡要指出的是：一是現代市場行銷管理過程所依據的自身管理目標在現代信息作用下，為保證管理目標的成功實現，已經形成多目標預測管理體系，即在多個目標中進行更多選擇，最終擇優出最佳管理目標；二是依據市場發展形態，管理目標更強調科學化、人性化、現代化管理；三是管理更注重體現決策作用的發揮，而決策更注重管理者的能動性的發揮，特別注重管理者的潛能開發與利用。

(二) 現代市場行銷管理過程的特徵

現代市場行銷管理過程的特徵十分明顯。從現代市場行銷管理的基本要求及實際運作過程看，其管理過程的基本特徵非常鮮明突出。一般來講，現代市場行銷管理過程具有實踐性、科學性、協調性、整體性、操作性、多樣性、差異性等基本特徵：一是實踐性。現代市場行銷管理過程動態性極強，存在不同的運作方式與不同的管理體系。不同的管理體系與管理過程，其成效如何，要靠大量的實踐活動來進行必需的驗證，因此，它實踐性非常突出，被視為管理過程的「動力源」。二是科學性。現代市場行銷管理過程非常注重其科學實踐，包括大量運用行銷先進理觀念、模式等，從而保證管理過程的可行性、可信性與先進性。三是協調性。現代市場行銷管理過程保包含基本步驟，即分析市場機會、選擇目標市場、制定行銷組合、進行行銷控制關係緊密，相互依存，相互作用，循序漸進，共同反應著行銷管理的基本過程，突出地顯示了非常融洽的協調性。四是整體性。現代市場行銷管理過程過程是整個市場行銷的一個「樞紐」，反應的過程非常完整，在整體上闡釋了過程的全部內容，反應了過程的系統性和完整性，形成了一個有機的整體。

五是操作性。現代市場行銷管理過程是一個比較科學的操作過程，也是一個動態系統，具有很大的操作空間，操作性非常強。六是多樣性。現代市場行銷管理過程存在不同的行銷區域與市場，存在不同的行銷對象與不同的行銷方法、措施、手段等，會深刻影響行銷的管理過程及效果，表現的出多樣性特徵十分明顯，即多樣性的互補與共存，使不同的行銷管理過程互動性極強。七是差異性。現代市場行銷管理帶有明顯的實踐性和探索性，不同的企業有不同的行銷執行與控制模式，存在著執行、控制主體的差異性，並在實現行銷過程中，市場、產品、要素變化等，都容易引起過程的不同走向或變革，因此其差異性比較明顯。

此外，由於現代市場行銷管理過程的動態性、變異性等要素影響，在自身不斷的發展中，其基本特徵還會不斷演化與擴大。如行銷管理過程的控制特徵、目標特徵、反饋特徵等。

現代市場行銷管理過程是一個綜合性工程，主要包括企業自身的行銷管理計劃、具體執行過程、調整過程以及各種控制過程。行銷管理過程存在的多樣性、不可預見性、風險性，決定了行銷管理過程的複雜性與多變性。

(一) 現代市場行銷管理過程是一個綜合性工程

現代市場行銷管理過程整體性與多樣性等並存發展特徵，決定了行銷管理的綜合性內容。現代市場市場行銷管理涉及經濟學、心理學、行為學、社會學、預測學、倫理學、公關學、信息學等學科內容，是一門綜合性極強的現代經營與管理並重的學科。現代市場行銷管理過程被視為綜合性工程，可以從設計、運作、作用等看出其綜合性工程的重要性。

1. 行銷管理過程的綜合性設計

現代市場行銷管理過程要進行綜合性工程設計，是管理過

程和現代經濟市場發展的客觀要求。進行行銷管理過程的綜合性設計主要表現在：一是必須根據現代市場行銷不同管理任務、目標等，進行市場發展、市場需求、市場介入等管理過程的設計；二是必須設計管理過程的各種具化指標並進行針對性管理；三是必須要分析市場，選好目標市場、機會市場等，在管理過程中尋找或擴大市場行銷機會；四是必須設計管理過程的各種管理環節；五是必須要考慮管理過程中的風險或不可預測因素；六是必須設計具體管理的方案、制度、措施、人員安排等來保證行銷管理的過程質量；七是對行銷過程進行必要的預測、組合、監控與測評。

2. 行銷管理過程的綜合性運作

市場瞬息萬變，不可預測因素特別多。因此，行銷管理過程就是一種綜合性運作的管理過程。如同一地區可能會出現此市場需求已經飽和，需要進行維持性行銷管理，而在彼市場則出現過度需求，則需要進行抑制性行銷管理；在此地區沒有市場發展的機會，而在彼地區卻出現市場旺盛的勢頭；確定了目標市場管理，但因為各種原因由必須改變目標管理，另外尋覓新的市場模式；在進行行銷監控時，監控的對象可能會突然改變而引發管理失衡，等等。凡此種種，說明行銷管理過程綜合性運作必須要進行多種管理預測，進行必要的管理調整，以管理運作方式的配套、綜合手段來適應市場的變化。

3. 行銷管理過程的綜合性作用

綜合性工程的作用必然是綜合的，具有多樣特徵。行銷管理過程是一個綜合性工程，必然就有多種管理的「子工程」與之配套，共同構成工程的運作系統。表現在綜合運用之上，可以看到這樣的基本作用：市場的需求情況與行銷管理的與有機互動；市場機會選擇與管理的調配；目標市場預測、評估等與管理的密切關聯；行銷任務完成與管理的協調；不同行銷組合產生的不同行銷效果與管理的效果比對；不同行銷渠道、產品、

價格等不同作用的發揮與管理的多種前置分析等，都極明顯地揭示了行銷管理綜過程的綜合作用在其中的不可替代性。

4. 行銷管理過程的價值特徵

行銷管理過程的綜合性顯示出了它的複雜多變特徵和在整個市場行銷中的樞紐作用。這種複雜多變性及客觀作用也顯示出了它的價值特徵：一是由於經濟發展與市場構建的客觀性、多變性，行銷管理綜合過程始終存在巨大的發展空間，管理過程有良好的容置率，會不斷引發新的研究課題。二是任何市場的變化，都會明顯影響行銷管理方式的變化，並演繹出更多的管理運作模式。這些模式的不同內容、形式等，會擴大管理過程中的運用手段，提升其選擇和運用價值。三是行銷管理過程包括企業自身的行銷管理計劃、具體執行過程、調整過程以及各種控制過程。這種多樣性必然涉及整個行銷的全部過程，形成不同的管理體系或系統，從而構成管理過程綜合性的價值體系或系統，這在其他經濟管理類別中並不多見。四是它居於市場行銷的前沿，並始終作用於市場。市場不斷變化始終影響和誘導著行銷管理的不斷介入，管理過程的價值體現因此會越發明顯，其效率快捷而明顯，與諸種現代管理過程實效比較，它已獨具特色。現代市場行銷管理實踐證明，行銷管理過程的多變性、複雜性，已經在不斷影響或制約著市場的形成或市場行銷的內容和形式，其研究的價值前景已具有非常明顯的優勢。如針對行銷管理中，就可以有管理設計、管理步驟、管理實施、管理調整、管理統計、管理反饋等不同管理方式，由此可以推出很多不同的管理研究課題，出現更多的管理新形式，產生管理新思維，體現管理新觀念、提升新價值，等等。

(二) 現代市場行銷對市場的管理過程

現代市場行銷管理過程實際上也是對市場的一種全面管理。具體看，就是對市場的選擇與市場的具體管理。我們知道，對

市場機構、消費者、消費行為等的預測、研究等等是行銷者的首要任務。那麼，對市場的選擇可以瞭解到市場的潛在需求、眼前需求等狀況，使行銷管理有了運作的根基；對市場的具體管理則可以反應通過管理來反應市場的各種特徵以及市場的潛在發展趨勢。實現行銷管理過程，要從市場存在的環境、行銷者自身行銷等出發，注意把握各種行銷的基本要素，就可以實現市場行銷管理的過程。

1. 對市場行銷環境選擇的管理

環境是指企業行銷面對的外部的行銷環境所提供的行銷機會。什麼樣的環境決定著什麼樣的行銷方式與行銷效果。不同的市場行銷環境對行銷有著極大的影響。市場環境選擇要充分考慮社會變化對市場環境的影響。它包括政治環境、經濟環境、文化環境、特殊環境等的變化狀況可能對市場環境選擇的現實或潛在的影響。這是現代市場行銷管理過程的第一步。這樣的管理體現在：第一，選擇市場行銷環境，就是一種行銷的具體化管理形式。在行銷目標的要求下，管理必然要注重市場行銷環境的選擇、判斷與分析，看到市場環境的各種客觀條件並進行論證。第二，管理必然要在市場環境選擇中進行制定方案，進行行銷預測，最終選擇出最佳的環境方案。第三，管理對市場環境選擇提供各種實現條件，如資金投入、人員配備等，使市場環境更為具體化，要素化，有操作的可能性。第四，管理必然會體現在對市場環境可能變化的一些預測上。如環境變化會影響行銷具體產品的更新、移換，在某些情況下，可能出現對某些產品的巨大需求等。對市場行銷環境選擇的進行管理存在著一些基本原則，必須要予以充分考慮：一是任何市場環境都可以利用的，必須進行優勢選擇；二是必須要著眼於企業自身的資源、產品等對應的條件；三是環境提供的行銷效果大與小，決定著行銷的方式和規模；四是環境的變化不是一成不變的，行銷必須要因地制宜，隨時注意揚長避短，善於進行自我

規避。

2. 對企業行銷機會的管理

行銷機會是指企業自身具有的市場機會，是企業重要的並具有領軍作用的一種行銷。基於企業可以提供的產品、行銷目標、條件、方式等，企業必然要在行銷機會上制定具體行銷方案，決定企業的行銷方向和行銷手段，也決定了企業對 6Ps 行銷模式的具體應用。對企業行銷機會的管理主要表現是：第一，市場行銷機會的選擇必須與企業的產品銷售充分結合起來。第二，企業行銷機會常常可以決定企業的行銷方向，實現管理中的方向定位與行銷模式或體系建設。第三，企業行銷機會不是一成不變的，它隨著企業產品結構等的變化而變化，並在管理中提供行銷檔次，推出行銷特色。第四，企業行銷機會是企業行銷是衍生其他行銷方式、體系或行銷機制的基礎，這種管理必會注重實效性、可行性、科學性和先進性。第五，企業行銷機會是企業整個行銷的基礎，體現在管理上還具有兩個能動作用：一是從市場行銷外部看，它與市場行銷環境存在密切互動，在管理上密不可分，是管理過程的一種延伸；二是從企業內部看，對企業行銷機會的管理是最重要的基礎性管理，其決定性、重要性對企業行銷來說尤為關鍵。

3. 對市場行銷中目標市場需求的管理

目標市場是一種市場的細分形式。企業可以根據消費者的不同需求對市場進行的多個子市場的劃分，從而構成自身的行銷市場體系或行銷機制。對市場行銷中目標市場的管理是一種細化性管理，可以看到其主要特徵：一是利於企業開發新的市場領域，形成新的目標市場；二是利於提高企業的競爭力，實現良性的行銷經濟循環；三是利於滿足社會消費的不同需求；四是利於目標市場的更新與變革，形成目標市場的潛在優勢。市場行銷中目標市場的管理同樣具有多樣性。

對市場行銷中目標市場需求的管理更具體的表現有對目標

市場需求的預測管理、對目標市場需求的程序管理、對目標市場需求的程序管理等內容。

(1) 對目標市場需求的預測管理

從消費者市場特點看,有市場的多樣性與不確定性、購買的數量差異性、市場存在的誘導性、市場發展未來的預見性等;從消費者購買的行為看,有消費的價格型、衝動型、理智型、感情型、習慣型等;從家庭消費行為看,有共同決定型家庭、妻子支配型家庭、丈夫支配型家庭、各自決定型家庭、子女支配型家庭等。此外,我們還可以從消費者群體與性別看到兒童消費、少年消費、青年消費、中年消費、老年消費、男性消費、女性消費等不同群體等。因此,預測市場是進行優勢行銷的大前提,也是行銷管理過程中的管理系列化的構建過程。

對預測市場需求的管理方法很多,主要有定性預測、定量預測等管理方式。如定性預測管理法,即直覺經驗管理法、判斷預測管理法,又有兩種情況:一種是專家預測管理法,即以問卷、採訪、專家到會等形式進行預測;另一種是調查預測管理法,即通過調查市場、產品銷售、用戶座談會等形式進行。再如定量預測管理法又可分為時間序列預測管理法、迴歸預測管理法、相關分析預測管理法、對比預測管理法、經濟計量分析預測管理法等。在這幾種預測管理法中,我們常用的是時間序列預測管理法和迴歸預測管理法。時間序列預測法包括簡單算術平均管理法、算術移動平均管理法、指數平滑管理法、直線趨勢延伸管理法等;迴歸預測管理法建立的是因果關係的模式,如一元線性迴歸分析法等。預測市場需求的管理非常必要:一是可以通過需求設計行銷預測的管理,同時憑藉預測的管理來擴大市場需求;二是對預測行銷市場進行管理的引導作用非常明顯,企業可以優化各種預測要素,減少行銷的機會成本,增加相關的行銷配置;三是通過預測管理,可以極大促進市場行銷管理的自身發展。

(2) 對目標市場需求的程序管理

對目標市場需求的程序管理非常重要。通過管理,可以保證整體性行銷的有序進行,對建立自身行銷體系有極其重要的意義。對目標市場需求的程序管理主要有:一是確立目標市場預測的四大基本原則,即需求的連續性原則、相關性原則、類推性原則和評估性原則。連續性原則利於市場的整體化構建;相關性原則利於各種行銷要素的互動;類推性原則利於根據模式類推各種行銷目標;評估性原則利於根據市場需求或行銷結果進行評估。二是具體確定市場需求管理的具體目標,即明確管理的目的和主張,突出其可行性、可信性和科學性,便於可操作,易於把握。三是在管理中充分收集整理相關資料。如獲取第一手材料、參閱相關行銷案例並進行整理、歸類、選取、加工、利用。四是選好程序,確定方案,建立需求檔案,具體推出各種管理程序的實施方法並進行有效管理。五是運用管理手段進行程序化分析、評價和驗證,即運用互相驗證、對比驗證和專家驗證來保證程序的可信、可行、可比。六是在管理中注重程序更新與程序系列化建設,以經典程序引導市場行銷,以系列程序優化整體行銷。

(3) 對目標市場需求的程序管理

在選擇目標市場的策略管理上考慮,目標市場是在細分市場的基礎上進行的,它依靠一個或幾個細分市場來完成構建,其構建的策略,因企業的不同而不同。那麼,進行目標市場的策略管理應該考慮:第一,選擇目標市場策略的管理首先要確定多少細分市場作為選擇目標市場的基礎。在管理基礎上,可以考慮以四種目標管理,即在目標市場推出系列產品;什麼樣的市場行銷什麼樣的產品;以產品的專業化程度決定目標市場進行某種產品集中性行銷;以選擇專業化市場進行同類產品的系列化進行行銷。第二,選擇目標市場的行銷管理。對具有廣泛需求的產品或同類市場的同類產品進行沒有差異的行銷、有

差異的行銷、集中行銷三種基本管理，同時在多個細分市場進行覆蓋性行銷管理。

選擇目標市場的策略管理要注意行銷的不同類型：一是注意目標市場的同類型（同質性）；二是產品的同類型（同質性）；三是企業自身的行銷與產品資源能力；四是產品的行銷週期及產品的生命週期；五是市場競爭的情況。

4. 對市場細分進行的管理

注意細分市場的可衡量性、注意細分市場的經濟效益、注意細分市場是否可較快形成、注意進入市場後出現的行銷差異是市場細分的基本要素。

（1）市場細分的方法

市場的細分方法較多。一般有：第一，地理細分，即按國家、地區、氣候、城鄉、城市、人口、交通、衛生、政治中心、經濟中心、地區工業、地區發展等進行細分。第二，人口細分，即按社會階層、國籍、民族、宗教、職業、教育、收入、年齡、性別、家庭組成、家庭人數、家庭生命週期等進行細分。第三，心理狀況，即性格、生活方式、價值取向、購買動機、心理遠期或近期狀態、心理層面狀況、心理承受能力、心理趨向、動機狀態等進行細分。第四，行為狀況，即購買頻率、品牌行銷、使用狀況、產品優供狀態、品牌忠誠度、消費者經濟地位、渠道信賴、消費者之間影響、廣告效應、消費計畫、進入市場程度等進行細分。第五，受益標準，即一般受益狀況、特殊受益狀況、特定利益受益狀況等的細分。

（2）市場細分的管理

對市場細分進行的管理可以按其四個要素進行基本管理：一是體現在可衡量性，即在管理中進行多個細分市場的橫向與縱向對比，看其綜合衡量的指數變化，擇優方案進行市場細分管理；二是充分考慮市場細分可以形成的經濟效益狀況，即按照市細分後形成的市場進行經濟效益分析，重點在對經濟效益

的近期、中期或中長期內的可能形成的狀態，以及變化情況進行預測管理，形成管理指導性方案；三是分析市場細分形成期，以管理推動形成並鞏固市場，同時推出形成管理的不同分項的細化管理策略；四是在管理中尤其注意細分市場形成後的行銷差異情況。利用管理業績、效果、問題等進行行銷實效比對。如行銷產品的類比、行銷差異性的對比、行銷佈局的分析等，從中探索細分市場的行銷規律，為行銷的目標市場及整體性行銷提供參考依據、執行數據，等等。

市場的細分應該注意的問題是：嚴格核算成本；注意市場細分有無必要；注意消費者需求與購買的多樣性；細分市場要因地制宜，不可放大自身追求，對市場劃分過多過細。

5. 對行銷組合過程的管理

從不同產品、不同服務、不同人員、不同市場、不同形象上進行行銷組合是行銷組合的根本。行銷組合是確定市場之後的具體性行銷操作，其管理情況決定著行銷組合的質量。

（1）行銷組合的形式

行銷組合通常有六種基本類型，即產品（Product）、價格（Price）、分銷（Place）、促銷（Promotion）、政治力量或權利（Power）與公共關係（Public relations）。對其進行組合即構成了「6Ps」結構。這六個組合在不同的階段存在不同的組合狀態，構成不同的行銷側重點。6個「P」是自變量，它們任何函數的改變，都會引起新的組合，出現不同的行銷效果。也就是說，6個「P」可以反應行銷的豐富內涵，構成行銷的系統或體系，產生巨大的行銷效果。

對行銷組合歷來是行銷管理的重點，也是體現管理過程的核心。行銷具體實效怎樣，常常是管理的形式與內容緊密互動起著決定性的作用。

（2）行銷組合的特徵

行銷組合的特徵非常明顯，在管理中可以看到：一是管理

過程在組合中是在不斷變化的，並且在變化中出現多種行銷的管理形式與效果；二是組合是互換性與複合性的，每一個「P」都可以通過管理實現不同的優化，進行優勢搭配，可以提升行銷整體質量，以管理創造新的行銷空間，變革行銷內涵；三是組合是管理中的組合，靠管理來發揮在整體行銷作用，即管理中出行銷，管理中出效果；四是組合可以運用管理手段來控制組合併不斷進行調配。控制性的管理常常互為補充，互動性極強，是管理的一種網狀放射狀，左右著行銷的整體實效。

（3）對行銷組合的管理

行銷組合是行銷進入市場的一種綜合性行銷形式，其管理過程主要集中在以下幾個要素上：

第一，行銷組合的管理決定著組合的各種形式。即產品、價格、分銷、促銷、政治力量或權利、公共關係，常常根據市場要求來進行不同的組合。不同的組合有不同的行銷重點，反應出管理的不同要求。如按企業生產實際與市場需求，可以重點進行產品、價格的組合，在產品與價格上找到企業行銷的基本效益；按行銷目標或細分市場的需求，可以重點進行分銷與促銷的組合，在分校與促銷上擴大市場佔有率。此中，其他行銷形式則進行必要的搭配或呼應，體現出行銷管理不同階段的不同行銷組合，是管理與行銷優勢的密切互補。

第二，管理決定著行銷組合的各種調配、補充，使各行銷組合形式、內容與市場需求同步，實現市場的供銷平衡，管理實際上成為了一種運作行為，在動態中不斷發展，不斷豐富行銷的形式與內容。如產品（Product）管理與價格（Price）管理同市場需求的接軌；分銷（Place）與促銷（Promotion）同市場的供需平衡等，管理在其中起著承上啟下的重要作用。

第三，管理在行銷組合中具體的管理形式主要體現在對各種組合的調查、預測、分析、實施不同環節上；體現在對相關行銷人員的配備上；體現在運作各種步驟的指導上，具有綱舉

目張的作用。它是以提供行銷形式、內容、舉措等，從行銷思想到行銷實踐上對行銷組合進行科學管理，是行銷更為具體化的操作形式，具有非常強的可操作性、借鑑性與對比性。

第四，對行銷的組合管理是整體行銷的一種互動過程，是市場行銷最基本的行銷內容與形式。行銷組合的管理及其運作過程，必然會引發更多的行銷組合與行銷模式。這樣的管理過程可以極大地推動市場行銷的發展與變革，極大地豐富現代行銷理論，拓展了市場行銷的視野，會進一步推動行銷「大市場」的形成。

6. 對行銷控制的管理

行銷管理過程也是行銷的監控過程，必須對行銷進行全面的控制才可能真正發展行銷管理，進而取得整體性行銷實效。對行銷控制的管理主要從五個方面進行控制：一是對行銷的時間控制管理，即以限定或預定的階段性時間對行銷進行效能控制，進行必要的分析或考核；二是對行銷地域的控制管理，即以限定或預定的行銷地域進行行銷的效能控制，進行必要的分析或考核；三是對行銷內容的控制管理，即以行銷內容的多與少等結合時間、地域等進行的控制，目的在於構建更好的行銷組合來提升行銷質量；四是對行銷市場的控制管理，即多以市場的佔有率作為直接的參考依據來對不同市場進行控制，掌握市場發展情況，研究市場現狀，從而進行行銷的必要調整；五是對行銷的績效控制管理，即以行銷的全過程為依據，對行銷組合的效果、行銷的經濟效益狀態等管理，以控制分析、控制效果燈來體現管理的過程，是行銷中最重要的控制管理。

實踐證明，行銷的控制是管理的一種重要形式，管理必然通過控制來對行銷進行整體性管理。應該注意的是：管理的深化或實效，往往是以具體化的各種控制來實現管理，沒有控制就沒有管理；對行銷的控制管理關係到整個行銷的成功與否，是市場行銷管理過程中極為重要的內容，是重中之重的管理；

控制為管理提供了直接的管理依據，各種控制的指標、條款等構成了管理的核心，直接性、實踐性、可比性、可變性非常明顯，是市場行銷管理及其過程的優勢所在。因此，市場行銷管理也是貫穿於市場行銷全部過程的積極體現，具有極大的開發與研究價值。

現代市場行銷內涵豐富，目標明確，特徵突出，運作科學，要素眾多，優勢明顯，對現代社會發展及現代經濟騰飛，作用非凡，成了經濟發展與創新的一大核心動力。現代市場行銷管理的過程，是現代市場行銷的重要手段之一，也是實現市場行銷的理論與實踐的互動過程。因而，對現代市場行銷管理過程進行不斷的持續性探索與思考，已經是現代市場行銷進一步創新發展的重要前提。從目前現代市場行銷管理過程的實際情況分析，這種行銷過程的創新主要集中在兩個比較大的方面。

(一) 現代市場行銷管理過程的創新

現代市場的發展為市場行銷提供了極為廣闊的天地。市場行銷依靠行銷的管理進行控制，管理則依靠行銷的過程來體現管理水準與質量。所以，行銷過程創新是行銷管理的核心，也是整個現代市場行銷的核心。反之，市場行銷的巨大活力也為行銷管理和行銷過程提供了極大的創新空間。行銷管理過程的創新主要表現有四個基本點：其一，行銷過程是以動態的反應來體現過程價值。沒有運動性的狀態，就沒有過程的完整性。因此，創新過程不同的表現特徵，是充實過程豐富性的極好手段。不同的特徵會引發不同的持續性要素，借此在動態中發現和利用新要素的一個創新點。其二，不同的過程存在著數量和質量的不同，可以利用那天的過程進行對比，從中創新出優勢過程，並利用這樣的過程來把握或創新行銷的過程模式。其三，

不同的目標市場有不同的行銷過程，不同的行銷產品也有不同的行銷過程，這樣，可以利用不同的過程形式來結合不同的行銷目標，實現行銷過程形式與行銷內容的充分結合，使之有機互動，創新出行銷管理中的行銷過程形式與內容的高度統一，推動行銷的績效成果。其四，行銷過程的動態連結極好，可以通過過程的流程，充分連結包括行銷管理在內的整個市場行銷的各個層次，各個部分，這種流動的過程資源，也是過程創新的一個熱點。它猶如鐵路連接各個車站一樣，是一種極有價值的流動性資源創新，富有空間，極有生命力。

(二) 現代市場行銷管理過程的績效創新

管理出效益是現代市場行銷的恆久命題。通過管理行銷過程，使之規範嚴謹，運作有力，被視為了市場行銷的「效益看點」。對行銷管理過程的績效創新，可以擴大績效數量，提高績效質量，加大了績效的利用率。績效的實際形態可以深刻反應出市場行銷的整體水準與目標實現的程度，也是考核與評價行銷實績的標尺。在這個意義上，行銷管理過程的績效創新便尤為重要。它的創新主要表現在幾個基本的績效形態上：一是過程績效。它的創新在於利用過程的多變性，運動性和豐富性所創造的過程績效，實現績效的容量，擴展了績效來源。二是不同過程所產生的不同特徵的績效，可以依靠創新手段，進行績效的整合，並與市場行銷的其他績效，如目標市場的績效共同創新績效的利用模式。三是管理過程的績效極既有管理的績效，也有行銷過程產生的績效，可以密切關聯，緊密互動，通過創新使績效如滾雪球一樣，成為市場行銷中寶貴的「流動績效」而達到績效的高質優化。四是創新的績效可以創新考核與評價體系，實現行銷過程的管理到績效管理的鏈動，進而實現整個行銷管理過程的多要素優化。如績效與考核評價體系的互動優化、利用優化、績效分配的優化，等等，這樣的結果，必然會

使行銷管理過程這個市場行銷的重要環節成為全部市場行銷的突出部分，顯示出了市場行銷的「模塊優化」特徵，極具開發預測性的利用價值。

現代市場行銷管理過程是一個可行性、科學性、實踐性非常強的過程，它要素突出，信息充分，持續性好，操作性強，可以充分反應當前市場行銷的基本思路與一些創新性做法，反應了當前市場行銷的實際操作水準。現代市場行銷的管理為市場行銷「大行銷」提供了充分的理論根據，其過程的實踐優勢，一直是現代市場行銷的發展新課題。對市場行銷管理過程的進一步探索與研究，必然會拓展現代市場行銷發展空間的新思維、新觀念、新發展、新規律，必然會創造更多現代市場行銷的創新元素，促進現代市場行銷更大跨越。

參考文獻:

1. 郭克莎，趙萍．市場行銷世界名著解讀．廣州：廣東經濟出版社，2003.

2. 周小其．經濟應用文寫作．4 版．成都：西南財經大學出版社，2009.

3. 張踐．公共關係學．北京：中央廣播電視大學出版社，2006.

4. 蘭苓．市場行銷學．北京：中央廣播電視大學出版社，2002.

5. 彼得·德魯克．21 世紀的管理挑戰．劉敏玲，譯．北京：生活·讀書·新知三聯書店，2003.

企業黨建的創先爭優活動之我見

朱少波　　　　　　　（四川公路橋樑建設集團有限公司公路三分公司）

[摘要] 在創先爭優活動中進一步鞏固企業黨建工作與企業發展互動依存的密切關係，深刻理解創先爭優活動對加強企業黨建工作的現實意義，進而加深對企業黨組搞好創先爭優活動的基本要素及運作分析，以及對深化創先爭優活動的三項思考，無疑對進一步搞好當前的創先爭優活動具有積極意義。

[關鍵詞] 企業　黨建　創先爭優

中圖分類號　D267　　文獻標示碼　A

把黨建工作融入企業文化建設、管理、經營三大發展基本要素之中，發揮其政治核心作用和組織資源優勢，是強化黨建工作的重要途徑。黨建工作對企業把握方向、凝聚力量、激發活力、創造效益、壯大發展直到最終實現自身發展目標具有重大意義。當前，企業開展創先爭優活動，是我黨在新形勢下對企業黨建工作的一項新的要求，是企業提高自身凝聚力、戰鬥力、號召力以及戰勝困難、完成各項任務目標的有力保證和強大動力。同時，它對加強企業黨組織在法人治理結構中的政治核心地位，以及從思想、組織、管理上推動企業進一步發展壯大，都必將產生更為積極的影響。據此，要更加積極地探索企業黨建的創先爭優，就要不斷強化黨建工作與企業發展的關係，

深刻理解和把握創先爭優活動對加強企業黨建工作的意義，明確任務，確立目標，在開展創先爭優的工作中，深入探索，積極研究黨建創先爭優的課題，實現黨建創先爭優工作的更大績效。

實現黨建工作的創先爭優，必然要認識黨建工作與現代企業發展的密切關係，深刻認識當前企業黨建工作的現狀，以及黨建工作的創先爭優對企業發展的重要意義，切實把握和充分利用創先爭優的績效要素，才可能真正實現兩者關係的互動，使之相互融合、相互促進，在創先爭優工作的理論與實踐中取得實效，實現創先爭優工作與企業發展的雙贏，促使企業盡快步入現代企業之列。

（一）相互融合、相互促進、協調共進

企業是社會發展的重要成員，承擔著促進社會發展和經濟發展的重任。在國家法律法規的法定範圍內，企業依據其法定的經營權、所有權，利用企業文化建設要素、管理要素、經營要素進行與社會發展相關的經濟活動，是社會發展的重要組織形式。黨建工作按照黨建規律、定理、原則，對企業進行相應的領導，在企業發展中發揮黨組織的保障、監督、指導等作用，與企業發展形成了極為密切的關係。它表現在：第一，黨建工作自始至終貫穿於企業各項工作，體現著黨的意志、思想、觀念、組織原則、監督保障等，並且能動地影響企業現實工作與未來發展，與企業存在著極為明顯的互動關係。第二，黨建工作與企業發展的互動性、共存性、融合性所產生的相互促進、相互依存、相互協調、相互發展的特徵非常鮮明，形成了富有特色的互動體系，構建了和諧穩定的互動機制，使黨建工作已成為企業發展機制中的必備要素。第三，黨建工作的多樣性，

如組織保證、思想建設保證、執法監督保證、員工地位保證等，都已經深刻融入企業的方方面面，與企業的相關工作共同形成了一個有機的整體。第四，兩者相互融合、相互促進、協調共進的關係共同推進了黨建與企業發展的理論與實踐雙向並進，提供了黨建與企業工作的不同交融模式，極大地豐富了各自的內涵、運作形式和績效成果，並實現了綜合要素的充分開發與利用。

(二)企業發展與黨建工作的互動創新

企業發展有自身的發展規律，文化建設、管理、經營自成系統，存在著自我發展與自我完善。黨建工作亦然，也存在著不同的黨建形式與黨建方法，兩者一方面進行著不斷的自我發展；一方面密切結合，在互動、互為之中構建了共同促進與發展的不同交融模式，在不斷的創新中提升了合二為一的運行質量。從各自創新特徵看，企業發展依靠現代企業發展的文化建設、管理、經營核心要素，積極消化與吸收現代企業運行模式、規律、發展理論等，充分利用企業的人力資源、環境資源、管理資源和經營資源，經過不斷的優化配置與利用，已經在產業創新、結構創新、績效創新、要素開發等諸多方面取得了實效。企業的黨建工作運行黨建理論、不同黨建模式，依據企業文化建設、管理、經營核心要素，實現了思想、組織、觀念、意識等多重組合，創新性地把黨建工作轉化為企業發展的積極動力和寶貴資源，圍繞黨的經濟建設為中心，使黨建工作更為具體，更有科學性、可選性操作性和創造性。這樣，兩者在具備自我資源優勢的條件下，相互融合、相互促進、協調共進，不僅成為了一種共同資源，並且在關係上不斷實現著互動創新，拓展了企業發展空間，成為了企業做大、做強的基礎性要素。企業發展與黨建工作的互動創新表現非常明顯：其一，黨建工作作為一種企業的發展資源，其創新意識與創新作用已經深深固化

於企業資源之中，黨建工作要為企業發展提供組織保證、思想建設保證。更重要的是，要把黨建工作作為企業發展的一種「生產力」，創新黨建工作的理念，改變黨建舊有的執行方式，更加突出黨建工作的服務功能。這樣，黨建工作作為資源要素，與企業發展要素緊密結合，具備了先進的、科學的互動創新基礎。其二，充分運用資源共享與利用，深化了互動關係，將自我發展資源聚合為企業綜合資源，將自我發展要素發展成為了一種共同要素。如黨組織與企業行政、管理等機構的穿插組合、黨組織與人力資源的配置利用、黨組織與企業工會的不同作用發揮等。其三，兩者的創新性互動推動了互動模式的不斷創新，使其相互融合、相互促進、協調共進，更具有先進性、可比性與前瞻性。如企業黨組與行政、管理、經營機構的縱向與橫向結合，利用黨建工作資源對行政機構等進行人員的優勢配置，企業行政、管理等與黨組相應的機構整合，相關人員實行穿插任職，相互促進、相互監督，極大地提高了工作績效的「A＋B＋C→N 的雙向職責組合模式」。

黨建工作的創先爭優對強化企業黨建工作意義重大，是企業黨建工作的一種創新性實踐，也是企業發展與黨建工作的最新互動形式。黨建工作創先爭優實際上就是黨建工作的進一步發展與深化，就是黨建資源的一種開發與利用，對企業發展的基礎性支撐作用非常明顯。

(一) 黨建工作創先爭優活動的基礎

創先爭優活動，即在黨的基層組織和黨員中廣泛開展「創建先進基層黨組織，爭做優秀共產黨員」的活動。活動以創建領導班子好、黨員隊伍好、工作機制好、工作業績好、群眾反應好的「五個好」先進基層黨組織為目的，以爭做帶頭學習提

高、帶頭爭創佳績、帶頭服務群眾、帶頭遵紀守法、帶頭弘揚正氣的「五帶頭」為主要內容，達到推動科學發展、促進社會和諧、服務人民群眾、加強基層組織的目標。創先爭優活動「五個好」與「五帶頭」的意義在於集成了黨的先進性教育的核心要素，以科學發展觀進行引導，將黨的先進性教育內容進一步昇華和創新，從黨建工作的領導建設、隊伍建設、工作機制建設、工作業績和群眾反應的具體績效目標，到以爭做帶頭學習提高、帶頭爭創佳績、帶頭服務群眾、帶頭遵紀守法、帶頭弘揚正氣的具體倡導，奠定了創先爭優活動的運作基礎。同時，對創先爭優的對象、活動意義、具體運作等，都有了明確的指向，最終達到提高基礎黨組織和黨員素質的目標，突出和強化了為群眾服務的核心與內涵。

(二) 創先爭優活動深刻的意義內涵

黨建工作的創先爭優重大意義不言而喻。在先進性教育和科學發展觀基礎上進行的創先爭優活動，其意義指向更為深刻，內涵更為豐富。它突出表現在五個方面：第一，它對先進性教育和科學發展觀內涵進行了更為細緻的闡釋，充實了內涵要素，擴展了外延意義，更具有創造性和操作性，是先進性教育和科學發展觀的理論與實踐的繼續和深化。第二，創先爭優活動務實求新，目標更具有創新性，「五個好」和「五帶頭」更直接與企業發展產生關聯和互動，黨組織與黨員的核心服務功能、服務的績效有了更明確的提示，這既是黨建的不斷創新，更是黨建工作作為一種資源的充分利用，可以視為黨建資源向企業或基層資源的一種轉型。如工作機制好、工作業績好、群眾反應好、帶頭爭創佳績、帶頭服務群眾等具體要求的內容，對企業發展的指導、引領作用非常貼切和新穎。第三，創先爭優活動承上啟下，既延續了各個階段性的黨建工作，又為黨在今後進一步開展創新性的黨建工作進行了相應的輔佐，在思想與組

織建設上作了鋪墊，在創新理論與創新實踐上進行了必要的準備。第四，在現代社會信息與經濟互動迅猛發展的狀況下，突出人力資源要素的進一步開發與利用已經成為社會發展的第一動力。黨建理論與實踐同樣注重黨的人力資源的開發與利用，創先爭優使兩種不同的人力資源要素予以了結合，如領導班子建設結合企業領導班子建設、黨員隊伍建設結合企業員工隊伍建設等。此外，工作業績、服務群眾、遵紀守法等與企業相應建設結合亦非常密切，使黨建資源得以充分擴大與利用。第五，黨建工作與企業發展工作充分結合，實現資源共享，運作互動，教學互動。在執政黨領導國家的前提下，黨已不僅依靠國家形式制定的法律法規來體現其執政意志、領導地位，並且以黨建工作的資源與企業發展資源的共有共用，實現了資源綜合利用的現實績效，意義非常深遠。

三、企業黨組織搞好創先爭優活動的基本要素及運作分析

　　企業黨建工作立足於創先爭優，在「五個好」和「五帶頭」的定向活動中，充分運用其基本內容，做好基本要素的組合與分析，進一步拓展要素潛質，從而確定其活動目標的不同著眼點，對創先爭優活動有著至關重要的作用。

(一) 創先爭優活動的基本要素分析

　　按照「五個好」的操作內容，有領導班子、黨員隊伍、工作機制、工作業績、群眾反應五個基本要素；按照「五帶頭」的運行要求，有學習提高、爭創佳績、服務群眾、遵紀守法、弘揚正氣五個作用要素。這些要素還具有共同特點，體現在：一是要素具備不同的側重點，確定了不同的基本內容與內容的豐富性。另一方面，要素集中的能動體現，又體現了內容的全面性，是一次要素的優勢利用，使活動內容的數量與質量優勢

非常明顯，資源開發與利用特徵更為明晰。二是要素的個性特徵突出，使每一個單項內容的要素內涵非常明晰，特別易於理解、把握與操作。如「五個好」和「五帶頭」各自的要素互動與他們整體連結後，整體性的要素交叉互動，層次清晰，機構科學，具備了要素運作的優勢前提，保證了運作中的績效質量。三是鮮明突出的要素特點有力地強化了創先爭優的內涵與主題發揮，使活動的概念、特點、功能、類型、結構、主體、要求、績效等表現得很充分，系列化特徵明顯。四是要素注重了突出務實與潛在的高效特性，使活動更具有彰顯力、吸引力和可行性，參與者樂於接受，願意思考，其潛質具備了相應的發揮空間。五是各個要素具備相當的前瞻性、連續性和開發性，為黨的十八大的召開做了實實在在的奠基性工作和必要的思想儲備。

(二) 創先爭優活動的運作要素分析

在明確活動具備的要素分析後，怎樣進行創新性運作就是保證活動效率的關鍵。不同的基層黨組織有不同的工作特性和活動運行方式。因而，在聯繫實際，務實創新的起始點上，創建不同的、具有鮮明特色的運作模式尤為重要，是克服形式主義、教條主義傾向的新手段。在完成創先爭優活動目標、階段性發展、具體運作方式、組織配置、效率評價等設計之後，從活動運作的進程看，主要集中在找準活動的著力點、突出優勢面、激發內動力三個基本面上。

1. 找準著力點，注重將活動融入企業中心工作的要素利用

開展創先爭優活動存在著不同的著力點，即活動必備的運作依靠起始點與運作對象。不同的企業有不同側重點的黨建工作，把握活動正確的著力點成為開展活動的重要前提。根據活動的主旨及要求，創先爭優活動已經成為目前基層黨組織黨建工作的一個重點，它具備的核心要素特質，已經成為企業發展

的必備要素之一。在這個層面上，將活動融入企業中心工作順理成章，勢在必行。之所以將活動融入企業中心工作，是源於這樣的活動基點：可以發揮中心工作的引領優勢，突出核心優勢價值，更加明確活動方向，創新活動績效；可以分清黨建工作與企業工作主次，突出重點、認識熱點、理解難點，以中心統攬全局，有層次、有階段地實現活動目標；可以利用中心工作統一認識、統一實效、統一行為、統一計劃，將活動要素與企業其他要素充分融匯，實現黨建中心與企業工作的共同中心，從而創新中心內涵；可以突出黨建工作在企業工作中的重要地位，突出黨建工作在企業法人治理中的核心要素作用，加快企業向現代企業邁進的步伐等。如將企業人力資源的開發、配置與利用納入活動，可以從組織保證、人員擇優、素質考核等角度保證資源的績效。將活動納入企業管理工作，就可以在制度建設、管理業績、服務實效等環節上有效增加運作、考核與評價手段，從整體上提高現有的管理水準等。

　　創先爭優要納入企業工作中心也是一項重要的工程。要保證真正納入企業工作中心，還必須要注重三個傾向：一是創先爭優納入企業中心工作，不是對企業工作中心的簡單替代，或機械納入，而是融入企業的中心工作之中，成為中心工作的一部分，不是以此活動替代彼活動，更不是以此活動來覆蓋企業的中心工作，若以活動內容成為企業中心工作的全部內容，出現黨建工作替代企業其他工作的情況，則干擾了企業正常的管理與經營活動。二是必須防止形式主義和教條主義傾向，在形式上裝擺式樣，而實質上內容空洞，要防止裝門面，走過場，紙上談兵，敷衍塞責，相互推諉，要防止活動名存實亡，變味走樣、毫無實效、機械照搬、行動僵化、執行保守。三是特別注意活動納入企業中心工作後，可能出現多個中心相互擠占時間與空間，相互排斥、相互抵消，或簡單整合，出現多頭領導、多樣執行方式，即政出多門，相互干擾、相互制約、相互衝擊、

相互阻礙的情況。

2. 突出優勢面，注重把組織資源轉化成科學發展資源

企業黨建工作的瓶頸之一，就是沒有把此項工作真正作為一種寶貴的企業資源加以開發利用。長期的機械照搬，已經明顯制約了黨建工作的能動性與執行力，致使一些黨的基層組織「疲、懶、散、軟」現象比較突出，照本宣科、空洞說教、被動執行、形式擺樣、依樣畫葫蘆的情況時有出現。究其根本，是黨建工作沒有真正實現資源化的開發與利用，沒有把這樣的資源納入企業綜合資源的執行與利用範疇。在基層組織只管普通黨員，基層組織只能無條件地執行等舊的工作方式影響下，最容易出現黨建工作的架空與走樣，結果黨建工作在一些企業或基層缺失了吸引力，缺乏感召力，影響了黨的基層組織建設。

創先爭優要突出優勢面，根本問題在於：首先，要把黨建工作視為一種資源，要在思維、觀念、行為上創新認識，改變執行方式，注重這些資源與其他企業資源的融匯、嫁接，實現與企業其他資源的充分互動。這種資源的開發與利用，可以極大地增強吸引力、影響力和執行力，是克服形式主義和教條主義的極好舉措。其次，要進一步實現利用轉換功能，重點把黨建的組織資源、思想資源、執行資源等逐一轉化成科學發展的資源，以科學發展觀提升黨建資源的數量與質量，並作為科學發展資源的一個有機部分。同樣，創先爭優活動也要作為有效的創新資源，納入科學發展資源範疇，從資源的開發、管理、運作、考核、績效等多個執行環節進行組控，實現黨建理論與實踐向科學發展資源的傾斜與結合。再次，在實現資源的基礎上，要注重其價值的運用，依託相關發展規律或定理，積極探索與研究黨建工作的價值形態與體系構建，切實改變單純的文件定方向、條款劃範圍、執行靠舉措、檢查依定勢等簡單的組織過程與執行模式，改變簡單的紀律約束形式，簡單的考核總結方法，將組織執行與監督行為上升為一種資源的綜合利用行

為，一種可以充分體現運用的價值績效行為。最後，要充分利用創先爭優活動範本，積極進行資源體系建設和資源機制確立的思考，利用此項活動的各個內容要素特性，探索兩個新的破——一個是如何把黨建資源轉化為社會進步的綜合性資源，在創新自身建設模式中創新現有的社會發展模式；一個是如何利用黨建工作的一般組織對象（如黨自身的基層組織建設），進一步擴大黨組織之外的其他社會組織或團體，使更多的受眾對象被指導與引領，真正形成高度結合的對象群體。同時，把黨自身的依靠對象，即廣大的黨員群眾，擴展至更多的非黨員群眾，進一步優化黨組織的外圍合力與凝聚力，促進黨建資源的更多轉換與更大利用。此外，創先爭優要突出優勢面，即真正突出企業黨建的優勢面和企業發展現有的優勢面，還需要在選擇優勢面的時候，注重其聯動環節的有機組合：第一個環節是在不同的優勢面上進行擇優選擇，如企業文化建設的優勢面、企業管理或經營的優勢面、企業黨組思想政治工作的優勢面等。第二個環節是優勢面進行比對分析並進行選擇，利用其優勢要素夯實基礎，從而順利開展創先爭優活動。第三個環節是注重優勢面帶來的實際運作效果，加強對優勢面的與黨建活動的互動關係、要素綜合利用等的課題研究，即創新優勢面，加快黨建資源轉化成科學發展資源的進程。

3. 激發內動力，注重把握發揮黨組織戰鬥堡壘作用和先鋒模範作用的內涵

內動力，即組織或事物內部自身所具備的活力、壯大力，是組織或事物發展過程中最根本的動力源。在自我發展與外在條件影響或作用下，內動力的大小、強弱、走向等存在著不同的變化，會對組織或事物產生不同的結果。從此項活動的「五個好」和「五帶頭」核心要素看，它是通過極大地激發黨組的自身內在動力來實現活動要求的，是一種運用內動力的表現。激發自身的內動力，才可能通過創先爭優活動繼續黨建工作的

創新與發展，以自我完善、自我建設增強活力與戰鬥力，進一步發揮黨組織堡壘作用和先鋒模範作用，更加服務於人民群眾。如何創新性地激發內動力進而產生黨組織的凝聚力，提高戰鬥力，可以從創新角度進行更積極地思考：注重以內動力來充分突出組織自身的先進性，目標的科學性，思想的創新性，思維的前瞻性，發展的潛力性，能力的完備性，自我約束的可信性等要素特徵，從而增強其吸引力、感召力和凝聚力；注重以內動力創新自我形象，創新先進性和科學性，並在實踐中建功立業，以實效來增強組織的形象性；注重以內動力要素利用、促進能量發揮，將其轉化為組織的優質執行力，通過執行來保證實現組織目標；注重以內動力為課題的探索，將內動力視為一種寶貴的動力資源，在內動力的選擇、組織、運行等過程中，摸索規律，創新定理，在內動力、執行力上提供保證系數，創新動力指標，實現內動力的不斷創新，保證當前創先爭優活動的動力質量。

發揮好黨組織戰鬥堡壘作用和先鋒模範作用是實現活動目標的重要舉措之一，是實現活動目標的必要保證。發揮堡壘作用和先鋒模範作用必須要考慮兩個前提：一個是有效防止形式主義傾向，務實創新，實實在在，不空不虛。如活動的「五個好」，就要在如何「好」上用事實、典型事例、具體行為、實效評價、結果考核來詮釋堡壘作用和先鋒模範作用，讓人耳目一新，心悅誠服；另一個是充分運用內動力的張力，在活動中自始至終保持優質的運行狀態，使堡壘作用和先鋒模範作用通過內動力來提升，突出作用的先進與科學，突出作用的務實與創新。創先爭優的「五個好」和「五帶頭」要確定「堡壘」和「先鋒」的作用方向與目標，關鍵在於通過優質的內動力來激發要素，以鮮明的事例來詮釋作用，以務實的績效來弘揚作用，以創新的行為來提升作用，以作用的宏大來鼓舞人心。在這樣的前提下，發揮「兩個作用」才有堅實的基礎，才有可以體現

作用的參照對象。如突出黨組織領導表率作用的具體行為，突出帶頭服務群眾的實在舉止等。發揮「兩個作用」要注意作用點的選擇，一是說明作用效果的具體事實；二是作用體現的先進性、可信性質量；三是不同作用的對比與互動，保證作用的整體性；四是注重作用的現實與潛在效果的延續。

創先爭優活動是企業黨建工作的創新，延續著黨建工作的創新方式和核心內容。對企業黨建工作中的創先爭優活動不斷進行探索與思考，進一步研究其現實與潛在的能動作用，對保證活動的高質高效，弘揚活動的務實創新，擴展活動的發展空間，具有非常重要的意義。創先爭優活動的創新性思考課題多、範圍大，創新思考的領域非常寬。因而，從實效出發，對活動的創新思考可以結合企業自身實際，擇其要旨，進行不同的探索與研究。

對創先爭優活動的創新思考主要體現在三個方面：任務創新、階段目標創新和具體要求創新。

(一) 創先爭優活動的任務創新

創先爭優活動是黨建工作在企業的具體運用形式，也是企業黨建工作的形象體現。保證活動的任務創新，可以實現內容的創新，進而達到活動績效的創新。任務創新主要突出在四個方面：一是將「五個好」和「五帶頭」的活動既看作是目標、方向、內容、範圍，更重要的是將此視為活動的任務。「五個好」和「五帶頭」作為活動的任務，不論是理解為基本任務還是核心任務，都存在著共同的內涵與基本屬性，也存在著共同的創新與延展的空間。從基本任務看，可以思考任務的核心所在；反之，可以從核心任務擴展出基本任務的更多內容，這就為任務的創新提供了條件。二是在基本任務或核心任務的框架

下，對每一個具體的任務都可以創新或擴展其內容，使之更為豐富實在。如「帶頭服務群眾」，就可以創新出不同的服務內容、不同的服務對象、不同的服務方式、不同的服務效率等，有很大的包容性和延伸性，可以衍生出更多服務，形成服務的體系或系統。三是任務的創新實際上也是實踐的延展，可以進一步豐富創新出更多內容，實現目標—任務—內容的循環與互動，即任務創新擴展了服務內容，內容的豐富與生動，又反作用於實現和提高了任務的實效。四是任務創新可以進一步突出目標質量，豐富創先爭優活動的內容，極大地提升活動價值。

(二) 創先爭優活動的階段目標創新

階段性地擴展黨建工作是企業黨建的一大特徵。創先爭優活動也同樣按其不同的活動對象，不同的互動方式等，存在著不同的階段性。如「五個好」和「五帶頭」就可以形成兩個互動階段。再進行具化，還可以分為「五個好」自身的五階段，「五帶頭」自身的五階段。活動的階段性發展，利於每個階段的創新，使每個階段的工作更加深入，是一種「點」的創新，常常具有「畫龍點睛」的效果。實施階段性創新，可以創新活動要素，使整個活動更加豐富多彩，更具影響力和感染力；可以在活動的深度上反應更多本質性的、具有代表性的生動事例或典型形象，更具說服力和可信度；可以點面結合，相得益彰，使活動提高檔次，更具科學性和先進性等，優勢非常明顯：首先，它實現了活動要素的充分利用，加深了活動深度與力度。其次，它為活動提供了塑造典型與形象的契機，使活動立體多維發展，更形象可感，更利於理解把握。再次，它可以改變活動程序與時段，特別利於聯繫實際，以實踐的豐富性來印證、說明活動主旨，發展或創新活動理論。如結合企業黨建工作實際，針對領導幹部的具體工作，可以憑藉「工作業績好」進行階段性的深入探討，聯繫企業黨建工作，從領導幹部的基本素

質、文化學識、綜合能力、決策手段、領導實效、個人修養等多個角度來提高認識，進行綜合評價，推動企業幹部隊伍建設。最後，階段目標更容易結合企業實際，找到要害，分清主次，把握重點，杜絕治標不治本現象，杜絕形式主義的走過場和擺架子傾向。

(三) 創先爭優活動的具體要求創新

創先爭優活動要取得實效，需對活動的具體要求進行延伸與擴展，即對具體要求加深理解，領悟實質非常重要。它既是防止形式主義與教條主義的有效手段，又是活動創新的有效途徑。對具體要求的創新，主要著眼於：其一，在把握具體要求的基礎上，對每個具體要求進行有深度的理解，利用具體要求充實自身參與活動的內容、手段及執行力度，對每一個活動單元的認識、理解、執行、創新有更新的感悟與啓發，使活動的每個階段，每個環節都可以觸類旁通，做到綱舉目張、各顯成效。如依據「創建領導班子好」的要求，可以緊緊抓住「創建」要求，具化和延伸領導班子的創建內容，從班子作風、紀律、能力、反腐、服務、決策、執行、績效、考評、反應等不同層次中找到薄弱環節，依據要求進行創新；同樣，可以依靠「班子帶頭學習」的要求，將領導者個人或班子整體的文化修養、學習態度、求知興趣、學識程度、運用效果、創新能力、知識構架、魅力釋放、感召影響等進行比對，利用存在的問題，進行學習的綜合創新。其二，具體要求創新要結合自身的不足，按照具體要求，進行有的放矢的學習，揚長避短，補虛夯實，力求做到利用一個具體要求來解決一個具體問題。其三，對具體要求的創新要分清不同要求，根據自我需要，做好對要求的選擇，在具體要求上進行突破，結合創先爭優活動的任務創新和階段目標創新，創建出自身的活動特色或風格，進一步鞏固自身黨建工作實績，加強運用能力，科學利用好企業現有的綜

合發展要素，以新的企業精神、新的企業素質、新的企業風貌和新的員工隊伍，在現代企業建設中創新黨建品牌，進一步完善自我形象，真正把企業做大、做強。

企業黨建工作中的創先爭優活動起點高，目標新，內容豐富，要求明晰，創新空間大，操作有依託，關鍵在於企業的自我創新認識和創新的發揮，在於企業綜合資源的科學運用。只要深刻理解活動實質，把握好運作手段，敢於創新活動模式，就一定可以在創先爭優活動中再創佳績，使企業黨建工作和企業發展工作比翼齊飛，實現其宏偉的發展目標。

參考文獻：

1. 王河．中國非公有制企業黨建工作．上海：上海人民出版社出版，2003.

2. 人民日報評論員．堅持國企黨組織的政治核心地位不動搖．人民日報，2009－08－27.

3. 李興國．抓好國有企業黨建工作促進企業發展．中國吉林網，2010－07－10.

4. 王荃荃．關於加強國有企業黨建工作的思考．中國高新技術企業，2010（10）.

試析經濟全球化條件下如何弘揚愛國主義

劉國偉　　　　　　　　（川慶鑽探工程有限公司地質勘探開發研究院）

[摘要] 在全球經濟化的條件下，認識到當前弘揚愛國主義的必要性，進而擴大弘揚愛國主義的有效途徑，對進一步弘揚愛國主義具有積極的現實意義。

[關鍵詞] 愛國主義　必要性　有效途徑

中圖分類號　D412.62　　文獻標示碼　A

「愛國主義是一個民族賴以生存和發展的精神支撐。面對世界範圍內各種思想文化的相互激盪，必須把弘揚愛國主義、培育民族精神作為文化建設極為重要的任務，納入國民教育及精神文明建設全過程，使全體人民始終保持昂揚向上的精神狀態。」這是黨的十六大根據國際國內的新形勢新情況提出的一個具有重要意義的新論斷。

經濟全球化與愛國主義是並行不悖的，中華民族愛國主義傳統的歷史發展表明，愛國主義是在開放、碰撞中獲得的。在經濟全球化的過程中，我們所關注的不是要不要愛國主義的問題，而是弘揚什麼樣的愛國主義和如何弘揚的問題。

愛國主義，是民族文化的核心和靈魂，是一個民族在歷史

活動中表現出來的富有生命力的優秀思想、高尚品格和堅定志向，具有對內動員民族力量、對外展示民族形象的重要功能。一個民族，如果沒有振奮的精神、沒有愛國主義，沒有高尚的品格、沒有堅定的志向，就不可能立於世界民族之林。因此，在經濟全球化條件下，弘揚和培育愛國主義，對我們國家壯大實力、增強活力、提高競爭力、增強影響力，具有特別重要的意義。

(一) 經濟全球化的背景

20世紀70年代，微電子工業、航天工業、新能源工業、遺傳工程、光導纖維、納米技術等新產業飛躍發展，促進了現代科學的基礎知識每年以5%以上的速度增長，專業知識增長達20%左右。至今，現代基礎科學已有500個以上的主要專業，現代技術學科也有400個以上的專業領域。人類的科學知識，在19世紀是每50年翻一番，20世紀中期是每10年增加一倍，到了20世紀70年代，每五年就增加一倍。現代物理學中有90%以上的知識，是1950年以後發展起來的。現代信息的科學化、國際化、網絡化、智能化和廣為傳播、廣泛使用，已使世界貿易增長速度超過了世界經濟增長速度，我們這個「地球村」的經濟大循環正蒸蒸日上，充滿了生機。

結合弘揚愛國主義，我們可以從中看到：一是在以高科技為核心的第三產業、第四產業中，在新思想、新思維作為指引的能動作用下，信息知識產業已占據主導地位，勢必會帶來愛國主義教育內容的不斷更新與綜合利用。二是勞動力主體成了信息的生產者、傳播者和使用者，弘揚愛國主義的接受對象已經發生了極大的變化。三是世界國際貿易總量超過了生產總量，交易結算不再主要依靠現金而是依靠信用，全球性貿易成為了貿易主流。四是新技術、新材料、新能源、新品種層出不窮，普及速度前所未有，已經對愛國主義的形式與內容提出了更高

的要求。五是新觀念、新思維、新思想、新浪潮相互呼應,「地球村」引發的全球同一化、多極化經濟飛躍,已經對愛國主義的持續性、創新性形成了新的挑戰。六是傳播技術全球化,信息「高速公路」進入數字化傳播階段,「媒介即訊息」、「冷、熱媒介」、「消失的地域」等新媒介理論的實踐與探索,已取得長足進步。出現更多開放的「網絡社區」等形式,客觀上為愛國主義教育提供了更大的發展與傳播空間。同時,新媒體明顯改變了人們固有的生活方式,特別是人們對精神享受與精神需求有了更多的期盼與要求,增加了弘揚愛國主義教育的難度。七是在繼IT革命之後,第六次產業革命需要新的精神動力作為支撐,客觀上促進我們必須對愛國主義作出全新的認識。八是在未來10至15年之內,信息產業的從業人員將占世界勞動總人數的40%以上。信息產業的高度發達,會使世界大同化,世界語、價值取向、行為趨同、經濟共存等將會成為現實。在世界經濟大發展的今天,我們弘揚愛國主義,並對此進行必要的跨越,以此來引導和促進經濟進一步發展,已經成為我們的重要工作。

(二) 弘揚愛國主義的必要性

愛國主義是中華民族的優良傳統。在改革開放的新時期,愛國主義仍然是我們社會的主導觀念之一,但是它也遇到了經濟全球化的挑戰和衝擊。我們知道,經濟全球化是當代世界發展的重要趨勢,它的發展使各國在經濟上日益緊密地聯繫在一起。經濟全球化也影響到政治和文化生活,使不同的國家在各個方面加強了交往。各國的公民在世界範圍內流動,一個國家的公民可能工作和生活在另一個國家,並對另一個國家產生感情。這就在很大程度上改變了愛國主義產生和發展的條件,對愛國主義提出了新的挑戰。因此,弘揚愛國主義並賦予新的內容和形式已非常必要。

1. 在經濟全球化的發展條件下，愛國主義教育更為重要

從我們內部需要看：一是愛國主義的一些內容已經不能完全適應當前的需要。從其內涵、傳承性與實際需求看，愛國主義必須擴展內涵，以更新的形式與教育手段來發揮更為積極的作用。二是愛國主義被一些人認為已經「過時」，漠視愛國主義教育，否認愛國主義的社會基礎和合理意義，淡漠愛國主義在我們參與經濟全球化的過程中不可缺少的支撐作用以及愛國主義具有的現實意義，極易導致人們思想上的混亂。三是愛國主義本身具有的實質內容，必然會體現民族精神與民族追求，必然會成為民族自身發展的一種必要。沒有愛國主義的體現和作用，則難有國家經濟更大的發展，國家就沒有實力、活力與競爭力。四是愛國主義自身是我們思想、觀念、行為等的一種源力所在，是精神範疇的一種思想固有形式，有其豐富性、先進性與巨大的傳承性，是民族思想庫的精華，必須要發揚光大，使其更富凝聚力、感召力和影響力。

2. 在經濟全球化的發展條件下，愛國主義教育更為迫切

從我們的外部環境看：一是我們作為發展中國家，作為社會主義國家，經濟全球化是發展機遇，更是挑戰。在這樣的機遇中，我們應積極吸收先進思想、觀念，改變我們一些舊有的思維模式，充實我們的愛國主義內容。二是在西方資本主義發達國家利用經濟、科技甚至軍事等方面的優勢極力主導經濟全球化的過程中，我們必須堅定地捍衛自己的國家利益，這就更需要愛國主義的支撐。三是我們需要用愛國主義來進一步凝聚民族意志、民族精神，並且在積極吸收先進思想的同時，發掘愛國主義新的內涵，弘揚愛國主義的優秀傳統，抵制外來非積極、非先進思想潮流的影響，提升我們的愛國主義內在質量。

四是我們必須要根據新的形勢,使愛國主義更具有當代特點,更加開放、更加務實、更具有全球視野。我們要瞭解自己、瞭解自己國家所處的世界,必須堅持對外開放,以積極而理性的姿態參與經濟全球化,加強與世界各國的友好往來。那麼,愛國主義也必然會成為我們與各國密切交往的重要工具。

弘揚愛國主義是我們當前極為重要的工作,關鍵在於加深對愛國主義的認識,充實與提高其內涵。我們要進一步擴展思維,擴大視野,站在相當高度上,對弘揚愛國主義的有效途徑進行更大的探索與思考,並真正有所作為。

(一)大力推進愛國主義的理論建設

要積極推動愛國主義的理論進步,強化其理論系統建設,不斷充實愛國主義內容,以新的形式、新的內容來引導我們的經濟建設,真正形成具有自身特色的愛國主義體系。偉大的事業需要偉大的精神。馬克思主義認為,生產力是社會發展中起決定性作用的因素,同時精神對物質、社會意識、對社會存在又具有巨大的能動作用。我們知道,不同的時代有不同的愛國主義形態與內涵。要積極探索愛國主義的建設與精神實質,我們可以從中華民族精神發展階段及其形態上看到古典民族精神、近現代民族精神以及當代民族精神的三個發展階段。在愛國主義的前提與範疇內,古典民族精神反應的是各民族自然經濟、宗法社會條件下道德至上、貴和求穩的守成精神;近現代民族精神體現的是各民族在內憂外患下救亡圖存、爭取民族獨立的革命精神;當代民族精神表現為經濟全球化和改革開放背景下建設現代化國家的開拓創新精神。它的主要內涵有:愛國團結、自強不息、厚德載物、博大寬和、兼容並蓄、勤勉好學、勤勞勇敢、剛健有為、堅忍不拔等。從這些民族精神演化與壯大的

愛國主義，使民族精神與愛國主義融匯貫通，密切互動，融為一體，中華民族正是依靠這種偉大的愛國主義精神創造了自己的奇跡，締造了燦爛的中華文明。在經濟全球化的發展條件下，基於愛國主義在不同時代的表現特徵，我們對愛國主義的創新性認識，必須要結合當今世界發展狀況，在理論上進行必要的探索、研究與更新：一是積極吸收與消化當今世界各國的先進思想與先進理論，真正兼收並蓄，揚長避短，為我所用。以開放的思想、求實的觀念，力求對自身愛國主義的成因、基礎、現狀、未來發展等進行理論性總結與提高，擴大愛國主義的思想庫容，在形式與內容上有所突破。二是融匯民族發展史、民族精神、民族品格、民族志向、民族凝聚力，創新性地開發愛國主義的內容，豐富觀點、增加內涵，進行一些理論創新與突破。三是在理論上形成自身體系，在組織上保證系統運作，在宣傳上擴大形式，在效果上不斷總結，充分利用愛國主義理論的能動作用，構成理論到實踐的運作層次或網絡狀優勢，促進兩者的更大互動與綜合建設。四是特別注意愛國主義在國家經濟發展與經濟全球化條件下的特色建設，樹立自身愛國主義形象，在感知力、感召力、影響力、實效力等方面不斷研究其規律性，尤其是對民族凝聚力、國家經濟發展的引導作用要進行更多的創新、創效性工作。五是特別注意愛國主義教育理論與實踐可能出現的單一、保守、僵化、封閉、排他等影響或傾向，既要發揚優良傳統，創新理論，敢於實踐，又要防止狹隘的民族主義、故步自封等思潮對愛國主義工作的干擾。

(二) 注重多途徑弘揚愛國主義

融於愛國主義的民族精神，是一個民族在長期的鬥爭中形成的共同心理素質，是民族特質的凝聚和集中表現，它滲透到民族的整個機體裡，貫穿在民族的歷史長河中。民族精神不是抽象的存在物，而是民族的宗教、倫理、風俗、科學、藝術等

具體內容的共同特質和標記。因此，弘揚愛國主義、進行愛國主義的教育，顯然不可能依靠單一的手段、枯燥的說教就可以進行。弘揚愛國主義的途徑是多樣的，並且大有可為：我們用民族的自立、自尊、自信、自強來提升愛國主義的內涵；我們可以從社會發展的優勢來彰顯愛國主義的實質；可以從經濟騰飛的成就來說明愛國主義的重要；可以從未來的發展需求來揭示愛國主義不可替代的作用等。弘揚愛國主義的途徑不僅多種多樣，而且主題明晰，要素清楚，極容易與我們的現實生活結合起來而產生積極效果。結合現實需要，我們可以對弘揚愛國主義的主要途徑進行更多探索。

1. 為人們建立共同的利益目標而不是分散的利益目標

一個由多民族組成的國家，各民族之間或人與人之間必然存在著密切的利益關係。利益基本一致，人們就凝聚，國家就能達到統一；利益衝突，人們就渙散，國家甚至會走向分裂。民族之間或民族成員之間的經濟利益分配格局，決定著民族的凝聚意識和凝聚程度。利益目標包括政治、經濟、文化等多種目標，有具體的利益所在。弘揚愛國主義就是要在確立人們的基本利益目標的基礎上，體現人們的共同利益、共同趨向、共同要求、共同願望、共同目的，使愛國主義內容更為豐富、效果更為明顯。如當前我們進行的樹立科學發展觀，構建和諧社會主義社會，走向共同富裕就是弘揚愛國主義的一種具體體現。

2. 大力傳承和倡導民族的優秀歷史和經典文化

中華民族歷史久遠，自古以來就崇尚氣節與信念。不同歷史時期的愛國主義精神的演化，歷代有識之士的種種壯舉，都延續著愛國主義的精神實質。我們的先輩都自覺地在高尚的愛國氣節中汲取精神營養，用以堅定自己的信仰和追求，砥礪自己的情操和品格。越是滄海橫流，越是如此。司馬遷身陷囹圄撰寫《報任安書》，文天祥面對死亡吟詠《正氣歌》，深情緬懷和虔誠盛贊「在齊太史簡，在晉董狐筆」。翻開史冊，「典型在

凤昔，」「古道照顏色」的民族精英比比皆是。從特定意義上說，一部卷帙浩繁的二十四史，就是一部用氣節和信念寫成的「富貴不能淫，貧賤不能移，威武不能屈」的民族精神之贊歌。「朝聞道，夕死可矣」，「鞠躬盡瘁，死而後已」，「英雄生死路，卻似壯遊時」，「人生自古誰無死，留取丹心照汗青」，「生當作人杰，死亦為鬼雄」，這些錚錚誓言，無不激勵後人們從中汲取天地之正氣，成人類之高節。無論任何時代，任何社會，只要有了這樣的氣節與信念，那麼這個民族就有了強大的精神力量和精神動力，就有了戰勝一切艱難險阻的信心和勇氣，就能為捍衛真理和正義拋頭顱、灑熱血。正是這樣的民族氣節和信念，鑄就和打造了中華民族生生不息、弱而復強、衰而復興的民族精神之魂。我們要大力弘揚愛國主義，就必然要傳承我們的優秀歷史和經典文化，用這些精髓和瑰寶來豐富愛國主義內涵，使愛國主義不斷延續、不斷壯大。

3. 更加充分利用紀念日等進行經常性的愛國主義教育

利用紀念日等進行經常性的愛國主義教育是弘揚愛國主義的必要舉措，並且實效明顯。紀念日不僅是對一些重要事件的記錄或反應，還是進行愛國主義教育的重要標示。特別是在鴉片戰爭後，中華兒女為反對外來侵略，維護國家獨立所進行的前僕後繼、不屈不撓的鬥爭尤為引人注目。因此，我們可以進一步利用紀念日選擇愛國主義專題，進行目的性極強的專項愛國主義教育；可以結合現實對愛國主義精髓進行兼容、類比與擴展，舉一反三，注重實效；可以進行愛國主義的教育連結，構建愛國主義由點到面的教育系列，由此及彼，從而壯大愛國主義的教育機制。

4. 愛國主義教育資源的綜合性開發

弘揚愛國主義是一項十分重要的巨大工程，尤其要重視愛國主義物質性資源的有效利用與綜合開發。這樣的開發與利用，優勢極為明顯，表現在：一是可以豐富愛國主義教育內容，增

加教育的「形象點」，利於構建愛國主義的縱橫體系，形成愛國主義的強大機制。二是可以有效增加教育途徑，促進愛國主義資源的綜合開發與利用，不斷以新的形式與新的內容擴大愛國主義教育的範疇，使其教育更為生動活潑，更易於接受。三是可以在客觀上促進愛國主義教育點所在地區的經濟發展。綜合現在愛國主義教育的資源開發，如可以立即見到成效的「紅色旅遊」、「愛國主義教育專題旅遊」、「經濟建設成就觀覽」、「名人志士回顧」、「世界與我專題講座」等，都可以成為愛國主義教育的看點，具有巨大的開發與利用價值。

愛國主義是人們忠誠、熱愛、報效祖國的統一，是集情感、思想和意志於一體的社會意識形態。愛國主義是凝聚、動員和鼓舞中國人民團結奮鬥的一面旗幟，是推動中國歷史前進的強大精神力量，是全國各族人民共同的精神支柱。新時期加強愛國主義教育有極強現實意義和深遠的歷史意義。

(一) 進一步創新弘揚愛國主義的形式與內容

弘揚愛國主義從形式到內容必須堅持將創新作為當前的必要舉措之一。從形式看，我們可以從擴大弘揚途徑考慮，在形式上進行必要的創新，目的在於以更多人們喜聞樂見的形式，深化愛國主義教育的主題，使人們樂於接受愛國主義教育。這些形式不是單調的、呆板的或僵化的，而是具有吸引力與新鮮感的，可以引發人們的感知，從而使人們對愛國主義有更多的理性認識。同時，愛國主義教育的內容需要進一步充實，要特別注意對愛國題材的選擇與運用，在內容上力求題材的多樣性、內容的豐富性，使愛國主義的內容如百花盛開，人們在得到教育的同時，還可以獲得更多的精神愉悅與美的享受。要在題材上進行內容拓展，可以有革命題材、典型題材、專門題材、經

濟對比題材、全球經濟題材、世界一體化題材等。我們要力求內容的新與實,力求內容既要反應過去,又要突出現在,並揭示更多的未來。

(二) 注意克服愛國主義教育的形式主義、教條主義等傾向

弘揚愛國主義的內容給我們提供了極為廣泛的教育空間。如以堅持建設有中國特色的社會主義是新時期愛國主義的主題為例,我們可以把增強國家意識和民族觀念、維護國家主權、國家利益和國家安全等,作為是新時期愛國主義教育要求的現實體現。再具體展開,我們可以具化集體主義、社會主義思想,進而倡導愛國守法、明禮誠信、團結友善、勤儉自強、敬業奉獻的基本道德規範,指出反對拜金主義、享樂主義、極端個人主義的緣由所在。我們還可以進一步去弘揚社會正氣、塑造美好心靈、陶冶高尚情操,樹立崇高的理想和信念,樹立正確的社會主義榮辱觀,以熱愛祖國為榮,以危害祖國為恥,以胸懷祖國、服務人民為座右銘的更多內容。從而鮮明我們的愛國主義精神實質,即以振興中華為己任,把個人理想融入到全國各族人民建設有中國特色社會主義的共同理想之中;把個人奮鬥融入到祖國社會主義現代化的奮鬥之中,做堅定的愛國者,努力學習、勤奮工作,在艱苦創業中報效祖國。但要指出的是,弘揚愛國主義僅僅停留於語言的表述,停留於一些空洞的口號,停留於一些僵化的灌輸模式是不可能取得實質效果的。我們必須要注意愛國主義教育的形式主義與教條主義客觀上對弘揚愛國主義的潛在影響。如果我們一味強調怎麼樣愛國,怎麼去弘揚,而不正視經濟全球化的發展現實,不深思經濟發展對愛國主義教育提出的更高要求,脫離實際,閉門造車,自我設計愛國主義的形式與內容,不可能達到愛國教育的最終目的,不能實現弘揚愛國主義的最終目標。

(三) 弘揚愛國主義必須結合實際，務實求真

當前，經濟全球化使我們的世界發生了極其深刻的變化。經濟的巨大發展，在其物質優勢作用下，人們的思想、觀念、思維等出現了更多變化。中國的改革開放和市場經濟，也使人們的思維、觀念越來越活躍。在經濟全球化使各國間的經濟聯繫日益密切、中國正在加快步伐走向世界的現實中，世界正走向一體化，「地球村」概念亦日益深入人心。在這樣的形勢下，我們的愛國主義教育必須要從形式與內容上著眼，進行更多積極的探索與相應的改革。

我們可以看到：一是世界各國的愛國主義教育已經不僅僅限於自身的愛國題材、愛國實例等內容，更多的摻入了世界各國「互愛」的「大同要素」，即人們共同的價值觀、愛國觀、趨向性、一致性得到了普遍認可，對自身的愛國主義進行了極有意義的昇華。二是經濟發展、共同富裕等經濟性目標已經成為愛國主義教育的特色內容。沒有經濟發展與共同富裕，弘揚愛國主義就會成為一紙空文，失去必要的依託基礎。三是隨著人們生活和活動範圍的進一步擴大，人們互動與交流加強，更多的人有機會走出國門，到世界各地工作、學習或旅遊，甚至成為「世界公民」。因此，我們應該樹立「全球觀念」，站在「世界大同」之上進行有效的愛國主義教育。如果狹隘地強調民族精神或愛國主義，僅僅依靠對傳統的傳承與發揚，僅僅依靠政治上的空地說教，只會是民族主義的狹隘體現。四是在現代信息社會的推動下，我們要充分利用各種信息，注意對信息資源的開發與利用。信息就是效益，信息就是生產力，信息就是最寶貴的資源。愛國主義教育的效益與原動力，同樣要靠信息的大量利用、複製、傳播、反饋等手段來提高和最終實現，並不斷推進其健康發展，使其真正成為我們民族發展的瑰寶。

在經濟全球化條件下如何弘揚愛國主義是一個極有意義的

課題。我們只要堅持愛國主義教育，大力弘揚愛國精神，並不斷賦予愛國主義新的內涵，使愛國主義牢牢扎根於人們的心靈中、見諸於人們的行動上，我們就會有強大的精神力量，加快中國特色社會主義事業的不斷發展，使中國真正立於世界民族之林，成為世界強國！

參考文獻：

1. 人民日報評論員．論中國入世後愛國主義的弘揚．人民日報社，2003－02－23．

2. 周小其．經濟應用文寫作（第四版）．成都：西南財經大學出版社，2009．

企業行政管理執行力問題淺析

周小其 　　　　　　　　　　　　（四川工人日報社）
梁湘麗 　　　　　　　　　（成都市仁信擔保有限責任公司）

　　[摘要] 企業行政管理滯後所出現種種問題，根本上是因為執行力要素欠缺、執行力力度不足、執行力方向不明等的要素運用不當或運用欠缺，因而沒有執行力的保證，企業行政管理難以實現新的突破。針對以上問題，注重創新思考，在執行力的要素、資源、配置、措施、模式、執行等進行創新，展開對此課題的探索與研究，對進一步提高企業行政管理的執行力具有積極意義。

　　[關鍵詞] 行政管理　執行力　問題　對策
　　中圖分類號　F406.17　　文獻標示碼　A

　　企業行政管理是指一定組織中的管理者，通過實施計劃、組織、人員配備、領導、控制等職能來協調、配置組織資源和活動，進而更有效地實現行政管理績效目標的過程。
　　執行，即實施、實行。如實施或實行相關政策、法律、計劃、命令等規定的事項，常常帶有前瞻性和強制性。執行力，即執行的力度或程度，是以執行來實現某些目標的一種保證手段。
　　執行力在現代企業行政管理中具有舉足輕重的作用，是企業行政管理貫徹企業發展戰略和實現最終目標的第一保證，其

保證作用尤為突出，被稱為企業行政管理除人力資源之外的「第二動力」。

依據企業行政管理的固有特徵和執行力形態可以看到：企業行政管理總是依存一定執行手段來實現管理目標的；企業行政管理是一種動態的過程，是圍繞一定的目標進行的，必須靠執行力予以保證；實現行政管理的目標效益是一種績效管理，執行力已成為推動與評價整個績效管理的核心要素；執行力存在強弱之分，力度大小決定著執行的實際效果。執行力有規範性、先進性、科學性、可行性等特徵，屬於行為範疇。從當前企業行政管理現實情況看，執行力對企業行政管理的影響、制約、介入等作用無可替代，執行力的執行質量決定著企業行政管理的最終績效。因此，對執行力的問題進行進一步的探索與研究更具有現實與深遠的意義。

企業行政管理中的執行力滯後一直是企業行政管理的瓶頸，執行力動力不足，執行過程因缺乏必要的廣度與深度而對企業行政管理績效的影響已越發明顯，滯後的多面性、複雜性，表現較為深刻，應該引起我們的高度重視。

(一)執行力要素欠缺：政府對企業行政管理的指導、監督等相對滯後

目前，企業生產管理、質量管理、能耗管理、經營管理、勞動管理等，有章可循的、有法可依的已經不少，但企業的行政管理至今沒有可供不同企業進行參考的標準性規範文本，沒有對企業行政管理進行專門的、系統性的指導與監督。同時，政府相關部門對企業的行政管理沒有制定具體可以參照執行的法規性文件，使不少企業盲目地以某些國外企業或國內企業的行政管理模式為參照，制定出自身的行政管理規範文本，導致

宏觀調控與微觀監督出現雙向缺失，由此出現不少企業行政管理的問題。

1. 企業行政管理執行要素不足

企業行政管理出現的執行不足，必然導致管理方向、目標的動力不足。它表現在：由於來自政府相關部門的宏觀性指導與監督不足，不少企業沒有規範性的文本、行政管理相關指導性文件，沒有建立自身行政管理的資料、文本及行政管理的檔案資料庫，僅僅保存著一般的行政辦公系統，進行日常的行政管理；沒有建立行政管理的有效體系，形成高效的運作系統；沒有政府相關部門對企業行政管理實施有效監督與保證的運作體系，僅僅留於形式上的一般性指導；沒有政府相關的法定新文本來解決企業行政管理滯後存在的一些問題。

2. 政府相關部門對企業行政管理的具體指導、監督等缺乏力度

政府部門對企業的企業的產品質量、勞動保護、環境保護等做得有條不紊，規範嚴謹，但對企業的行政管理狀況的微觀過問則少之又少。比如，涉及企業行政檔案管理，政府相關部門進行指導、檢查的深度不夠，一旦完畢，就再沒有事後的回訪與指導。一些企業行政管理人員在具體的管理中要搞一個什麼方案、計劃等，感到無法可依、無章可循，致使企業根據領導意見，然後閉門造車推出行政管理相應的管理文本，難以提高行政管理的檔次。尤其是不少改制的中小型企業，行政管理本來就比較滯後，再加上沒有相關參照文本、文件，沒有相關部門的具體指導與監督，管理落後、觀念落後的現象十分突出。指導與監督的形式主義或虛無狀態，使不少企業行政管理缺乏執行力度，執行力被大打折扣，出現被曲解和異化現象。

(二) 執行力力度不足：行政管理留於一般形式，管理空泛

行政管理在企業中流於形式，內容空泛，行政管理具體指標難以落實的狀況十分普遍，幾乎成了企業行政管理執行力滯後的通病。

1. 重管理形式，輕管理績效

企業行政管理沒有與企業產品、質量等直接掛勾，而管理的事務又比較繁雜，事出無因的東西多，一些企業行政管理由此出現形式與效率不統一、不匹配的問題：一是為適應管理現代化需要，針對企業行政管理上建立必要機構，制定規章制度，進行人員配置等，做得頭頭是道，形式好但績效低，應付日常事務多，很少考慮行政管理的績效問題。二是行政管理常常一人一個「格子間」，空間狹小擁擠，人員來往頻繁，相互干擾明顯，影響了管理的執行力度與效果。三是管理績效反應不明顯，辦公事務頭緒亂，具體的工作常常難以落實，執行不力，導致管理績效考核與評價質量低下。四是一些管理機構名存實亡，管理的執行力或被架空，或被淡漠，績效的有效評價與利用便無從談起。

2. 管理照本宣科，內容空泛

企業行政管理似管非管，管而不全，管而無序，管而低效的現象不少。究其原因，主要是管理者滿足現狀，沒有競爭意識，一切工作按計劃辦，按領導意圖辦，管理依樣畫葫蘆，形式主義嚴重，沒有個人創造性和主動性的真正發揮。此外，個人素質不高，技能不強，綜合能力低下，難以勝任本職工作也是一大原因。在客觀上，管理不具體，或過於具體；管出多門，或高度集中。執行力沒有創新度，結果是條例、準則一大堆，什麼體系或什麼系統，線條清楚，文本俱在，具體執行卻難上

加難。

(三) 執行力方向不明：行政管理存在服務性偏差

企業行政管理是全局性的管理，是對整個企業進行的行政式服務，但一些企業卻不是這樣，存在著服務方向性的偏差。

1. 為少數人服務與為多數人服務概念不明

企業行政管理比較明顯的偏差就是管理為少數人服務或為多數人服務的問題不明確。行政管理承上啓下的樞紐作用不可低估。而在一些企業，行政管理部門成了主要為某些領導服務的機構。企業領導人開什麼會，發什麼指示常常是行政管理的頭等大事；領導人外出或企業接待，行政管理人員常常疲於奔命於領導人外出的車輛安排、住宿、活動程序等，行政管理的領導要牽頭進行周密安排；行政管理日常工作成了傳達領導意圖、指示的「傳聲筒」，領導人講話稿、述職報告、工作總結、企業規劃等，常常是管理人員如秘書代筆，領導最後過目，少有領導親自撰稿的；領導人辦公的日常運行、清潔處理、地點更換等，也成了行政管理的重要內容等。企業行政管理進行這樣過頭的服務往往忽視了對企業的全員性服務，使企業行政管理部門成了領導者個人的「秘書處」、「後勤處」。

2. 為多數人服務缺乏實效

因為企業行政管理缺乏全員服務意識，為多數人服務往往是紙上談兵，成效甚少。其成因在於：其一，行政管理部門與企業其他部門銜接、協調關係不到位，承上啓下，平面，單線連結過多。其二，管理權限不明，一些亟待解決的問題，由於職能劃分不明，結果被推諉、被拖延，看似誰都該管，而實際誰也不管。其三，行政管理因為工作性質的原因，長期在上，不瞭解基層，不熟悉員工，管理專項性極強，延伸性不足，致使服務難以到位。其四，相關管理者存在管理素質不高的問題，安於現狀，管理能力低下，難以創新管理方法或管理模式擴大

服務。其五，管理的執行力被單項化，對上或對下的單線執行，難以在為多數人服務上有所作為。

(四)執行力管理缺陷：管理網絡化辦公存在不足

企業行政管理實現網絡化管理是一大進步，是現代企業行政管理發展的大勢所趨，將成為一種必然。實現網絡辦公現代化對於提高辦事效率和管理水準具有重大意義。但這樣的現代行政管理辦公方式，如果一味地按什麼程序辦事，按什麼點與線的簡單連結進行管理，是不會取得現代行政管理辦公預期效果的。

企業實現網絡行政管理，減輕了人員體力性的付出與實際工作量，緩解一些企業的辦公壓力。但過於依賴網絡的連結或網絡簡單的程序化進行管理，反而會影響管理的實際效果。它主要表現在：一是行政管理文本涉及相關領導審核，提出意見，非要在網上多次轉發文本，進行多次連結，由相關領導一一過目，提出意見，再返回修改，於是再通知，再連結，過程冗長，程序繁瑣。二是不少企業實行領導「一支筆」制度，一旦領導外出，沒有領導的批示或簽字，網絡的辦公程序就常常被終止，該項工作就被延誤。三是企業的網絡管理歷來是薄弱環節，企業的一些重要信息經常因為保密不嚴而出現洩密情況，而為了加強行政管理對網絡的監管，一些管理人員人為地設置一些網絡或行政管理的「措施」，使行政管理工作複雜化增加，簡單的一件事情，幾分鐘可以解決的，卻經常性地被無意義的程序化拖延下去。四是一些管理者利用網絡資源看信息、打游戲、玩股票、聊天、購物、獵奇等，將網絡資源化公為私，為我所用。

(五)執行力資源散失：行政管理公共資源浪費嚴重

行政管理只要脫節，喪失監管，管理人員失去責任心，就必然會造成行政管理資源的嚴重浪費：辦公程序化後，相應的

辦公用品必然增加，對這些用品歷來管理不嚴，你可以拿，我可以用，隨意性非常突出；一些企業行政管理人員上班就上網瀏覽，隨意掛網站等，嚴重地浪費著企業的網絡資源；行政管理中的公車私用，公費消費尤為突出，利用什麼會議，什麼「調研」，變相旅遊、變相請客送禮，大吃大喝；辦公用的水、電等被任意使用而缺乏管理與控制，上班空調開完，長明燈現象仍然在不少企業存在；隱形的差旅費超量開支非常明顯，一些領導或管理人員超報超得時有發生等。這樣的行政管理顯然偏離了管理的性質或管理目標，已成為一些企業當前行政管理的巨大隱患。

(六)執行力績效毀損：機構、人員等配備不到位等諸多問題明顯

企業行政管理如何進行有效工作，其機構、人員的配備非常重要。隨著改革的深入，一些企業行政管理的機構、人員配備等方面存在的問題，已經在影響和制約著企業行政管理的進一步深化。

1. 管理機構、人員等配備不到位

管理機構、人員等配備不到位在企業並不少見。不少企業經改制，管理方式出現異變，為了減輕包袱，促進發展。在行政管理上都有不同程度的減員。一些企業改制進入了民營行列，企業的所有權、經營權發生改變，對企業的現代行政管理還存在一些模糊認識，觀念陳舊，行政管理難以充分到位。相當的企業為節約開支，精簡機構，把一些行政部門進行了整合，實行了企業管理的交叉任職，採用了「一班人幾塊牌子」的工作模式，相關人員可以同時兼職於兩個以上的職務工作，客觀上使企業行政管理難以獨立開展工作，行政管理的執行力被分化，管理陷入紊亂、混沌狀態，喪失了行政管理自身的主導性和執行力。

2. 行政管理人浮於事的情況突出

企業行政管理一方面機構、人員配備不齊，另一方面又存在人浮於事的狀況，出現企業行政管理的巨大反差：一是部分企業人員過剩，由於種種原因又不便進行裁員，於是行政管理部門成了安排多餘人員的去處；二是企業因各種關係需要對一些人員進行照顧性的安排，使行政管理機構臃腫，崗位設置越來越多；三是行政管理頭緒多，線條長，一些具體的管理分散各處，客觀上使行政管理上有機構，下有班子，環節增加，戰線拉長，出現管理隊伍膨脹；四是對現有的管理者素質、技能、業務等培養不夠，管理隊伍素質參差不齊，個人能力影響了管理績效；五是個別企業領導用自己的親信把持管理部門，對管理者的使用、培養、任用出現偏差，於是崗位增加，人員增加，人浮於事的現象便凸現出來。

3. 管理者責任意識差，制度意識淡薄

現代企業行政管理理念認為：管理決定績效，績效來自執行。行政管理者責任意識差，制度意識淡薄在於：第一，一些管理者對企業執行力認識膚淺、模糊，其行為能力弱化，缺乏責任意識，個人綜合素質與能力的運用質量不高，缺乏對企業規章制度的深刻認識，漠視企業行政管理制度，放縱個人行為。較為普遍地存在著有選擇地執行任務和命令，對自己有利的就做，反之則不做或應付。這些管理者在管理上做表面文章，得過且過，撈面子，做架子，工作不細緻、不深入，遇到問題就推諉。第二，管理者之間缺乏理解力、溝通力，互動效率低下，對執行力的學習和把握缺乏主動性、積極性，常常出現認識偏差，難以理解和執行行政管理相關的規定和任務。第三，企業執政部門監管不力，沒有監督考核的執行體系，或管理主體責任界定不明，缺乏對管理者個人責任心與主觀能動性的有效考核，沒有以優勝劣汰，吐故納新的用人競爭機制進行監督保證，導致行政管理明顯滯後。第四，管理者存在企業現代行政管理

所必備的思維、觀念、意識、行為缺失的現象，出現行政管理的漠視化、管理建設的形式化、管理執行的虛擬化或表面化。

4. 管理協作互動意識淡薄，缺乏團隊精神

行政管理的協作與互動最容易引發執行力績效的潛在功能，即管理的團隊精神。團隊精神，是提高企業凝聚力與頑強戰鬥力的執行保證，也是現代企業發展高質量的標誌，會集中體現出企業精神。管理協作互動意識淡薄，缺失團隊精神的主要表現在：首先，行政管理部門本位主義嚴重，注重部門自身利益，缺乏部門之間必要的協作與互動，淡化了團隊協作精神。其次，行政管理缺乏與現代企業文化建設機制運行的效率互動，團隊意識與團隊精神沒融入行政管理的執行力之中，導致部門利益、個人利益服從於企業整體利益的關係不明，執行不力。

5. 執行力缺乏深度、速度、力度，執行效果不明顯

執行能力是體現行政管理者基本能力與素質的標尺。執行就是服從，是管理者融入行政管理的一種體現。表現在執行深度上，在執行中降低執行標準，導致執行走樣或執行被敷衍塞責，執行標準被淡化，出現執行高走低化，嚴重影響了執行的質量。沒有深度的執行標準必然會執行走樣，主要是源於管理者缺乏責任管理能力，對執行內容不理解、不熟悉、不認真、不主動，使執行標準降低，出現低標準執行，低標準實效。表現在執行速度上，執行當中沒有緊迫感，延誤時間，明顯拖延了相關計劃的執行速度，弱化了執行的最終效果。執行速度是保證執行效果的根本條件，即在單位時間內達到執行的預期。這主要是管理者個人能力發揮欠佳或執行能力不足，執行的主觀意識淡薄所致。同時，執行過程缺乏必要的監督，執行過程中信息利用、反饋沒有形成有機循環，出現執行過程脫節，也與管理者與管理者、部門與部門之間的互動性、主動性沒有充分發揮有較大關係。表現在執行力力度上，管理虎頭蛇尾，成效低下，主要原因是監督不力，監督與管理沒有同步，領導者、

管理者、執行者之間缺乏連結與溝通，沒有及時解決在執行過程中出現的相關問題。同時，管理者個人能力發揮、智能運用、工作態度等同樣可以影響執行力度的效果。

企業行政管理空間極大，發展迅猛，要真正提高自身行政管理的水準，盡快步入現代企業行政管理的先進行列，就必須要在管理的執行力運行、狀態、質量等要素上進行更大的創新，以執行力的新思維、新理念、新觀點、新思想進一步深化行政管理執行力課題的探索與研究，針對問題，進行創新性的思考。

(一) 充實執行力要素，在根本上創新政府對企業行政管理的指導與監督

企業是也是一種社會組織，承擔著相應的社會責任與義務，必然要在國家的相關法定文本，即相關的法律法規範圍內進行自身的合法活動，也必然要依靠政府的相關指導與監督來促進企業的全面優化。政府利用法規約束手段，充分發揮政府職能作用，對企業行政管理進行創新性的指導與監督大有可為。

從企業行政管理執行要素不足的角度看，政府相關部門宏觀調控能力不足，致使企業行政管理要素欠缺，關鍵在於：一要以新規新法在宏觀上夯實企業行政管理的基礎性要素，如政府相關部門對企業管理提供的法定要素保證、對管理的戰略性指導、對管理的績效監督等，真正解決企業行政管理存在的自身難以解決的管理問題。如企業怎樣依法進行行政管理、如何矯正企業行政管理出現的嚴重偏差、怎樣依據企業發展現狀，運用法規形式及時解決指導與監督跟不上形勢發展的滯後問題等。二要充分利用政府的信息、管理、職能等優勢，創新政府服務功能，在管理上積極扶持企業把握管理的宏觀動向，在理論上積極引進先進理論，在實踐上積極推廣先進經驗，在管理

上建立積極的考核、評價機制，在運作上充分保證企業行政管理的自主權、決定權，在法治的框架內，使企業行政管理目標更明確，舉措更科學，行為更規範，效果更明顯。

從政府相關部門對企業行政管理的具體指導、監督等微觀角度看，就是怎樣充分利用政府相關部門職能，將對企業行政管理的具體指導、監督經常化，系列化，利用自身行為實現新的指導與監督：把經常化，系列化的指導與監督納入政府管理運行機制，分門別類，在環節創新上進行新的探索；指導與監督定向化，選擇典型，樹立標杆，創新樣板，多維指導；在政府部門職能運用與企業自主關係上，政府調控與企業自身行為上進行新的思考，對企業行政管理的各個執行環節、局部運行等帶有經常性、基礎性的管理進行監督的創新，即利用網絡要素優勢與雙向互動優勢，幫助企業逐一做好管理的基礎工作。

(二) 切實改變企業行政管理理念與思維方式，進行多元創新

沒有創新性的理念與新型的思維就沒有企業行政管理的更大發展，就沒有執行力的發展空間。因此，進行企業行政管理理念與思維方式的多元創新是提高管理的先決條件。理念與思維的多元創新核心集中在內、外兩個方面。

1. 企業行政管理的自我創新

它突出表現在五個方面：一是企業領導者、管理者、執行者的自我思想意識與觀念意識的創新，要不斷改變管理理念和思維方式，積極接受新管理理論，敢於創新實踐；積極接受新管理模式，敢於進行創新性吸收與利用。此中，尤其要注重自我創新意識的進步，注重自我素質的培養，注重個人綜合能力的鍛煉，注重個人管理技能的提高。二是從實際出發，敢於隨時積極創新現有管理模式，在人力、物力等進行積極支持，創新現有的管理機構設置或機構調整。三是創新行政管理的橫向

交流，取長補短，進行不同單位、不同地區、不同行業業行政管理的互動進步。四是建立或鞏固行政管理運行機制，創新自我管理特色。五是完善自我，注重自身行政管理的人才培養，充分利用人才競爭機制，積極創造條件，進行管理人才的培養、使用和儲備。

2. 注重企業行政管理的外部創新

它突出表現在三個方面：一是充分注重國家行政管理的大政方針，相關法律法規的出抬運行情況，注重對政府新法定文本的認識與理解，對一些管理的未知領域敢於進行積極的探索與研究。二是充分注重國內外行政管理先進理論、運行實踐、創新模型等的變化，隨時把握發展動向，從容跟進，積極吸收並創新行政管理工作。三是注重縱向與橫向聯繫，搞好關係，隨時主動反應情況，積極求得政府部門的理解與支持，依靠政府部門的職能運作優勢來促進自我行政管理的盡快發展。

(三) 不斷創新行政管理模式，充實管理內容

創新管理模式是提高管理水準的重大前提。只有創新模式，才有實實在在的管理內容，克服重管理形式，輕管理績效的管理傾向。依據現代行政管理創新理論和創新模式，可以進行這樣的思考：以創新模式比對現有管理模式，調整、補充或更改現有模式；以創新模式確定管理內容，依此杜絕內容空洞無物，紙上談兵，對管理內容進行不斷的充實與提高；以創新模式選擇最佳管理形式，在模式轉換中，進行管理形式的多項選擇，突出重點，強化形式對管理內容的互動作用。如運用 PDCA 循環，確定管理的策劃（P）、實施過程（D）、檢查（C）、處置（A）的循環，重點搞好處置（A）的循環，利用管理績效來對管理進行整體的評判和績效的綜合利用。同時，要克服管理照本宣科的問題，就必須注重兩個方面：一個是管理者或執行者的個人素質、管理能力等的培養與利用，管理隊伍的不斷更新。

一個是管理制度的保證，即執行力保證，考核保證，管理的環境保證和管理的創新保證。

(四) 要根本改變行政執行力方向不明的問題

企業行政管理存在服務性偏差比較普遍。行政管理的特殊性、專一性極容易造成管理不自覺的封閉與僵化。管理的線條單一，承上啓下作用明顯，缺乏自我的橫向管理空間比較明顯。這樣，管理的執行力方向更為單一，將上級意圖、指示、意願等變為下級的執行力行動，被動執行的特徵最容易一直貫穿於行政管理的全部過程。解決執行力方向不明，即強化管理為多數人服務的問題：一要改行政管理為全員性的管理，將企業的經營管理、人力資源管理等成分結合起來，進行有效互動，使企業的全部管理形成一個有機整體。如利用網絡要素 A、B、C、D—N 要素的不斷循環，進行各種管理要素的連結，實現各種管理的要素穿插與綜合配置利用。二要將行政管理立體化，多維化，在改單向的垂直連結為複合的、綜合縱橫連接後，充分利用趨同性優勢，突出行政管理的要旨，增加管理的執行力動力運作，擴大執行力的執行對象。在把握管理方向與分清管理對象、管理主次的前提下，更多思考行政管理參與經營管理的模式、行政管理結合企業資源綜合管理的模式、行政管理互企業工會各種的模式等。這樣才可以真正改變行政管理對上難對下的單調管理現狀。

(五) 創新執行力管理與擴大執行力資源

創新執行力管理與資源的基點主要在於：其一，對執行力進行全面管理，發揮執行力的執行動態特長，對行政管理進行覆蓋。其二，把執行力納入行政管理重點，在執行效果上進行高質量的績效管理，在績效上進行運用創新管理。其三，明確執行力與管理的互動關係，尤其是執行力對管理績效的保證作

用，從此積極拓展執行力資源。其四，深化對執行力內涵的把握與認識，把執行力作為管理的前提要素予以充分的開發與利用。如執行力的執行資源、執行力的潛在資源、執行力的要素創新、執行力的質量評價、執行力的執行考核、執行力的績效擴展等。這裡，創新執行力資源極為重要，即充分利用行政管理的客觀條件，如辦公的物質條件、管理的人力配置等，將此作為執行力的有效資源，進行進一步的開發和利用。

(六) 切實解決執行力績效問題

企業行政管理中效率低下主要表現在管理機構不完善、人員配備不到位、行政管理人浮於事、管理者責任意識差、制度意識淡薄、協作意識淡薄、缺乏團隊精神、缺乏執行力等多個方面。解決執行力績效問題的關注面有：

1. 強化管理，重點解決對人的管理和執行的管理

一是堅持人力資源的更新，按照吐故納新的原則，進一步強化人才競爭的擇優錄用原則，以優勝劣汰進行人員的必要調整。二是強化現有的管理系統、體系或機制，建立健全執行的監督體系，對所有執行者進行執行的效率全程監控，同時加強執行環節的責任落實與追究制度的確立，對每個具體的執行者進行效率考評，並以考評結果作為綜合能力等考核的一個基準條件，參考其德、勤、能、績實際情況進行必要整改。三是強化管理機制，充實管理人員，創新管理內容，按照現代企業管理的基本要求提高自身綜合水準。

2. 注重團隊合作，提高執行力度

注重團隊合作，提高執行力度主要體現在：第一，建立和深化團隊和成員的信任互動，突出管理者的親和、理解、合作、誠摯等，打造團隊精神與團隊能力。要建設一個具有凝聚力並且高效的團隊，就要建立信任。有了信任這個基礎，養成對事不對人、開誠布公、坦率而不是違心地表達自己的意見，並且

能夠勇於承認自己的弱點或錯誤、承擔責任的作風。第二，正確處理衝突。團隊合作的最大阻礙，就是畏懼衝突。在團隊採取各種措施避免各種衝突時，注意對團隊的自持力，鞏固自己的團隊凝聚力。同時，要學會識別虛假的和諧，引導和鼓勵適當的、建設性的衝突，創新解決團隊問題的辦法。第三，注重團隊堅定不移的行動。即充分集中集體智慧進行創新性的團隊決策，在決策後付之於堅決的行動，保證執行的果斷、有力與深度，在執行力之上保證行動的準確與效果。第四，要有效防止內耗，保證團隊執行力質量。要以制度保證實施，以實施保證實效，以實效保證發展，以創造企業和諧發展的環境。同時要以內部改革創新為主，以外部擴展為輔，進一步理順縱橫關係，解決關鍵問題，注意企業熱點、難點所在，積極化解矛盾，消除人為干擾，在解決人際關係、消除封閉保守等關鍵舉措上進行創新，積極以現代優秀企業為範本，搞好自身創新建設。第五，必須注意企業人、財、物要素的充分利用與自習了的執行穩定，利用其各自的優勢進行進一步的整合與互動，消除各種內耗因素，在企業分配、供給、保障上形成調配機制，有效預防管理重大事件的發生。

3. 注重解決執行力深度、速度、力度的問題

保證執行力的深度、速度、力度要注重四個關鍵：其一，全面把握執行的過程，並隨時進行執行的優化；其二，協調三者關係，注重先後，求得積極、平衡、穩妥的執行狀態；其三，注重選擇執行方法或執行模式；其四，充分利用管理的績效手段對執行的深度、速度、力度進行評價、考核，以執行的最終績效成果提升執行質量。

4. 以創新保持執行力效果

執行力是保證行政管理的關鍵要素，如何進行執行力創新也是管理中極為重要的課題。沒有創新就沒有發展。執行力創新意義重大，不可掉以輕心。執行力創新主要體現在人力資源

的開發與利用的創新；管理理念、意識和行為的創新，管理現代化的創新；管理者綜合素質的創新等。企業創新要注意創新的階段性、科學性與可行性，重點在於行政管理的體制創新、結構創新和績效創新。

創新執行力的方法不少，重點在於，執行力的目標是否清晰、執行力的方案是否還有科學性與可行性、執行力的執行過程條件狀況、執行力的資源配置是否充分到位、執行力的最後績效考評。創新執行力，要具體注意在運行中的監控、調整的創新，在內涵上的創新，在模式上的創新，在時效上的創新，資源配置上的創新。如利用執行力績效的循環形態與生存形態，構建目標→制定→執行→考核→評價＋信息反饋＋創新利用＋再讀創新模式＋必要配置等，來重複執行力的過程，由此形成低值向高效的循環遞進。

5. 積極構建和諧企業文化，保證管理執行力的健康運行

企業文化是企業發展最根本的要素。沒有企業文化，就難以進行企業的管理經營。利用企業文化建設來保證執行力健康運行是一個嶄新的課題。創新主要集中在五個方面：第一，要認同企業文化，參與企業文化行動，融入企業之中，這是保證執行力的第一步。第二，統一觀念，即利用企業文化建設統一團隊或個人的世認知觀和價值觀，形成執行力的合力。第三，明確目標，即利用文化目標的建設成果，明確執行力目標，確定執行力方向。第四，細化方案，即將目標分解，責任到位，用執行來保證實現執行力目標。如企業行政管理目標執行方案、企業行政管理員工基本要求、行政管理崗位職責等。第五，強化執行，即注重目標的貫徹實施程度、實施的具體實效等。如創新的目標考核體系、管理計劃執行情況、月度績效考核、過程質量控制等。這樣，我們就可以在執行力的溝通、協調、反饋、責任、決心五個步驟或發法則上實現真正意義上的出現與突破。

創新與發展

(七) 充分調動管理者的積極性,保證管理的執行力健康發展

　　人力資源是企業發展最寶貴的資源,是企業賴以生存的第一要素。員工的素質高低對企業做大做強極為關鍵。因此,要充分利用人力資源優勢,在幾個基本點上做好企業行政管理的工作:一是擇優崗位,實行管理者崗位競爭機制,實現管理者真正意義上的多項選擇,按其實際能力進行崗位調配,同時依據獎勤罰懶、破格進取等原則,按其崗位、責任、能力、工作實績與工作效率,調整部分分配模式或任用方式,使其充分發揮作用,承擔責任,主動積極地參與企業行政管理工作。二是對現有管理者進行定期培訓、定向學習,以繼續教育的明確目標來提高其綜合素質與綜合能力,並以相應的考核進行個人的德、勤、能、績評價,以此作為繼續評聘的參考依據。三是對力不勝任的管理者進行必要的調整,按照相關的勞動政策搞好換崗、辭退、解聘等工作。四是充分尊重個人個人能力、個人業績、個人創新意識,創造條件,提供發展空間,使管理者個人可以充分體現個人價值,在大膽任用中進行必要的破格提升。五是在加強企業文化建設中注重企業精神的提煉,企業品牌的創新以及企業內涵的延伸,要充分發揚民主,認真維護管理者應有的地位及利益,尤其注重人的潛能開發。六是作為企業中層以上管理者及企業領導者要身先士卒,做好表率,嚴於律己,關心員工,同時注意個人綜合素質、綜合能力、個人修養、個人氣質、人格魅力等的培養與提高。

　　卓越的企業行政管理來自於優秀的管理人才,更來自於優秀的管理與強力的執行力保證。從企業任何管理現狀分析,它所存在的諸多問題,實質就是在確定管理目標之後的執行不力的問題,帶有相當的普遍性與共性,也一直是企業管理的一大瓶頸。從企業行政管理看,同樣因為執行力不足或欠缺而導致

出現的各種問題，都可以說明執行力在管理中的不可替代性和必備性。利用企業行政管理進行執行力的課題探討，由此擴大到對整個企業管理的探討，無疑具有積極意義。企業管理問題用執行力的執行與保證效果來進行分析，以執行力的績效來看待管理，提高管理，在研究課題和歸納性集中解決問題上，已初見成效。只要堅持對執行力課題的探索與研究，堅持按執行力原理進行企業行政管理，就可以舉一反三，觸類旁通，推動企業管理的整體性進步，鞏固管理機制，使產生企業更大的綜合績效，從而實現企業步入現代化的目標。

參考文獻：

1. ［美］保羅·托馬斯．成長力．源源，譯．北京：國際文化出版社，2004.

2. ［美］約翰·羅爾斯．正義論．何懷紅，等，譯．北京：中國社會科學出版社，1988.

3. 許珂．政府執行力．北京：新華出版社，2007.

4. 魯虹，葛玉輝．論企業和諧勞動關係構建．中國論文聯盟，2009.

5. ［美］詹姆斯·C 柯林斯．基業長青．真如，譯．北京：中信出版社，2002.

6. ［美］彼得斯．追求卓越：美國最佳管理公司案例．戴春平，譯．北京：中國編譯出版社，2003.

現代企業行政管理要素的創新分析

駱美容

劉　鎏

（四川省第一建築工程公司）

[摘要] 現代企業行政管理是一門創新性極強的綜合性管理工程。對現代企業行政管理的基本管理要素進行不斷地探索與研究，對其管理績效、管理功能等進行創新性分析，是促進現代管理創新發展的一個重要內容，也是提升現代企業企業行政管理質量的根本途徑。

[關鍵詞] 企業　行政管理　要素創新

中圖分類號　F406.17　　文獻標示碼　A

現代企業行政管理是企業發展與日常運行的必備要素之一，也是構建現代企業管理的一個重要組成部分。企業行政管理是一門綜合性極強的工作。它內涵明確，職責明晰，功能突出，程序可靠，具有管理的科學性、可選性和可行性，在企業管理中佔有重要地位，在相當程度上體現著企業管理風格與特色，並且一直成為企業管理的核心課題或熱點，具有極大的探索與研究的運行空間。

（一）現代企業行政管理的基本概念

企業行政管理是指企業內部的相關管理工作或管理體系，

包括一般行政管理系統、後勤系統、行政辦公系統等的管理。

企業行政管理從廣義上講，指企業內部相關的行政管理工作或管理體系，包括一般行政管理系統、後勤系統、行政辦公系統等的管理，具有體系化特徵，內涵比較豐富。從狹義上講，企業行政管理指企業日常行政辦公體系本身，是企業行政管理中的一個分支，具有單項、專職的特點。

企業行政管理是企業現代管理重要組成部分。企業通過對行政管理進行的績效管理，包括對管理目標、計劃、執行、考評、評價等的具體考核，作為考查企業行政管理工作的重要手段，體現企業行政管理的質量或水準，也是衡量企業行政工作的重要參考指標。

(二) 現代企業行政管理概念的要素變化

現代企業行政管理的基本要素與通常的企業行政管理要素已有明顯的不同。按照現代企業發展三大要素，即企業現代文化建設、現代管理和現代經營進行分析，企業現代行政管理具有的創新性、成效性和持續性，使現代企業行政管理的基本要素出現了新的特徵：一是整個行政管理充分納入了績效管理範疇，管理的績效質量成了企業行政管理最新的測定標尺；二是現代企業行政管理成為企業管理要素中的根本性要素，是現代企業管理的基礎，會直接影響或作用於企業的人力資源管理、經營管理等，並且這樣的作用還會日趨擴大；三是企業現代行政管理的概念要素更具有引領性、指導性和先進性，其管理的核心是對人力的動能性管理，以人為第一管理要素來推動整個企業行政管理；四是這樣的管理概念仍在不斷擴大管理空間，更新管理手段，同時與其他管理、其他領域的交流、穿插、融合更為緊密，交叉、創新、體系化、科學化特徵更加突出。

從管理學的角度看，績效是組織在管理全部過程中的一種期望的結果，是組織為實現其目標而展現在不同層面上的有效輸出。它包括個人績效和組織績效兩個方面。績效管理可以提高組織員工的績效和開發團隊及個體的潛能。現代企業通過建立管理的戰略目標、具體目標、績效計劃、執行過程、業績評價等，對企業行政管理進行績效監督、指導、評估、反饋及評估結果運用這樣一個完整的考核過程，最終實現企業行政管理的整體戰略。

(一) 企業行政管理的績效創新的基本點

現代企業行政管理的績效管理緣於傳統與現代管理，是指現代企業中的管理者，通過制定目標、實施計劃、配備、領導、組織、控制等職能來協調、配置組織資源，對企業行政管理運作效果進行監控和評估的活動。為了更有效地實現行政管理的績效目標，依據現代管理的原理和作用範疇，企業行政管理的績效創新表現在這樣幾個層面：創新之一，績效管理總是依存企業行政管理來進行的，但它的績效監督、考核、評估已自成系統，績效管理的創新在於如何更深刻地影響企業行政管理的成效及走向，更積極地推動行政管理的進步；創新之二，績效管理是一種動態的協調、監督、評價過程，其自身不斷的補充、完善、創新，應該成為行政管理的一種特殊的外在動力，對提高行政管理的質量效能，實現行政管理的目標及運行過程更有著明顯的針對性和指導性；創新之三，績效管理的考核是評價行政管理的有效手段，創新績效考核應該成為推動和評價整個行政管理的核心要素；創新之四，企業行政管理與績效管理的理論與實踐必然要進行更緊密的結合，行政管理的目標、管理過程、資源配置等必然要經過績效預測、評估、考核等實踐性

極強的運作來予以保證。反之，企業行政的績效管理必須要緊緊依靠行政管理來進行變革與創新，其創新點在於促進績效管理自身創新的同時，也促進行政管理的創新，關鍵就在任何一個創新可以作用於兩個管理。這樣的「聯姻效果」是績效創新的新課題或必然關注的「熱點」。

(一) 企業行政管理績效創新的基本原則和內容

現代企業行政管理的績效創新是當前促進行政管理現代化、科學化的重要手段。績效創新可以充分利用「源於人，為了人，開發人，利用人」的原則，通過激勵和效能手段，以績效考核真正成就人與管理的激勵機制。

1. 堅持深化績效管理的創新原則

績效創新就是管理的一種創新。在現代企業行政管理日新月異的發展影響下，結合創新課題、創新觀念、創新思維等要素的不斷更新，其創新的基本原則體現在這些方面：豐富績效考核的內涵，形成考核的體系或機制的重要原則；有助於行政管理全面提升的原則；有助於管理者進行管理和監控的原則；有助於員工個人成長的原則；有助於體現人力資源優化配置，極大地優化人本管理的原則；有助於體現企業文化建設要求的原則；有助於企業管理全面創新的原則；有助於企業提高企業經營效益的原則。在這些原則中，人作為企業發展的第一要素，人的要素開發與利用的創新是最根本的原則。堅持深化績效的創新原則不可能面面俱到，必須要結合企業發展實際，因地制宜，突出重點，舉一反三，在如何創新、怎樣形成績效特色上進行績效成果的充分利用，進一步提高企業行政管理的建設質量。

2. 績效管理創新的基本內容

它主要體現在四個基本點是：第一，體現績效創新的四個關鍵要素，即量化指標、管理與控制、考核覆蓋、成果運用，

充實和創新績效內容,其中,量化指標和成果運用是創新的關鍵所在;第二,創新企業全面管理對行政管理的戰略目標的分析、制定與實施手段,注重將戰略目標轉化為行政管理部門、管理者的個人指標,並將指標轉化為各項具體執行內容,重點提高執行力度,強調執行效果;第三,堅持公開、公正、公平的原則進行考核的全面覆蓋,以考核內容的創新來創新兩個效率,即人的效率發揮狀況對人本管理的作用與建立科學的評價、激勵制度;第四,不斷創新績效管理考核模式,在注重內容創新的基礎上力求理論與實踐的創新。

現代企業行政管理的功能決定著管理的實際水準,必然要深刻影響行政管理的執行力和管理實效。行政管理的功能創新已經是現代企業行政管理的一個創新性課題。眾多新穎的管理模式、理念、思想已經引發了管理功能的進一步創新,出現了不同的新功能形態。

(一)利用信息管理與傳播促進管理現代化

現代社會的特徵之一是信息化。現代信息社會引發了社會產業更大的整合與分工。資料表明:從事信息產業的人員已經達到世界從業人員總數的40%以上,信息產業的效益增幅超過了其他產業。現代企業行政管理的發展同樣需要強大的信息平臺,需要信息的不斷傳播、更新、吸收、複製、反饋及再利用,切實提高管理水準,擴大管理內涵,為企業經濟更好地發展奠定堅實的基礎。利用信息促進企業行政管理的現代化,是企業行政管理功能的一種創新。尤其是企業的現代行政管理,沒有大量的信息傳播與利用,管理不可能真正跨入先進與科學的行列。這樣的現代化體現在:信息傳播的現代化促進人對企業行政管理的思維、觀念、行為的現代化,必然會促進行政管理功

能的現代化；可以憑藉信息創新不同的管理功能模式，以新功能作用成就管理效益；不斷利用信息更新現有管理功能已經成為企業行政管理功能創新的一種必然趨勢。

(二)利用並創新管理的績效考核功能來提高管理水準

這也是行政管理要思考的問題。行政管理的根本目的在於提高現實的管理，現代企業行政管理的績效考核是真實反應行政管理實際情況的先進手段之一，也是現代企業現在管理的一種功能性程序。行政管理的人員配備、工作程序、管理實效等，最終都要通過績效考核來進行評估總結、成果利用。同時，績效功能對行政管理的思考及其對策、在管理過程中出現的各種問題、管理的最佳方法、未來管理的發展趨勢等，都存在相當的提攜和促進。如通過績效考核創新管理目標，促進人本管理，提高個人管理綜合素質，創新績效成果利用以及績效功能的進一步深化等等，都具有極大的引領作用，可以極大地創新現有的管理功能、概念、方法、模式、理論及實踐。

(三)創新行政管理的決策功能

依據現代企業的管理理論，決策是管理的高級形式，是執行的前提。現代企業行政管理始終要以管理的各種要素及其內容來突出行政管理的內涵，並且常常以新模式、新思維、新體系，新構架來為行政發展提供多元與立體的決策，這已成企業行政管理不可缺少的內容和依據。它主要反應在：決策可以為整個行政管理奠定管理目標，提供執行依據；可以為管理提供現實的不同操作模本或模式；可以能動反應現實管理狀況及其存在的問題，並為解決問題提高依據；可以為管理的績效考核提供系統、科學的考核方案，等等。創新決策功能主要依據管理目標的創新性決策、執行的創新性決策、考核的創新性決策三大要素進行功能性創新，在企業行政管理常常起著提綱挈領

的作用。而決策功能自身的創新重點則在於決策的深度與廣度的並舉。依靠決策功能的創新，行政管理才可能以高質量的決策創造出高素質的管理。

現代企業行政管理的特色多種多樣，與管理的功能明顯不同。管理的特色形態可以具體反應出企業行政管理的先進性、引領性和實際的管理導向價值，既反應了管理特色的綜合性、統一性，又突出了管理的特殊性和典型性。

(一)管理特色創新之一：指導性

企業行政管理有不同的管理系統，常常相互借鑑、相互利用、相互交叉，互動性非常明顯，目的在於相互指導，相互促進，共同提高管理的水準。這種指導性特色創新非常突出，具有相當的引領作用。優秀的企業行政管理具有的指導性創新主要表現在三個較大方面：其一，目標制定，即包括不同管理目標的醞釀、設計、制定、分析等環節的借鑑、互動性指導。如管理的 A 目標與 B 目標或 C 目標的互動利用，取長補短。其二，執行力表現的參照性指導，包括不同的執行方案、模式等的運作方式、執行力度的重點所在等環節。如執行手段、過程等不同的執行互動與執行指導。其三，管理績效的評價、總結、利用等的不同取捨所出現的指導性。如有的側重於績效總結，有的則側重於評價，實現為我所需、為我所取、為我所用的不同特徵，從而構成不同的指導性特色，使管理成為一種特色。

(二)管理特色創新之二：規範性

管理有自身的運行和發展規律，企業行政管理也同樣有內在的規範性要求，通過規範的管理方法或模式來提高管理水準。企業行政管理也是一個龐大的系統，包括不同的行政管理的分

支。同時，不同的地區、不同的企業有著不同的管理要素和管理重點。規範性管理也是現代企業行政管理的一個重要指標。這樣，企業現行政管理始終存在著管理的規範性創新。如大的管理目標、執行、評價、運用等的規範，小的管理局部、階段等的規範。我們可以看到：首先，規範性創新保證了管理的科學性、先進性與可行性。即管理要有科學的方法與手段來突出其先進性，先進性要以管理目標等的可操作、可利用、可開發、可提升來達到管理的可行可用，規範一致，增加效率。其次，任何現代企業行政管理方案的實施，都必然要即以依據相關的政策法規和各系統、部門等的相互制約來保證管理的可靠與高效運行，必須要在規範化上予以體現。再次，任何行政管理都需要協調與穩定，即強調各系統、部門各級管理的整合與統一，通過一定的規則、規律來促進現代行政管理。最後，要反應具體管理的過程，確保企業行政管理工作有條不紊地實現自身的目標和進行管理的績效利用，也同樣需要創新規範性來保證其利用率和創新力。具有特色的規範是一種手段，是對現有管理成果的利用與延伸，不僅不會影響到管理創新，反而會給進一步的創新擴展創新空間，同樣是特色管理的一種積極的表現形式。

(三) 管理特色創新之三：廣泛性

管理規範性的創新不是強調越管越多、越管越雜，而管理在其職能範圍內的深入與細緻。現代企業行政管理量大面廣，涉及的系統、行業、單位等特別多，尤其是最新提出的企業區域性行政管理、企業專門化管理、片區（開發區）行政管理等，使這樣的企業行政管理分工更為細化，分支更為繁復，已呈網絡狀、立體化的發展態勢。同時，從現行的企業行政管理所涉及的企業的方方面面看，它已經滲透到企業管理的每個角落，以非常深入和完備的表現形態，一改行政管理的管理式樣，構

成了它鮮明的廣泛性特點。管理廣泛性創新就在於：一是在職能範圍內盡可能運用創新手段盡快實現管理戰略目標，細緻地搞好各項管理工作，並在工作中形成自身的管理特色；二是創新廣泛性表現的式樣、模式，通過「過濾」或「篩選」大量管理數據、事實、效果來發現、扶植管理長處，使之成為管理特色；三是善於以廣泛性管理作為創新基礎，探索研究管理的新模式、新規律；四是利用廣泛性管理提煉管理的代表性與先進性，在創新中確立自身管理的影響力和典型性。

(四) 管理特色創新之四：多樣性

現代企業的行政管理結構複雜，功能多樣，尤其是企業經濟規模的迅速擴展，企業行政管理的新技術、新觀念、新運作、新績效的不斷湧現，使企業行政管理始終運行於不斷的創新之中。因此，行政管理工作必然要以多種手段、多種思考、多種途徑、多種表現來適應其發展要求。多樣性的存在，為企業行政管理的發展多元性、作用立體性、效果快捷性奠定了相當的基礎。多樣性管理創新所依據的要素，一個是在多樣性管理中依據多樣管理來「提煉」自身的多樣性管理，使之成為自己而非他人的「這一個」，有別於其他的多樣性管理；另一個是「我的多樣性管理」，可以體現相當的現代管理意識、手段、能力與潛質，多樣性所囊括的管理必備要素最完備充分，有極大的發展與運用潛力或前景。這樣「小而全」最容易創造出管理的多元化特色，在管理的整體上形成自身優勢。

(五) 管理特色創新之五：自主性

不斷創新現代企業行政管理是管理中一個永恆的課題。管理的自主性為促進企業的現代管理提供了更為廣闊的馳騁天地。企業管理沒有自主性，管理就不可能具有先進性、競爭性和影響力。從客觀實際看，企業的行政管理因地域、區域、系統、

行業等的不同，具有相對的獨立性。如國有企業、股份制企業、中外合資企業、民營企業等，管理就有明顯不同。從一個系統或行業看，也存在系統管理的差別性，因而企業的管理模式、方法也不盡相同，存在著不同的表現特徵以及管理狀態。所以，這些管理在相當程度上存在自主管理的形式、自主管理的內容，其管理方式等也各有特色，自成體系。基於此，管理的自主性創新就是管理個性的創新，是一種可以充分利用的寶貴資源。在企業特定的範圍內，管理的自主性可以充分利用管理的自由度或管理的自由空間進行創新性管理運作，進而構建管理的特色。立足於這樣的自主性，創新主要集中在：如何更為充分地利用現有或潛在管理要素進行卓有成效的管理；怎樣開拓自主性空間，利用管理特色形成自身的管理風格，使之盡快步入現代行政管理的先進之列；在創新中如何防止因為管理的自主性導致管理的無序，以及可能超越相關管理的法律法規或現代管理規律、定勢、理念而出現的管理倒退；在自主性管理中，怎樣在有效的時段或空間內盡快創新管理的新模式，等等。這些都是管理自主性鮮明特色的具體體現。

(六) 管理特色創新之六：服務性

現代企業行政管理也是一種綜合性工程，具有多種特性。管理就是服務，服務是根本，是管理的核心。任何企業的行政管理所面對的是自身的各種管理事務以及對外的各種管理服務，並且自己也是這種服務的實施者和享用者。只有通過管理的服務，才能體現和反應出企業行政管理的根本宗旨和最終目的。企業行政管理的服務性十分重要，是企業現代管理中的重要內容，也是管理創新的一個熱點。企業行政管理的特色創新的舉措，實際上也多體現在管理的綜合性服務之上。服務性的創新因而成為了企業的行政管理現代化的標誌之一。服務性的創新立足於管理服務的基本面，強調服務的深化，突出服務的新穎

與特色，存在著較多的創新點，其創新的基本思考有：創新現有的管理服務體系，將各種管理責任有機納入服務範疇，在責任與服務上更多地強調人性化、親情化的服務，以服務效果體現管理績效；創新現有的管理主旨，更多強調「為了人，服務人」的管理主旨，在思想、理念、目標、執行、考核等上，以服務績效作為管理績效的基本內容進行更有效管理；創新現有的管理規章制度，將崗位責任化解為更為具體的各種服務，使責任服務化，服務豐富化；創新管理現有機構，以服務為中心進行必要的組織調配，特別是人力資源的有效配置。

現代企業行政管理的種類較多，有各種管理形式和類型。在管理類型上，即基本形式上進行創新，就是以更適合現代管理的各種管理形式來適應管理要求，更利於實現管理的戰略目標。管理類型的創新形式不拘一格，形式多樣，但可以從管理的目標、範圍、發展、性質等要素進行必要的創新。

(一) 企業行政管理目標的創新

現代企業行政管理目標主要有行政管理目標、多級行政目標管理、綜合性行政管理目標等。管理目標常常帶有戰略性，對此進行必要的創新具有重要的現實意義。目標創新的基本要素有：一是目標的提升創新，即對目標進行創新性的戰略性規劃，把階段性目標與中長期目標結合起來，在整體上構建創新性目標，使目標更具有開拓性與先進性；二是對目標執行進行創新，即按目標要求，注重在執行中的目標補充與完善，通過對目標的局部等進行調整、補充，實現目標的高績效；三是進行目標方案、計劃等的多樣性制定與選擇，選擇優勢目標作為管理的執行目標；四是對實現的目標進行評價，提供目標的創新依據，為新目標的制定與執行進行基礎性鋪墊。

(二) 企業行政管理範圍的創新

現代企業行政管理主要有辦公室管理、行政後勤管理、辦公分級系統管理、部門分級行政管理、與企業行政相關的其他管理等。管理範圍創新就是在其行政管理的權限或責任內，對所轄管理範圍進行調整、改革、鞏固等，使現有的管理資源得以充分利用。根據目前較多企業進行的行政機構調整現狀，範圍創新重在三個方面：第一個是進一步明確管理範圍，在範圍構建管理體系之後，注重對範圍內的管理進行優化，實現管理項目的門類擇優，分清主次，進行創新性的立體化現代管理；第二個是以管理範圍明確管理權限後，進行創新性的項目改造、補充、選擇，以範圍確定項目，以項目確定管理，以管理確定創新力，以創新力來保證管理績效；第三個是依據不少企業目前機構調整出現的人員減少、職能增加、管理日趨多元化的複雜情況，隨時對管理範圍進行審視與調整，對新舊管理項目進行進一步整理，在此基礎上充分考慮或設計創新的管理方法或模式，增加管理的「附加值」。

(三) 企業行政管理發展的創新

現代企業行政管理始終存在不同的發展階段，並按階段進行不同的管理是管理的常有形式。如按管理的時段與管理目標進行近期行政管理、中期行政管理、中長期行政管理或長期行政管理等。利用管理的發展進程進行創新的著眼點有四個可以創新的利用要素：首先，按管理的不同發展時期進行各時期的創新性「軟著陸」，即利用 A 發展階段的結尾與 B 發展階段的開頭進行發展勢態的優勢連結，並依此進行循環，集中優勢要素，取長補短，進行綜合利用，以不同發展階段的協調與平衡實現管理的和諧、順暢。其次，注意對具體某些階段的發展進程進行創新。這樣的創新即利用管理的階段性，根據管理目標

的要求，對某些階段發展進行調整、補充，或依據階段性特點以某些特別的舉措來影響階段，使其發展出現變化。再次，根據實際要求，增加或減少某些發展階段促進管理成效。最後，在注重發展階段質量時，創新績效階段作為管理發展的延續，並且利用績效階段的要素條件，在管理的評價、考核、績效利用等環節上創新發展模式，尤其是利用績效成果來對行政管理進行全面評價，為新的管理提供理論與實踐依據和思考模式、運行方法等，均對創新現代企業行政管理具有非常重要的意義。

(四)現代企業行政管理性質的創新

現代企業行政管理主要有確定型行政管理、不確定型行政管理、風險型行政管理、競爭型行政管理四種基本形式。對管理性質進行創新的管理的一種動態特徵最明顯的創新。對它們採取的創新步驟：一是根據管理實際需要進行管理性質的調整、轉換，如將可以取得成效的確定型管理與不確定型管理進行交叉、互動，增加風險與競爭要素，加快管理步伐，增加管理績效；二是將以上基本型管理的優勢要素進行排列，將確定、不確定、風險和競爭不同的管理的優勢結合起來，確定企業自身管理性質和採用的管理模型；三是利用現有管理模式，在建立穩定發展的基本型上，重點對不確定型行政管理、風險型行政管理、競爭型行政管理進行探索與研究，從管理風險、管理績效上注重實現競爭型管理的轉移，利用競爭管理，增加管理活力，突出管理的先進性與科學性。

企業行政管理有多種分類，怎樣選擇適用的種類進行行政管理，要依據自身需要，從實際出發，做到管理的有的放矢。

現代企業行政管理的基本內容主要有行政的現狀管理、行政的目標管理、行政管理的實施方案、行政管理結果分析。現

代企業行政管理依據全面行政性管理、專項行政管理、一般(日常)行政管理等類別，確定管理的基本內容並按其內容進行管理。管理內容是管理的依據和基本條件。內容對管理有著深刻影響，直接反應了管理的數量和質量。管理內容創新的模式極多，方式多樣，但都可以根據企業實際情況和管理的核心要求進行內容創新。

(一)注重創新行政的現狀管理

行政的現狀管理是進行管理的基本點，也是目前的管理是否維持現狀，是否進行必要的改革、補充與完善的出發點。現狀管理既然是對現在現實狀態的管理，那麼，就必然要反應管理現狀的態勢，反應管理的基本特點。行政的現狀管理是已經成型的管理，其主要目的是以有效的方法維持管理現狀，保證管理的繼續有效性，因而是企業行政管理階段性中最穩定的管理模式。不少企業在年終或年初制定出新的全年性行政管理計劃後，都採用這樣的行政管理模式。行政的現狀管理所反應的特徵是：真實地反應現在行政管理的目標及提出的管理要求，可以保證現階段性行政管理的穩定性和有效性；反應的是企業自身現階段的管理要求與管理特徵，其改變或管理修正目標的可能性不大；這樣的管理比較成熟，對改變管理，採用其他管理模式提供了範本或參考；這樣的管理屬於非改革型的管理，與其他管理相比較，是趨於保守性的管理。基於此，對行政的現狀管理創新就要立足於增加競爭要素，深化管理的穩定性和有效性；以此為管理範本，注意在此基礎上結合其他管理形式，善於參照、借鑑、引進管理的新思維，新模式，防止管理的僵化與保守，影響企業整個管理的創新度和影響力。

(二)增加行政目標管理的創新力度

在行政管理中，確定行政管理目標，並按目標的要求進行

的管理叫行政的目標管理。與其他管理不同，這樣的管理在一定的時間內目標明確，有的放矢，重心突出，容易見到實效，也是管理的常見模式。如行政責任制管理、辦公升級管理、行政管理檢查與測評管理等。行政的目標管理時效性明顯，一般時間不長，帶有一定的「突擊性」。因此，增加其創新力度，主要是在運行中力求進一步創新目標，易於掌控，使目標更為清晰、明確；利用具體可行的優勢，創新其操作手段，集中力量，獲得更大管理效果；在具化管理項目的基礎上，結合行政日常管理的配套參數，立足創新目標的量化標準和具體指標，即在日常管理的體系與分支系統上加大創新力度；創新目標管理的科學性、先進性，在實際運作中，創新可行性和持續性；創新管理目標的實施步驟和相關措施；創新現行的行政管理時充分結合目標，注重管理的穩定性不和時間操控難度，在責任到位，集中突破上進行必要的配置創新和機構創新。

（三）注重創新行政管理的實施方案

行政管理的實施方案是管理的核心，是管理的關鍵所在。不論哪種管理，都涉及具體方案的內容與形式。制定方案必須有管理的目標、主題、中心、計劃、措施等內容，有具體詳盡的評價或考核的績效指標。依據企業的不同規模與發展狀態，行政管理的實施方案也各有不同。實施方案的制定必須從企業的實際出發，在創新方案時，首先要分析和把握目標，圍繞目標中心進行方案的制定，提出有價值的創新性要求、標準、執行等明確的規定；其次，要充分運用信息以及相關資料，做好方案的制定，尤其要對相關行政管理的不同形式運用與效果進行分析，重在方案選擇的創新與創新性地利用信息資源；再次，運用系統分析等方法，經篩選，在多方案的基礎上，形成具體方案，同時準備好管理的預案；最後，要落實目標的執行者（責任者），迅速形成執行的班子、機構、體系等，盡快展開工

作。行政管理的實施方案在形式上可以是條文式，也可以是章條式或其他形式，其核心在於通過創新，使其可信、可行，內容實在，操作快捷，科學與先進特徵比較突出。

(四) 行政管理結果分析的創新

行政管理結果分析是在基本執行完政管理的實施方案後，對行政管理的運行情況、出現的問題等進行必要的總結和分析，總結經驗教訓和得失，為下一個行政管理方案或下一個行政管理過程提供借鑑和參考。管理結果分析就是管理績效的分析，方法較多，如績效的對比、績效的演繹、績效的因果關係推理等。對結果的創新分析，要通過管理績效看方案的實施是否符合科學原理和管理規律；結果是否正確，是否具有可比性、啟發性、前瞻性；結果是否在結合實際需求的基礎上，對未來的管理提供了借鑑或科學的預測，對下一個方案的制定、調整、組合是否提出了創新性的新措施，新目標。行政管理結果分析以績效為基點，其創新還要注重分析不同的績效的層次，為創新提供管理的重要參考，採納、吸收先進的管理模式，提升管理水準。同時，充分利用績效資源，創新三個管理的核心內容，即利於構成和強化管理系統或管理運行機制，充實、壯大管理內涵；創新在管理中人力資源的科學配置與充分利用；創新管理結果的內涵，進一步開發其潛質，充分運用管理的績效優勢、要素、績效利用、績效的效益分配等全面提升現有的企業行政管理。

目前，中國的企業行政管理還相對落後，一些管理還存在死角與空白。行政管理的滯後對企業行政管理的影響，以及對管理水準的切實提高問題沒有真正得到解決。因此，非常有必要針對目前企業行政管理存在的問題進行定位性的創新思考。

（一）切實解決國家對企業行政管理的指導、監督等相對滯後的問題

企業管理多種多樣，包括質量管理、能耗管理、領導管理、勞動管理等，有章可循、有法可依的已經不少，但企業的行政管理至今沒有一個可以在全國範圍可供不同企業進行管理參考的規範文本，沒有企業行政管理的專門指導機構。同時，國家相關機構、部門對企業的行政管理沒有提供具體可以參照執行的法規性文件，使不少企業盲目地以某些國外企業或國內企業的行政管理模式為參照，制定自身的行政管理規範文本，因而出現不少問題。

若國家可以對企業行政管理提供及時的指導與監督，就會切實解決不少企業存在的行政管理問題：以國家對企業行政管理的有效監督與保證體系，強化企業行政管理的有效監督與指導；以先進的企業現代行政管理理念、觀點、思想、行為打破封閉、摒棄僵化，創新現有的管理方法或模式；以規範性的行政管理文本、指導性文件，建立企業自身行政管理的資料、文本等檔案資料庫，深化一般的行政辦公系統的日常行政管理；建立行政管理的績效體系，形成高效的運作系統，保證管理的創新性與持續性；以具體舉措，解決企業為追求經濟效益的最大化縮編減員、管理人員以及管理機構設置沒有充分到位的問題；推廣現代企業行政管理比較成熟的理論與實踐成果，積極推進企業行政管理的理論與實踐創新；以更為科學的資源配置搞好行政管理的要素利用，尤其要突出人力資源和績效資源在管理中的優勢，等等。

（二）注重對現代企業行政管理的探索與研究

企業現代行政管理是企業現代管理的主要體系之一，在管理中的地位舉足輕重，不可替代。企業現代行政管理的內涵極

為豐富，空間極其巨大，前景非常廣闊，是現代管理永恆的課題，其理論與實踐的系統化、機制化、科學化也為我們進一步探索與研究提供了各種契機。雖然企業現代行政管理的探索與研究面大題廣，但我們可以在其基本面上選定一些方向或課題：利用現代管理理論與實踐，創新性地進行管理目標、方案、執行、績效階段性的創新或對某一階段進行創新；利用已有的研究成果，積極吸收其成果優勢，進行深度有拓展性的創新；利用客觀上具有重要意義的課題、具有管理學術價值的課題，選擇從未探索過的課題、選擇管理領域裡的熱點課題等進行創新；利用個人主觀能力選擇自己有見解的課題、有能力完成的課題、有研究興趣的課題、有條件實現的課題等進行創新，等等。進行探索與研究還要瞭解總體情況，確定研究方向，利用突出矛盾、疑難問題進行課題或專題研究。在探索與研究中，還要注重創新運用管理課題等的邏輯方法。如歸納與演繹、分析和綜合、抽象到具體、具體到集中等。還要注重運用創新性思維，如注意運用發散性思維和集中性思維的結合、思維 NM 法與綜攝法的結合、假設法與太略法的結合，等等。這樣，我們才可以做好選題，才可以取得課題或管理項目的重大突破。

(三) 創新先進手段完善現代管理

運用現代行政管理的先進手段完善管理主要表現在：一是整體性管理必須充分到位，目標清楚，責任明確；二是管理準確、規範，符合現代管理的客觀要求；三是管理措施科學、嚴謹、操作性好，借鑑性強，應用可靠；四是要強化管理隊伍的建設，提高其綜合素質以適應現代管理的要求；五是變枯燥管理為形象管理，即在管理中見績效，在管理中見親情，在管理中學科學，在管理中做能人。如可以運用目標管理循環模式，即把管理項目進行「A＋B＋C＋D…N」的循環，並進行交叉運作，利用其交叉點進行管理的績效考核。此外，企業還可以創

新「梯次性管理模式」，即將管理各要素進行程序組合，按其計劃、實施、評估等環節分別設立不同環節模塊，按績效脈線進行連結，從而再進行縱橫交叉，構成多維、立體的漸進過程模式；可以運用「蛙式跳躍模式」，即明晰每個設立的環節或內容後，各自進行不同運作，如直接在實現 A 環節後跳躍到 B 環節，再到 C 環節等，由此進行跨越，最後進行管理與績效連結，等等。

(四) 充分做好行政管理的階段性分析

做好行政管理的階段性分析要方法得當，從分析中找經驗、看差距，對各種管理指標的分析要力求準確；對管理總體發展各個階段要有比較清醒的認識；較好地把握管理分析的方法；對管理方案的具體各項指標的成因、發展趨勢、最後結果都要做到心中有數。企業立足於對管理的階段性分析四要素。階段性分析立足點要體現這樣幾個方面：其一，分清階段的不同管理重點，把握對主要階段的深度分析；其二，提出階段的不同特點、要素優勢、存在問題等，對不同階段進行比對與選擇，及時進行階段的更換、補充、完善；其三，參照績效成果，對階段進行創新，以此階段推動彼階段，形成階段聯動，提升整個管理層次，改變相應結構，充分做好管理資源的合理與優勢配置；其四，建立不同的階段模型進行選擇，確定最佳管理方式進行階段性管理等。

(五) 注意創新行政管理的實施方案

實施方案表現著管理工作的核心，決定著管理的實質內容。實施方案的創新要注意層次推進和意義連接，要步驟明晰、內容清楚。方案先實施什麼，後實施什麼，如何進行佈局等，都要予以充分注意。實施方案要逐一展開，切忌不顧條件地匆忙實施、匆忙落實、匆忙下結論，切忌在落實中前瞻後顧，左搖右擺，顧慮重重。從創新角度看，尤其要注重創新性方案的選

擇,如選擇是以穩定漸進的平面推進方案還是選擇競爭特徵較強的有一定跨度的縱橫式方案;要注重方案落實所需要的人員、機構等管理資源的科學配備,力求做到資源的最大化利用和最有效的利用,突出可操作性,堅持科學化,才有可能真正提高方案的利用率;要在方案的執行中因地制宜,以人為本,注重相關環節或內容的創新、管理水準的創新、管理手段的創新和方案執行績效的創新。

(六)創新行政管理的方法或技巧

有效的現代企業行政管理離不開創新管理的方法或技巧。創新方法和技巧,要立足於務實、高效,可選性和可行性突出,尤其是對一些專業性較強的管理項目,更要注重方法恰當,處置合理,運作富有新意。創新管理方法或技巧的基本參考要素是:首先,注意方法或技巧的選擇與運用,以新思路、新辦法突出其新、準、深;其次,創新的管理方法或技巧不宜隨意改弦更張,朝三暮四,一經選擇和執行,就要堅持下去,盡快成型,突出特色;再次,依據現代管理的方法論和不同的管理技巧,尤其要注重其運用效果和支持創新管理模式的潛在作用;最後,注重創新的方法或技巧對管理理論和實踐的雙向促進作用,利用創新性資源影響管理其他要素的運用,最終促成管理整體質量的提高。

(七)創新性地調動管理人員的能動積極性

以人為本,是充分調動管理人員的工作積極性的前提條件。從人力資源科學開發與配置、人才競爭機制的建立、人本管理的激勵模式等要素來看,人的能動性對企業現代行政管理起著領軍作用,是管理的第一要素和最寶貴的動力。創新性地調動管理人員的積極性應該注意以下基本的幾條:一是愛護員工,充分尊重他們的人格、工作權利,關心他們的生活與工作狀況,

突出管理的人情味，親情感；二是注重對管理人員的素質培養，特別是綜合素質的培養和個人能動性的積極開發與利用；三是發揚民主，真正尊重他們的主人翁地位，多傾聽他們的意見，保護他們的工作熱情與個人潛質的充分應用；四是從制度上保證管理人員的工作待遇、政治權利、民主權利，使他們有當家做主的自豪，有自己的歸屬感、依靠感、信任感；五是深化對人力資源開發利用的探索與研究，在「一切為了人」的人本管理前提下，注重人的綜合要素、個人特長等的培養，以此為管理的最根本動力和依靠力量，以和諧、親情推動整個管理工作。

現代企業行政管理是一門綜合藝術，它內容豐富，層次眾多，潛力極大，有極為優越的探索、研究與發展的前景。我們只有堅持不斷改革，對管理不斷進行補充、完善，管理工作的現代化才可以盡快實現。同樣，面對企業的現代行政管理，我們只有充分認識管理的創新性，積極創新管理的相關原理、原則，創新為全局服務的內容，創新管理的潛在動力要素，創新管理的不同模式，創新管理的運行、監督、考核、績效機制，才可能使這樣的管理有新的發展，更富有生命力。

參考文獻：

1. 周小其．經濟應用文寫作．4 版．成都：西南財經大學出版社，2009.

2. 陳才俊．現代經濟寫作．廣州：華南理工大學出版社，2003.

3. 周小其．探索與改革．成都：西南財經大學出版社，2008.

4. （美）彼得·德魯克．21 世紀的管理挑戰．朱雁斌，譯．北京：機械工業出版社，2009.

5. 閻雨．中國管理 C 模式．北京：新華出版社，2010.

構建企業和諧勞動關係的基本分析

陳正宗　　　　　　　　　　　　（成都市果品有限公司）
周小其　　　　　　　　　　　　（四川工人日報社）

[摘要] 構建企業和諧勞動關係的基本要素及現實意義，以及企業工會在構建企業和諧勞動關係中的獨特作用，使我們對構建企業和諧勞動關係的現實與未來發展有了更多創新性的思考。

[關鍵詞] 企業　和諧勞動關係　思考

中圖分類號　D412.6　　文獻標示碼　A

企業是現代社會發展的重要組成部分，是現代經濟發展的重要基礎。在構建和諧社會的工作中，企業作為和諧社會的一個重要組成部分，也是構建和諧社會的必然要素。企業的發展狀況，尤其是勞動關係是否和諧，影響深遠，事關國家經濟發展和社會穩定大局。如何構建企業和諧的勞動關係，進一步以和諧關係促進企業發展，由此成為重要的研究課題，有著極其重要的現實意義。

企業是構建和諧社會的重要成員，擔負著社會和諧的重要使命。構建企業和諧的勞動關係，已經成為企業穩定發展、社會和諧進步的一種重要標誌。實踐證明，企業具有穩定和諧的

勞動關係，既是構建社會主義和諧社會的必然要求，也是企業做大、做強的根本保證。

(一) 構建企業和諧勞動關係的基本要素

配合得適當和勻稱就是和諧。企業和諧的勞動關係，即指企業領導者、管理者、生產者創造物質或精神財富時所構成的適當和勻稱的關係，即和睦相處、相互協作、相互依靠的關係。它反應出人和人或人和事之間具有的某種性質或特定內容的聯繫，相互作用、相互影響。

人、財、物是構建企業和諧的勞動關係的基本要素。這三個基本要素關係密切，缺一不可，互動性極強。當三個要素處於相對協調、相對穩定的狀態時，就可以調動其他綜合要素，構成要素總和，推動企業各種關係的和諧，特別是穩定的勞動關係的形成，可以固化企業的穩定面，激活企業潛力並產生強大的發展後勁。

1. 人與人之間的和諧是構建企業和諧勞動關係的根本保證

企業領導者、管理者、勞動者共同組成了企業員工隊伍。他們都在不同的崗位上進行著自己的勞動。由於這三者存在著法人與自然人、領導與被領導、管理與被管理的關係，所以必然會出現不同的事實勞動關係。同時，三者也存在著個人經濟地位有高有低、任職有大有小、技能有強有弱、素質有高有低的種種差距，實際上擴大了企業勞動關係的內涵和層次，增加了不確定因素。加上企業生存環境的改變、社會經濟發展的狀態變化等對企業的影響，必然導致企業勞動關係出現多變性和不確定性。

人與人之間的和諧決定著企業勞動關係的和諧，也是構建企業整體和諧與社會和諧的最重要的保證。它主要表現在以下方面：

第一，人是企業最寶貴的資源，最富有活力與價值內涵，在企業資源諸如資本、資源、土地等中居於首要地位，是最寶貴的生產力要素。人的素質、人的能動作用的發揮、人與人的關係狀態，決定著這種資源的開發和利用，決定著人本效率的數量與質量狀況。人力資源的合理開發與配置，支撐著人與人的關係基礎，是構建企業和諧的重要前提。

第二，在人與人之間和諧關係的積極作用下，建立現代企業制度、實現改制、吸收新技術、開發新產品、擴大再生產、完善行銷等一系列工作可以順利進行，企業由此可以力爭經濟效益的最大化、綜合效益的系統化，體現企業的創造價值，實現企業的自我完善，增長企業的綜合實力。

第三，在人與人之間和諧關係的積極作用下，企業自身的組織建設得以順利進行。企業黨政工各組織各司其職，職責明確，責任到位，步調一致，協調協作，互動互為，從思想上、體制上、組織上、執行上為企業的全面發展提供了極好的施展平臺。

第四，在人與人之間和諧關係的積極作用下，企業領導者、管理者、勞動者的關係相對融洽，互動效果明顯。領導者依照國家相關法律法規，注重科學的人性化管理，尊重員工的人格與尊嚴，注重其勞動價值、勞動報酬與各種利益分配；管理者承上啓下，注重管理的科學性、系統性、先進性，在管理中緊緊抓住人這個根本要素，以調動人的積極作用、最大限度發揮人的主觀能動作用為己任，積極協調上下關係；勞動者可以及時反應各種問題，表達心聲，訴求願望，提出需求，有心情舒暢的勞動環境。

第五，在人與人之間和諧關係的積極作用下，企業與員工具有更多創新思維、先進理念，更具現代意識，接受新事物、新觀念、新技術、新經濟的週期明顯縮短，吸收、消化、利用的進程進一步加快，其結果是企業發展成為充滿活力的現代企

業，員工成為企業高素質的「現代人」。

2. 企業的財是構建企業和諧勞動關係的標誌物

財，即錢和物的總稱。企業的財，即資本。從財的基本概念和基本功能詮釋，企業的財主要體現在企業的資本之上。企業的財即為企業的資本。企業資本多指錢的部分，企業資本是否雄厚，決定著企業的規模；資本的走向，預示著資本運作形態；資本的變化，表現著資本的效益狀態。資本作為重要資源，對構建企業和諧勞動關係的作用亦不可低估。由於企業資本存在多變性、風險性，因此它的波動性特徵對企業影響極大，運作不當，亦存在著反作用於構建企業和諧勞動關係的負面效果。

企業資本是構建企業和諧勞動關係的第二要素，其能動作用非常明顯。

其一，在資本的物質作用下，資本總量的大小會直接影響企業和諧關係的構建。從經濟角度看，當資本運作擁有數量和質量優勢的時候，巨大的經濟槓桿作用得以充分發揮，可以為企業的其他資源提供資本保障，進行資源的優勢轉換，實現多資源的優勢配置。而企業所構建的和諧的勞動關係，資本在其中起到的「後勤保障」作用，是其他資本無法替代的。這種後勤保障作用的大小強弱以及走向與配套，能動價值體現非常充分，可以直接作用於構建企業和諧勞動關係，對其產生重大影響。如對企業員工勞動報酬的影響、勞動福利的影響等，涉及面比較廣，無論是正面的或反面的作用都直接快速，後果延續性非常明顯。

其二，資本在相當程度上可以體現企業的經濟運行狀況，揭示出企業的潛在實力。在企業構建了和諧的勞動關係後，它還可以突出企業和諧的勞動關係的經濟特徵，可以反應出和諧勞動關係的一些重要參考指標。如企業員工總收入狀況，股份制企業中的股份運行情況，領導者、管理者、勞動者對資本的擁有量等。所以，資本是企業和諧關係的重要「促成劑」和

「凝固劑」，是構建企業和諧關係不可缺失的積極要素。

其三，企業資本動態運行特徵決定了它對企業構建和諧勞動關係的「推動」或「滯後」的經濟動力、牽引力的大與小。同時，它不太穩定的要素變化，容易和也具有動態特徵的勞動和諧關係直接產生互動。勞動關係不穩定和諧，會造成企業效益下降，極易使企業資本出現「空轉現象」，即通常講的企業資金緊張，資金鏈條斷裂情況。這樣，資本構建企業和諧勞動關係的第二要素的作用會明顯減弱與異變，可能對企業勞動和諧形成負面的互動，是企業在處置和諧勞動關係時要予以充分考慮的。

3. 企業的物是構建企業和諧勞動關係的風向標

物，在廣義上即指東西，包括金錢、生活資料等。企業的物，既有物質的含義，又有物資的意思，並在一定的條件下存在特指性、專項性。如企業員工的勞動報酬、企業的一些固定資產、企業發放的勞保用品、員工節假日加班補貼等。從物的實際使用和特性看，我們可以比較廣義地把企業的物視為企業資本中的物的那一部分，一般指可供使用和保留的各種物資。企業的物包含著三個基本的形態，即物品、物種、物耗。那麼，企業的物資為什麼被視為企業構建和諧勞動關係的第三要素呢？其基本點就在於它是構建企業和諧勞動關係的風向標。

首先，企業的物資與企業資本有密切關係。在一定程度上，企業物資可以視為企業資本的「物化形態」，反之可以視為企業的「固化形態」。企業物資內涵豐富，種類繁多，並且與企業員工關係極為密切，是企業員工非常關注的東西。此外，從其要素角度看，員工擁有物資的多與少，質量的高與低，價值的大與小，常常會體現出員工的勞動價值、實際報酬、企業對自己的承認度、相容度和信任度。員工可以借此進行參照、比較，從中看到自己在企業的實際地位。

其次，企業物資是構建和諧勞動關係的最直接的「催化

劑」。它體現在：一是物資是和諧關係的重要建築材料。不管我們這樣構建或那樣提倡，企業的任何員工，包括領導者、管理者、勞動者，都會在物資的實際所得中掂量人與人之間的關係，據此在一定的範圍內審視和諧關係。二是人們會根據自己的物資的收入的實際狀況，隨時對和諧關係作出某些反應，並且把這種反應變為一種行動，通過行動來表達自己的某些願望和訴求，就會直接作用於固有的和諧關係，引發和諧勞動關係的轉變，這種風向標的表現非常明顯。

再次，企業物資客觀的保障性為構建企業和諧勞動關係提供了非常重要的物質基礎。它可以優化企業固有的分配制度，形成企業的激勵機制；可以鼓勵員工積極參與企業各項工作，充分發揮人的能動作用，豐富企業的現代制度；可以調整、補充、完善和諧的勞動關係，鞏固成果，形成企業和諧長效的機制。

最後，同企業資本一樣，企業物資在不斷更新和豐富的進程中，會反應出企業構建和諧勞動關係的物質與精神的內在聯繫，揭示出和諧勞動關係的客觀物化需求。這些可量化、可預測的指標有助於發現和研究企業和諧勞動關係的需求規律，從而進一步形成這種關係的有效運作系統。

(二) 企業構建企業和諧勞動關係的現實意義

構建企業和諧勞動關係，意義重大的標誌之一就是可以直接反應企業構建企業和諧勞動關係的現實狀態以及狀態可能的發展趨向。無論從怎樣的角度或層面看，它所產生的積極作用以及深遠的影響，都值得我們去進一步探討和研究。

1. 現代社會發展需要企業構建和諧的勞動關係

和諧促穩定，和諧促發展。和諧對社會發展具有不可替代的作用。在現代社會，科學化、社會化和系統化的分工與合作，構成了現代經濟發展的多樣性、豐富性和先進性。在現代科技、

現代信息、現代知識三位一體的巨大作用下，社會的結構、形態、方式都發生了翻天覆地的巨變。尤其是現代科技與現代信息推動的現代經濟發展勢頭十分強勁，引發的新興產業革命，對社會各個層面、各種關係結構、各種理念、觀點、思維等，提出了新的變革要求。其中，構建新型的社會和諧勞動關係已成為一個極為重要的課題。

現代社會發展需要企業構建和諧的勞動關係。它的意義在於：一是社會發展需要穩定與和諧的勞動關係作為發展的堅實平臺。沒有這一基礎，其他關係則無從談起。二是社會化的和諧勞動關係，不僅是現代社會政治、經濟、文化等發展的動力源，並且可以通過這種關係的確立，促進社會性的生產、資源、開發、分配等，協調關係，促進協作，互助共進，以社會關係的集約化優勢，進一步組合生產力，實現綜合資源的合理配置與科學利用。三是企業和諧勞動關係放大的社會和諧勞動關係不僅是社會發展的動力源，而且可以作為關係範本或參照，使現代社會綜合性的諸多關係有整體性提高，形成國家自身的關係優勢，從整體上提高國家綜合實力和民族素質。

2. 企業發展離不開構建和諧的勞動關係

企業是國家的寶貴資源，是國家發展的重要基礎。從企業自身發展看，它作為一種法定責任主體，擔負著對國家、對自身多重的內外責任，要以企業經濟效益的最大化和自身的穩定發展為己任，責任與任務雙管齊下，工作非常繁重。同時，企業又常常是熱點、難點問題的多發地，一些社會性矛盾可能會隨時在企業身上凸現出來，稍不注意，就可能出現矛盾的集中爆發，引起嚴重後果。基於此，企業構建和諧勞動關係勢在必行，有利無弊，可以及時發現問題，消除矛盾，克服阻礙，促進企業順利發展。構建企業和諧勞動關係的根本性優勢表現在四個主要層面之上：其一，企業關係不順，常常集中體現在勞動關係之上。這種關係引發的問題多、難度大，一直困擾著企

業工作大局。人的穩定高於一切。構建企業和諧勞動關係可以實現人力資源優質與合理的配置,並利用建立有人性化特徵的現代制度,帶動防範預警機制,及時解決人與人之間的關係問題,人與企業的存在問題。這樣化消極因素為積極因素,有利於企業消除隱患,一心一意抓經濟,上效益。其二,有企業和諧勞動關係的保障,企業員工,特別是一線勞動者可以各盡其能、各得其所,有效增加經濟收入,明顯改善生活。其三,特別有利於企業工會強化工會法定地位,充分發揮維權與監督作用,改變觀念,強化職能,積極維護員工合法權益,促進企業健康發展。其四,有利於企業引入新思想、新概念、新技術、新機制,縮短與國內外先進企業的差距。與此同時,構建企業和諧勞動關係有利於企業加快所有權與經營權的分離研究;有利於企業行政與工會所形成的「資方」與「勞方」新構架的探索以及企業工會與企業的工資協商制度的建立;有利於企業領導者作為企業家以及培育企業家階層的研究;有利於企業工會進行工會職業化的探索;有利於企業社會主義政治民主建設;有利於企業真正確立現代制度,形成企業經濟效益與發展壯大的綜合性長效機制。

　　企業工會依據國家法律法規的明確規定,作為獨立的具有法人資格的組織,享有法律法規所賦予的權利與義務,並根據《工會法》、《勞動法》、《企業工會工作條例》等相關的法律法規開展工作。企業工會在維權、監督的主導作用下,積極參與企業各項工作,因而,構建企業和諧的勞動關係,既是工會長期的工作目標,也是促進企業工會工作系統化、規範化和科學化,從而發揮工會在構建和諧勞動關係中積極作用的積極舉措。毋庸置疑,工會代表著企業員工的根本利益,維護著員工的企

業主人公地位，是構建企業和諧勞動關係的中堅力量。企業工會需要構建企業和諧勞動關係，是其基本職能決定的。工會需要構建企業和諧勞動關係以充分發揮獨特作用，是其性質決定的。

(一) 構建和諧勞動關係是企業工會履行職能、維護員工利益的重要動力

從維護員工利益看，企業員工是企業發展的最重要的依靠對象，而企業工會是工人階級的群眾性組織，代表員工的利益，對維護員工合法權益起著不可替代的作用。工會在以維護、建設、參與和教育為內容的四項基本職能指導下，可以在積極參與構建企業和諧勞動關係的工作中強化維權、參與、監督的作用：一是積極維護員工合法權益，關心員工疾苦，更切實更主動地為員工為員工分憂解難辦實事，擴大維權工作內容，提高維權工作質量。二是可以提升工會參與企業各項工作的數量和質量，在企業生產、經營、管理、決策等事務中發揮更大作用，尤其是在企業現代制度建設、企業實現整體性跨越等重要工作中強化工會的參與力度。同時，工會可以從中不斷加強自身建設，打造出富有凝聚力、戰鬥力的新型員工隊伍，為企業的發展提供強有力的人力資源支持。三是工會可以在構建企業和諧勞動關係的工作中，加強民主建設，加強職代會建設，加強民主進程建設，在監督中落實責任，在監督中保證質量，在監督中促進民主，在監督中評價總結。工會維權、參與、監督不僅增加了工會的責任感和使命感，並且可以處理好企業的各種責任與利益關係，實現員工利益和企業發展的有機統一。

(二) 企業工會在構建和諧勞動關係中的重要作用

企業工會是員工利益的代表者、維護者、監督者，在企業具有的特殊地位與職能，決定了工會構建企業和諧勞動關係的

獨特角色。

1. 參與制度建設，構建民主管理

企業制度建設是企業發展的基本動力之一。企業制度的先進性、可行性、科學性，可以為企業的發展提供強力保障，是企業發展的重要資源。企業工會可以依據法定地位和工會的承擔的責任，依靠企業員工豐富的人力資源優勢，通過參與、干預、監督等手段，利用職代會組織形式，在企業制度的建設中發揮積極作用。此外，企業工會還通過加強企業民主制度建設，運用民主管理等多種形式來切實維護員工合法權益，突出企業員工的主人翁地位，充實構建企業和諧勞動關係的基本內容。以此出發，工會可以更好地完善以職代會為基本內容的民主管理制度，保證企業各種制度、方案、決策等都必須交職代會確認的法定落實程序，充分突出，並維護員工參政議政、當家做主的權利。

2. 積極落實措施，強化工作力度

工會可以利用構建企業和諧勞動關係的途徑，積極參與企業各項建設，在參與範圍、監督權限、落實基點上有新的突破，真正運用參與和監督的有效行為來深化構建和諧勞動關係的力度：可以嚴格依照工會知情權、參與權、監督權、建議權、實施權等法定權限，加強廠務公開工作的監督，實現廠務公開向企業各基層單位的延伸；可以進一步加強職代會法定程序，積極參與企業民主政治建設，鞏固員工主人翁地位，在措施、手段、作用上強化力度，以充分的執行力確保績效；可以充分利用構建企業和諧勞動關係的契機，審視已有工作的成效，整理各項制度，繼續堅持那些實踐證明是正確的制度；對以前制度中一些不夠完善、不夠妥當的地方，及時作出修改或調整，並逐步完善起來；迅速建立由於各種原因沒有建立的制度，而黨和國家的大政方針、法律法規乃至上級的各項規定又要求建立的制度；可以加強對企業建立現代制度建設、研究和參與力度，

在企業現代制度的建設中，根據工會工作目標、要求，結合員工利益保證等具體項目進行大膽創新，積極推進，增加工會法定權限、工會作用、員工地位等課題的持續性探索並有所突破。

3. 利用構建和諧勞動關係提高工會現有工作實效

工會可以利用構建企業和諧勞動關係的重點，以自身職代會、工會代表的組織資源優勢，堅持平等協商基礎，堅持從員工的實際出發，積極推動不同類型的勞動合同制度的建立。工會從構建和諧關係大局出發，可以在三個基本職能上發揮更為獨特的作用：確定集體合同原則、內容和標準，確保平等性、連續性、實效性和可操作性，提高合同的簽訂率和員工滿意率；建立健全更科學、更先進的平等協商機制和集體合同制度。工會可以在不斷實踐中探索與研究勞資協商談判制度、企業「資方」與「勞方」形式的探索與研究、工會與企業共同推進的工資協商制度等現實性的運作，在目標、模式、效果等不同階段上進行充分設計與預測；建設代表企業員工與企業進行協商、談判，搭建新的勞動制度平臺，在進一步鞏固工會法定地位，發揮工會更大作用、切實依法維護員工利益、積極參與企業各項建設上搞好工會資源配置，在動能上做好運行準備。從工會現實工作要求出發，工會要提高現有的工作實效，就要在現實基礎上審視工作勢態，切實做到：現有的工作目標實現程度；具體工作內容的項目實施效果；工作優勢與不足所在；亟待解決的相關問題；工會人員目前的精神狀態及個人的能動作用發揮效果；等等。

4. 注重和諧勞動關係的資源開發，促進企業文化建設

企業工會可以憑藉構建和諧勞動關係進行積極創新，充分利用人力資源、勞動資源、獨特的工會資源等進行協調運作，首先要改變思維，轉換觀念，協調關係，積極開拓，以創新、獨特、先進、務實的工作塑造形象，提高威信，真正成為員工

的代表者和知心人。在這樣的基礎上,工會要積極利用構建企業和諧勞動關係的綜合性要素優勢,進一步加強企業文化建設。

企業文化是體現企業內在層次、意識、素質、理念等的綜合體,會深刻反應企業的經營思想、行為規範、價值觀念,因而也是企業形象、企業公關、企業形象等的真實寫照。企業文化強調人的能動作用,提倡人的精神開拓,對企業以及員工存在著潛移默化的影響和滲透。企業工會歷來重視企業文化發展,一直是倡導這種文化的主角。在構建和諧勞動關係的作用下,工會參與建設企業文化的作用必將更為明顯。工會可以利用企業文化的滲透性、全面性、獨特性,積極干預企業生產經營的全過程,提升企業各項工作的「文化值」和工作效益的附加值,使各項工作更具內在力、吸引力;可以用企業文化的各種形態優勢開展工作,調動員工的積極性和創造性,使勞動關係的和諧理念更深入員工人心,達成共識,更好地把握企業和諧勞動關係的價值標準和深刻內涵,以和諧的氛圍,助推勞動關係的和諧;可以利用和諧的勞動關係,鞏固企業文化建設的構架,改變現有運行模式,調整建設項目,進行要素的優質配置等。企業和諧勞動關係也是企業文化建設的重要內容,兩者關係密切,互動性極強,共生效果極佳,完全可以實現作用、績效等的對接,具有良好的操作條件和運行前景。

構建企業和諧勞動關係對促進企業發展,完善企業保障體系,建立企業現代制度,保證企業經濟活力,增強企業綜合實力,形成綜合性的長效機制意義非常深遠。它不僅是企業物質與精神的一次相互配置、相互作用的有機結合,也是先進理論與具體實踐一種相互運作,相互印證的有益嘗試。從構建企業和諧勞動關係長效機制的長期性、穩定性、先進性需要,以及構建全社會的現代和諧需要,我們必須對企業和諧勞動關係繼

續深入研究，不斷創新，不斷開拓，在理論與實踐兩個方面取得突破性進展。

(一) 必須重視構建企業和諧勞動關係對社會和諧建設的基礎作用

構建企業和諧勞動關係是構建社會和諧關係，實現社會和諧的一個重要的有機部分。企業在社會政治與經濟發展、國家經濟建設、綜合國力增長中處於不可替代重要的地位，那麼，企業所進行的構建企業和諧勞動關係的具體工作成效，必將直接影響到和諧社會的建設。因此，我們必須要站在相當高度上，以創新性的認識，新的思維來領悟企業構建和諧勞動關係深刻內涵，從而真正把握社會和諧建設的旋律與真諦、核心與關鍵，實現社會的真正和諧。

1. 企業和諧勞動關係是社會和諧精神實質的濃縮反應

企業是社會的一個組成部分。企業具有的社會性、結構特徵、結構內容、組成形式等，都帶有社會一定的特點。此外，企業也受到社會明顯模式的影響、制約，企業由此被人們習慣看成是社會的一種縮影，是一個「小社會」。這樣，企業構建和諧勞動關係，必然要體現出一些社會的特徵，反應出社會的部分內涵，其構成形態、內在要素、具體內容等，是社會和諧的一種濃縮，也類似一種社會和諧的版本「複印件」，使之成為了構建社會和諧關係的重要基礎

2. 企業和諧勞動關係是社會和諧的重要前提與範本

構建企業和諧勞動關係也是在構建社會和諧關係。因為社會和諧關係是由無數個企業和諧關係組成的。企業實現和諧，必然增加社會的和諧，構建企業和諧關係的成功經驗、構建方式、具體方法等成了構建社會和諧的重要前提。這種前提最大的特徵就在於它的可比性、參照性、價值性，具有極大的「前

視鏡」作用。所以，在很大程度上，企業的和諧關係所形成的機制、體系或系統，實際上成了生活和諧關係的重要範本，也成了構建社會和諧關係的必備要素，成了基礎性的必有之物。

3. 企業和諧勞動關係的成效將直接影響社會和諧建設的成效

企業的穩定會促進社會的穩定，反之亦然。企業構建勞動和諧關係的成效對社會的影響非常大，並且具有放射性特徵。換言之，如企業的員工隊伍穩定，具有內聚力與向心力，上下同心同德，團結一致，就等於實現了和諧社會的穩定；企業建立現代制度，就是對社會現代化的有力補充；企業形成良好的內外發展環境，就意味著社會環境的又一改善；等等。我們必須要高度重視構建企業和諧勞動關係的持續性和成效性：不能割裂企業和諧勞動關係和社會和諧關係的必然聯繫；不能完全以社會和諧關係替代企業的和諧勞動關係；更不能忽視企業構建和諧勞動關係的重要工作，不指導、不監督、不關心、不過問。

4. 企業和諧勞動關係的結果為社會和諧的建設提供了寶貴的資源儲備

企業既是社會的重要組成部分，又是社會發展的一種寶貴資源。從經濟發展角度看，我們習慣於看重企業的各項經濟指標，看重企業的經濟效益，把企業看成是社會經濟效益的一部分和貢獻者。這樣看無可非議，因為企業的核心就是以經濟建設為中心，獲取最大經濟效益來支持社會經濟發展是企業的最大使命。但是，我們往往在重視企業經濟成果的時候，忽視了企業的其他資源的配置與利用，沒有看資源綜合性利用所帶來的綜合效益的潛在價值。構建企業和諧勞動關係，我們看到了企業人力資源的重要性、寶貴性，提倡現代社會的人性化管理，我們才又重視了「企業人」在勞動關係中的能動作用。基於此，

我們必須注重企業綜合性資源的開發與利用，更要注重構建企業和諧勞動關係所帶來的資源配置與利用的積極成果。我們可以看到：企業構建和諧勞動關係既有物質資源的利用，又有精神資源的利用，形成和諧的領導關係就是企業多種資源的科學配置與合理使用。我們必須重視：企業所構建的和諧勞動關係是一種綜合性的寶貴資源。企業穩定，社會就穩定，本身就說明了這種資源的價值。結合社會和諧建設，企業的和諧勞動關係已經是社會和諧建設的可用、可比的必備資源。

(二) 必須注重構建企業和諧勞動關係對社會發展的推動作用

企業構建企業和諧勞動關係既然是社會和諧的重要基礎，那麼，它必然對社會和諧建設有著強大的推力。它主要表現在兩個基礎性方面。

1. 企業和諧勞動關係是一種寶貴資源，有極高的參照率和利用率

企業和諧勞動關係具有資源多樣化、綜合性優勢，其要素多元，可利用率極高，是社會和諧建設的重要推力；企業和諧勞動關係就是社會和諧建設關係極為密切，是社會和諧建設的一個有機部分；企業和諧勞動關係是社會和諧建設的一種必然，使之成為社會和諧建設寶貴的資源；企業和諧勞動關係對社會和諧建設具有極高的參照率和利用率，也對社會和諧建設具有積極促進、積極鋪墊、積極組合的作用。沒有企業和諧勞動關係，就沒有社會和諧建設已為實踐所證明。

綜上，我們必須進一步改變觀念，充分認識到企業和諧勞動關係對於社會和諧建設的助推力作用。當然我們更要登高一步，看對到整個社會發展的積極作用。

2. 構建企業和諧勞動關係對現代社會發展的貢獻

從政治建設看，構建企業和諧勞動關係為現代社會與現代

企業的民主政治建設、思想構建、意識形態建設等提供了極好的參考文本。從構建現代社會看，它為社會的綜合性發展提供了多種配套，已具有系統性的儲備優勢。如領導者、管理者勞動者三者新型關係的確立、勞動分配及最佳形式、勞動集體合同到引入協商與談判機制等，都可以運用到社會和諧關係建設之中成為極好的利用對象。從現代文化建設看，在企業和諧勞動關係基礎上，企業文化與社會和諧的文化建設將更為緊密，兩者互補性、共存性、共創性非常明顯。從現代法理角度看，它必然會積極推進法治建設，催生更多新的法律法規來適應社會發展的需要，及時解決一些熱點、難點問題，從而維護社會和諧建設成果，反之亦鞏固了企業構建企業和諧勞動關係的實效。總之，我們無論從怎樣的角度、層面、階段來看，構建企業和諧勞動關係的綜合性基礎作用與提供的重要推力，已經深刻地揭示出它的巨大發展潛力，與現代社會發展息息相關，其「樣板」作用常常可以舉一反三，為現代社會發展提供了特殊參照和特別的範本，充實了現代社會發展的要素組合與利用，促進了現代社會發展的資源整合，具有特別的意義，也作出了特別的貢獻。

(三) 必須深刻認識構建企業和諧勞動關係對企業發展的後繼性保障作用

構建企業和諧勞動關係所表現出來的先進性、可行性、科學性優勢不言而喻。針對企業發展的長期性、複雜性，我們必須要注重這種關係的後繼保障作用的延續，引導企業順利進行更深入的各項改革。

1. 構建企業和諧勞動關係實現了人與企業發展的統一

人與企業的高度統一就是一種和諧，是企業實現自身發展目標的基本保證。重視人的綜合價值開發與利用，發揮人的潛能，提升人的能力運作等，在相當程度上協調了人與企業、人

與人之間的關係,解決了企業必須面對又必須解決的問題。對企業尤其是勞動密集型企業,隨著經濟體制的改革和生產經營規模的擴大,勞動關係會變得更加複雜多變,不可預測的因素增加。企業必須依據穩固的和諧勞動關係進行人力資源的科學配置,使勞動關係步入良性循環,發揮出持久的協調與平衡作用。因此,我們必須要重視構建企業和諧勞動關係的發展後勁,在持久性、先進性上下工夫以繼續發揮積極作用,積極維繫並鞏固人與企業的統一和諧形態。

2. 創新新形勢下的企業和諧勞動關係

企業和諧勞動關係的優勢之一,就是為企業經濟發展保駕護航的效果非常明顯。對企業和諧勞動關係進行更多思考,更多實踐,可以使企業進一步提高綜合資源的高效利用,盡可能地激活企業的生產要素,明顯提高企業的現代管理、現代經營與現代發展的水準。同時,創新的和諧勞動關係,還可以縮短提高企業核心競爭力的週期,促進企業的潛質開發與利用,提高企業整體綜合素質,最大限度地挖掘潛力,壯大企業經濟,從而獲得最佳經濟效益和社會效益。從這個意義上說,創新對企業和諧勞動關係的未來走向、表現形態、發展模式等具有積極意義。創新體現在人與企業關係和諧的進一步創新,即人與企業合二為一,人本效能的極大發揮;體現在企業人力資源與企業其他資源的綜合效率的極大提高;體現在企業文化建設、管理、經營的不同創新,帶來的明顯經濟效益和社會效益;體現在企業工會資源的極大開發與極大利用,員工地位的明顯鞏固與提高;體現在企業和諧勞動關係自身的持續性、先進性延伸和在創新中的不斷提高。

3. 以企業和諧勞動關係保證企業創新現代企業制度

企業現代制度創新,如股份制的確立、企業經營權的落實、企業自主權的進一步擴大等已實效顯著,企業的生存與發展的內部與外部環境已經得到極大的優化。當前,如何通過創新真

正實現企業所有權和經營權的分離，一直是企業體制改革的核心所在。構建企業和諧勞動關係為兩權分離提供了新的運作思路，為企業責任主體的法定確立與法定責任，提供了新的參考。此外，在企業現代制度的作用下，企業所構建的和諧勞動關係可以承上啓下，利用創新力，可以為企業現代經濟的良性循環、企業家群體的培育、企業工會職業化走向、企業員工現代素質的提高、企業建立更為公開、公平、公正的勞動協商、談判機制等，都可以憑藉創新力進行有力的支撐、補充與提高。

（四）深刻認識構建企業和諧勞動關係對企業工會創新發展的重要作用

企業和諧勞動關係是一項綜合工程，包含著企業民主建設、法律保障等重要內容，對企業工會的全新發展所提供的新思路、新要求和新契機非常明顯。企業工會以此為支撐，改變形象，明確責任，強化職能的作用變成為一種必然。

1. 促進企業工會自我優化

構建企業和諧勞動關係的實踐證明，它對改變企業工會思維，引入全新意識和先進理念具有積極的推動效果：可以切實改變一些企業工會存在的「官本位」思想，「行政化」與「機關化」傾向；改變職能方式及工作效率，克服照本宣科被動工作的「幫手」、「協調」的現象；改變企業工會工作人員個人素質不高，綜合能力低下的狀態；改變機構不順，關係不清，責任不明的情況等，真正促進工會的自我完善，切實提高能力，承擔工會建設重任。

2. 強化工會法定權利和法定責任

企業工會可以憑藉構建和諧勞動關係進一步明確工會的法定權利和法定責任，在法定範圍內維護自主權，在企業黨組的支持下，真正地獨立開展工作，行使工會權利與義務，承擔責

任、開發潛能，真正發揮工會的作用；在維權內容、方法、體制上進行創新，在知情權、組織權、參與權、監督權、執行權上走出新路子，創造性地發揮群團組織的先進作用。

3. 保證和促進工會工作績效

企業工會按照科學發展觀要求，可以緊緊依靠和諧的勞動關係的強大後勁，遵循創新規律化、合法化、實效化的原則，以階段性的重點、難點問題為依託，進行創新突破，建立和鞏固和諧勞動關係的長效機制。如強化員工民意表達、民主參與、民主監督管理機制的新形式、新途徑；以合同或契約的形式強化企業三方勞動關係，同時，鞏固勞動爭議預警和調解機制，在勞動關係形態的預測、預報、預防上研究新的調解、協作、處理方式，及時化解矛盾，真正解決問題等。

4. 提高工會的理論與實踐能力

企業工會可以利用構建的和諧勞動關係充實新理論與新實踐，進行新課題的探索與研究。如對工會職業化改革的必要性、重要性、可行性與科學性的思考；企業行政與工會兩權分離，最終形成企業「資方」與「勞方」關係的必要性、重要性、可行性與互動性的研究等。提高企業工會理論與實踐能力，可以充分利用一些熱點課題、疑難問題、典型事例進行分析，從中找到規律，發現定理，創新理論，創新實踐模式，以理論和實踐為依託，在執行與運作中提高兩個能力。

構建企業勞動和諧關係是企業資源的一種全新開發，模式新，內在強，具有極大的可操作性和生命力，對企業的生存和發展具有特殊意義。我們在構建企業勞動和諧關係並發揚光大，是深化經濟體制改革和政治民主建設的需要，是現代企業發展的需要，更是現代社會的建設需要。因此對構建企業勞動和諧關係進行更深入的剖析，注重成員作用延伸性的發揮，同樣具有特殊的意義。隨著企業勞動和諧關係的長期化、規律化、科學化的構建和鞏固延伸性的進程發展，構建企業勞動和諧關係

的工作必將百尺竿頭更進一步，現代社會的和諧關係也必將如日東升，進一步展示出把國家做大、做強的燦爛前景。

參考文獻：

1. 喬健．新一輪結構調整下的中國勞動關係及工會的因應對策．中國人力資源開發，2003（9）．

2. 郭震遠．建設和諧世界：理論與實踐．北京：世界知識出版社，2008.

3. 中國企業家聯合會，中國企業家協會課題組．中國企業勞動關係狀況分析與對策建議．工業企業管理雜誌社，2004.

4. 魯虹，葛玉輝．論企業和諧勞動關係構建．中國論文聯盟，2009.

5. ［英］埃比尼澤·霍華德．明日的田園城市．金經元，譯．北京：商務印書館，2002．

深化企業制度建設的創新認識

楊　珣　　　　　　　　　　　　（中鐵八局集團昆房公司）
周小其　　　　　　　　　　　　　（四川工人日報社）

［摘要］堅持對深化制度建設的創新性認識，注重制度建設基本途徑的創新，深化企業制度建設的創新原則和創新制度建設的保證機制，以及堅持企業制度建設的長期性與有效性，是深化企業制度建設的重要保證。

［關鍵詞］企業　制度　建設

中圖分類號　C939　　　文獻標示碼　A

深化企業建設一直是中國現代企業建設的一項重要工作和一個戰略性的重大舉措，也是中國改革事業的重點所在。在企業進行的體制改革、機制轉換、抵禦經營風險、可持續發展舉措等不同階段的改革進程中，企業還面臨經營權的進一步深化與所有權的進一步探索，以及企業制度的進一步建設三大重要任務的改革重任。其中，深化企業制度建設的戰略意義重大，對企業文化建設、經營、管理舉足輕重，引領性和指導性作用極為明顯，已成為現代企業發展的首選目標，也是企業發展的重要研究課題。

企業是社會發展的一個有機部分，是社會發展的一個重要

基礎。企業制度建設在一定程度上也反應著社會制度的建設，體現出社會發展的一些深刻內容和發展意識，是社會發展的寶貴動力。因而，企業制度建設在新的發展時期、新的發展條件下，建設的內涵、目標、模式、績效等已有了明顯的演繹，形態已具有更深刻的意義，促使企業不斷創新認識，以全新的觀念、思維和行為豐富企業發展內容，從而全面提高自身素質。

(一) 企業制度建設的模塊化發展

按照慣常思維，制度建設的基本意義是：突出制度建設是企業各項建設的根本，由此肯定從嚴治政、全面加強管理一直是企業發展極為重要的工作。沒有一套嚴格的、較為完善的、行之有效的規章制度作保證，企業發展則無從談起的重要性。顯然，這些比較粗淺的意義已經不能適應現代企業制度建設的更多要求，不能體現更多創新性的舉措與內涵的延伸，並且在制度建設上出現的一些形式主義與教條主義傾向，對企制度建設的持續性認識與科學化、機制化運作形成了明顯阻礙。

事實上，在企業制度建設中，企業制度建設模塊化的進程已經越發明顯，它不但推動了制度建設的創新模型或運行模式，並且形成了新思維與觀念，不斷優化原有的制度建設目標、形式與績效。這些基本模塊主要有：企業建設的法定依據與執行模塊；共同遵守的規程或行動準則的確立、建設、執行模塊；文化建設、管理與經營的綜合模塊；企業物質與精神建設的模塊等。在企業制度建設的層面上，這些制度建設的模塊，在積極的信息作用下，已經創新性地改變了企業制度建設的平面形態，那些單調的、單線的、常常孤立且沒有制度績效反饋的制度建設正被更為科學的、先進的模板式建設所替代。模塊的有機結合於互動性，使企業制度建設立體化、多維發展化，並且實現了模塊之間的意義、執行、協作、評價與績效的連結。模塊化發展推動企業制度建設，具有的先進性、科學性與可行性，

這必然導致企業制度建設的內涵演化與外延形式的變化，是企業制度從制定到執行管理的進步。依據企業制度建設的文化模塊，就可以構建自身的建設系統，以精神文明建設、員工素質建設、黨建文化建設、工會文化建設等為子系統，進而構成綜合性極強、綜合要素明顯、執行保證可靠、連結互動先進的立體性系統，並且還可以利用此系統與彼系統，如與企業管理制度建設互動，共同構建出企業制度更大的系統，由這些系統構建企業制度科學的、先進的運行機制，進行高效的制度創新與制度執行。

(二) 不斷創新制度建設的表現形式與執行內容

企業制度建設的表現形式與執行內容依照一般的歸納，企業黨組依據黨委、支部等組織形式，強調黨組的先進性建設，即領導班子建設、突出黨風廉政建設、基礎組織的創先爭優建設、黨員的思想與自律建設等執行內容；企業行政依據各科室、基層生產單位等組織形式，強調生產研發建設、管理多項建設、經營體系建設、經濟效益建設等執行內容；企業工會依據工會的各分會、基層工會，工會小組等，強調員工主人翁地位建設、職代會建設、員工權利維護建設等執行內容。此外，還有一些具體常見的，如為貫徹某些文件、指示，提倡某些精神，開展某些活動而設立的機構、宣傳班子等所進行的制度建設。這些在一定歷史條件下形成企業制度建設的形式和內容，作用不小，但仍然存在著相當的局限，已難以適應企業建設的需要。因而，不斷創新制度建設的表現形式與執行內容，便成了企業制度建設的一個創新面，已明顯影響著企業制度建設的實效。目前，在企業制度建設中，結合形式與內容創新的表現在：一是形式與內容的多樣化增加了制度建設的可信性、可行性與豐富性，為企業制度建設提供了極大的意義空間，是以前所沒有過的；二是企業制度建設不再是簡單的、被動的、自上而下的單執行

形式或單內容，不是制度的制定者與執行者單線的關聯，而是一種積極的互動，更強調雙向運作，相互作用；三是形式與內容更多依靠現代信息社會的信息傳播、利用，特別是信息的反饋來雙向內外結合，即企業內部領導者、管理者、員工群體的結合，企業外部與現代社會發展進程的結合，已經在相當意義上將企業視為一個整體，將自身視為社會的一個元素，融入了現代社會的發展潮流，成為社會發展的一個積極因素；四是形式與內容所依賴的表現與執行手段，為企業制度建設提供了創新性的模式或範本，對積極開發企業自身制度建設資源，積極吸收先進制度與先進經驗，具有極大的借鑑作用，也會從整體上推進企業制度建設；五是形式與內容已經越來越突出人與制度建設的關鍵作用，更加注重人力資源綜合要素的充分利用，同時，也更強調人本文化的建設來穿插和豐富企業制度建設內容，對人與制度、制度與企業的創新關係做了相當的詮釋。

　　毋庸置疑，企業制度建設是企業各項建設的根本，需要我們進一步深化，保證制度建設科學化、系統化，形成制度建設的良好環境，構建並不斷完善制度建設的長效機制。這就要求對企業制度建設的基本途徑進行不斷創新，從基本途徑上保證制度建設圓滿實現既定目標。

(一) 創新制度建設的行為規範

　　企業制度建設實際上也是一種企業自身的「法定行為」，是保證企業正常運行的基本要素之一。企業依法制定規章制度，是法律賦予的權利。企業制度建設的行為規範的基本原則是：任何企業進行制度建設必須要符合國家相關的法律法規精神，要符合併體現相關的政策內涵；要符合相關的法定程序和內容，使之具有法律效力；要在不斷的自我完善、自我補充中發展壯

大，從而構成其長效機制。企業的制度建設，其最大特徵就是具有規範性，並通過規範約束人的行為，實現企業與人的健康發展。所以，企業制度建設從制度的基本途徑出發，進行基本途徑的創新是提升制度檔次、質量的可靠手段。在這樣的前提下，強調創新企業制度建設的行為規範就要在三個方面予以充分創新：其一，企業制度建設在國家法原則的制約下，必須符合制度建設的基本原則，並對這些原則進行綜合性要素組合。創新在於緊緊依靠新法新規，依據法定的新內容進行創新性理解，理解企業自身制度建設內容。創新的核心是擴大企業制度建設的現有途徑，充分理解法定文本內涵，以內涵的創新性、新穎性來豐富企業制度的行為規範。其二，利用企業管理要素優勢，在制度管理上創新行為規範。以規範的管理取得行為規範的績效，實現管理—人的能動發揮—績效三環節的互動，引領管理進一步拓展規範途徑。其三，緊緊依靠實踐的檢驗，對行為規範的目標、執行、實效進行檢驗，在驗證中分析成效，在總結裡自我提高，以行為規範考核、評價具體參數或指標，在體現制度的先進性、完備性、可行性與科學性上評價創新績效。

(二) 創新制度建設中的人力資源效率

企業實現發展戰略目標要依靠企業制度的有力保證。這個保證過程會伴隨著企業文化、管理和經營狀況的不斷優化而不斷創新。在這個循環過程中，制度建設要發揮顯著作用，就要確保人力資源效率的運用效率。人力資源是企業第一要素和最寶貴的動力資源，對企業制度建設的績效起著決定性的作用，是創新企業制度最根本的源頭。企業人力資源的效率直接作用於制度建設，其創新的要素在於：人力資源運行並作用於企業文化、管理與經營等不同系統的制度建設，居於核心地位。人作為制度制定者、執行者和考評者，與制度休戚相關，密切交

融，人的能動性發揮常常可以決定制度效果。在這個基點上，要創新人力資源相關要素、創新人力資源開發利用等，並通過企業制度的績效形態表現出來。人力資源效率已是制度建設績效的保證，兩者的互動形態非常緊密，即創新制度建設要依靠人力資源要素的發揮，人力資源的效率要在制度中體現。創新的關鍵就在：一要確立企業制度建設中人力資源的決定性作用，並將這種作用不斷進行創新性設計與運作；二要在要素密切配合和充分發揮上積極進行創新，力求獲得制度創新的最佳表現、最佳模式、最佳效率、最佳利用。

(三) 制度建設要創新制度的調整力度

選擇怎樣的制度進行建設，決定著制度建設的方向和運作效果。不同經濟體制或構架下企業，會有不同的側重點。在宏觀制度建設框架下，有的企業根據發展需要、轉制需要等，會在一定時期內，側重於強化局部的建設以適應現實需要。企業制度建設要在建設過程中不斷進行調整，才能提升固有的制度建設成果，這一理論已在實踐中得到了充分體現。制度建設創新調整的力度，要抓住方向性和局部性兩個基本面，進行有效調整：第一，要明確制度建設大方向，堅持企業制度建設總體佈局或整體規劃，根據企業的發展特徵、建設需求等，對制度建設的總體系和總系統進行鞏固，在大方向的調整上做到鮮明、突出、有特色，有個性；第二，要利用局部建設補充、完善、提高整體建設水準，使總體建設達到一個新的高度；第三，創新調整力度還在於積極消除制度執行的牽制因素，實現整體與局部相對平衡，充分發揮其互動作用、協調作用來搞好制度的一體化建設與局部重點建設；第四，要對創新調整力度進行不斷地研究，不斷實踐，積極進行大膽探索。如創新調整的幅度比率研究、創新調整力度的潛在要素、調整力度對局部與全局的潛在影響，等等。

(四)制度建設要創新制度建設的績效利用

企業制度建設的一個遞進條件,就是制度的先進性、可科學性決定了制度發展的可行性與長期性。在新的形勢下,不斷出現的新問題、新矛盾、新觀念、新思維,會給企業制度建設帶來不少研究與開發的新課題。注重企業制度建設的績效利用因而尤為重要:首先,創新績效利用要有良好的前提條件。它可以真實反應出制度建設所取得的績效,是企業制度建設整體效率的集中體現,存在著較大的利用空間,具有科學性、可選性、可信度與可操作性。其次,創新制度建設績效的利用,必須要反應企業絕大多數員工的根本利益,要反應出企業全體員工的意志、需求、訴求、願望、期待等具體內容,必須要創新考核評價指標,創新利用方式,突出員工主人翁地位,在公平、公正、公開的原則上,提高員工群體績效的利用率,縮小兩頭差距,穩固中間,突出大多數人的基本利益,而不是靠領導者意圖或個人意志來利用制度建設的績效。再次,創新制度建設績效價值提升的循環模式,注重績效與利用的密切關係。通過創新兩者的互動作用,實現互動補充,互動平衡,不能隨意進行自我取捨,偏重於某一個方面而忽略另一方面。最後,必須對制度建設績效價值的提升,形式、手段等的不斷總結,關注實踐檢驗的實際效果,為豐富企業制度建設績效利用提供模本、探索規律,演繹出新定律、新規律或新模式。

(五)制度建設要充分利用信息進行創新

企業制度建設,離不開信息的利用。在現代信息社會,信息的傳播、利用與反饋,對企業制度建設的支撐越來越重要。社會學家認為,信息可以明顯影響社會發展的進程,在某些階段可以誘發或制止一些重大的變革,是一把極為活躍的「雙刃劍」;在經濟學家眼裡,信息可以帶來現實或潛在的經濟動力,

是現代經濟發展的最佳「催化劑」；在心理學研究者看來，信息可以補充、改變、移植、穩定人的心理狀態，大量的心理信息，深化了人們對現代心理的探索與研究，奠定了現代心理學基礎，是心理學的「後動力」；市場學的探索者發現，一個信息常常可以左右一個市場，影響一個地區，具有高能量的「爆炸力」；等等。信息一旦被視為資源，它的利用績效為其他任何領域的利用績效所不及。

企業制度建設同樣如此，離不開大量信息的傳播、利用與反饋。它表現在：第一，信息是企業制度建設最基本的條件，任何一項制度的建立，都離不開信息的利用與反饋，並且可以形成制度建設的雙向通道，對提高制度質量，保證制度的執行力與優質評價，作用非常特殊，並且具有唯一、獨特、反覆再生利用的特性。依據信息特性，將它運用於制度建設，便有了極大的、不可替代的信息創新基礎或條件，信息工程的綜合性優勢可以充分融匯於企業制度建設。第二，信息的反饋面大，具有更多的廣度與深度優勢，可以涉及任何領域，滲透到任何地區。這樣，企業制度建設的結構特徵、內容狀況、目標質量、績效特色等都可以在信息作用下，得到普遍優化，形成企業制度建設的信息庫與運作平臺。如制度建設的績效利用，僅僅從企業員工績效利用的角度，就可以運用信息分門別類出績效利用的多個方面：員工的主人翁地位、員工的基本利益、與員工明確相關的企業工會建設、職代會作用、員工的參與權、監督權、知情權等的具體執行情況、相關法定文本，如《工會法》與《勞動法》的法定內容比對，反應員工利益的關鍵所在，等等，都可以進行組合，構建出一個制度的參照與運用系統。第三，在信息作用下，企業制度建設更具有科學性、先進性與操作性，存在著極大的開發空間，可以構建制度建設的不同板塊，創新不同運用模式，形成多元性執行體系和模型優勢，為制度建設的理論與實踐打下堅實的基礎。第四，可以充分利用信息

優勢，及時發現並解決相關問題——可以克服不少企業被動接受外來或上級「制度」或「規章」而缺乏自身創新，照本宣科地貫徹已有「指示」或「文件」導致制度建設僵化、呆板的弊端；可以保證企業制度建設的必要機構、人員等的綜合性配置，解決政出多門、責任不明、相互推諉、敷衍塞責的瀆職問題；可以進一步打破封閉，改變陳舊觀念，杜絕落後思維，積極接納科學觀念、先進思想、創新思維，可以學習、借鑑、消化、吸收自身行業或系統、國內外企業制度建設的先進經驗，可以做到吐故納新、完善自我等，保證制度的長期健康發展。

企業制度建設的原則是既要杜絕隨意性，也要防止片面性，必須堅持制度建立中的普遍性和原則性。這就是說，我們不能僅僅針對某一部分人、甚至某一個人去訂立一種「制度」，也不能僅僅針對某一件具體的事去制定一種「制度」，而必須是根據全局的需要，根據企業發展的規律性和緊迫性，有原則地建立健全各項規章制度，並且在此基礎上創新、豐富原則。

(一) 創新一切從實際出發的原則

堅持實事求是，一切從實際出發，是我們建立任何一種制度最重要、最根本的原則。如前所述，建立制度的主要目的，是為了實現依法治企、把企業做大做強的總體目標。在符合國家法律法規，符合黨中央的各項方針政策條件下，制度的建立必須要與豐富的實踐活動相結合。我們知道，任何地區、系統、單位等都存在著千變萬化的情況，這就要求我們建立的各種規章制度，必須符合本地區、系統、單位等的具體實際。

從實際出發，應該明確這樣四條具體原則：一是凡是那些行之有效的制度，實踐已經證明是正確的制度，應當繼續堅持，並使之發揚光大。二是隨著形勢的變化和發展，以前訂的制度

中一些不夠完善、不夠妥當的地方，應及時作出修改或調整，使之符合形勢的要求，並逐步完善起來。三是以前由於各種原因沒有建立的制度，而黨和國家的大政方針、法律法規乃至上級的各項規定又要求建立的制度，就一定要統一思想，迅速將這些制度建立起來。四是對建立制度的任何原則要緊緊依靠實踐，在執行中充分考慮原則的實效性、指導性和針對性，從資源開發利用的角度，原則的效率體現來建立原則的不同執行模式；從信息學角度構建制度原則的信息庫來充實原則，構成制度原則的信息體系。

依據這四條原則，我們必須把實事求是、一切從實際出發的原則作為制度建立的根本要素；必須堅持為建立各種規章制度營造氛圍，創造條件，可以充分、順利地貫徹執行；必須堅持進行及時全面的清理和進一步完善各種規章制度，如各企業自身的行政管理、黨建群工、生產技術、質量安全、環保等各項制度。由此，既保證了制度建設的連續性和繼承性，又體現了制度建設的創新性和前瞻性。

(二) 創新注重實效的原則

制度建設的關鍵是要制度管用、可行，能夠經得起實踐的檢驗，能夠深入人心，真正成為企業發展的強大動力。因此，建立制度必須要充分考慮其實際運作的總體效果，注重實效，堅持「三不能」原則：一不能制定那種大而空的制度。這樣的制度空洞無物，最容易脫離實際，難以操作，不便實踐。要符合國家法律法規精神，把中央的各項方針政策落到實處，把企業的各項任務和目標要求落到實處。制定制度必須結合實際，要考慮制度運作的實問題，就必須考慮到我們訂立的制度具體紮實、內容充分，要具備較強的可操作性，要原則鮮明，構架科學，具備較大的建設空間，有一定的前瞻性，搞好充分的調查，善於發現和運用實踐特徵，從而揚長避短，使制度縝密、

嚴實，既可以充分反應實際狀況，又可以充分引導實際，高於實際。二不能制定那種要求過高過急、脫離群眾的制度。我們知道，任何制度都是作用於人的，得到群眾的支持是制度建立的又一個原則。我們要知道，沒有群眾基礎而制定的各項其結果只能是束之高閣。制度的建立當然應具有一些超前性，但這種超前性也必須從實際出發。如經過努力仍然難以實現的目標和任務，就要等待時機，不必馬上制定，倉促執行。三是不能制定那種模稜兩可、缺乏激勵措施的制度。這樣的制度調動不了人的積極性，達不到建立制度的目的。建立制度管理，我們要的是效率、質量、效益，要的是調動各個方面的積極性。因此，我們訂立的制度應旗幟鮮明、獎懲分明，明確支持什麼，反對什麼，提倡什麼，鼓勵什麼，不能含含糊糊，要有明確的激勵措施加以體現。

(三) 堅持制度建設必須符合法定民主程序的原則

制度建設不僅要符合國家的法律法規，還要體現法定民主程序的原則。一些企業在制定規章制度時，由於不瞭解或漠視現行的法律法規和政策，致使所制定的規章制度中的某些內容出現違反法律規定而不具有法律效力的情況。如果企業依據這些內容去管理員工，一旦引發爭議，企業的行為將得不到法律支持。因此，企業各項制度的內容必須完全合法。體現法定民主程序仍是不少企業沒有予以充分重視的薄弱環節，這就要求我們必須注意：第一，企業建立的各項制度應具備法律效力。依照國家現行的相關法律法規的明確規定，制定企業的規章制度應經職工大會或職代會討論通過，不能只由企業的董事會或總經理，甚至是某個部門制定後就可以實施。第二，按現行法律法規的規定，企業的各項規章制度在制定出來後要進行必要的公示，其內容要為全體員工所知曉，否則不對員工產生效力。第三，依照企業社會主義民主政治建設的原則和企業民主制度

客觀的需要，要嚴格按民主程序辦事，還必須結合企業實際，依靠企業工會搞好制度建設的總體佈局，搞好企業員工民主參政的各項程序，充分聽取員工意見或建議，形成企業上下一體、同心同德的格局，為制度的落實積極創造穩定與和諧的環境。

企業制度建設要做到「有章可循，有章必循，違章必究」，就必須要建立可靠的保證機制，在狠抓落實制度上有所建樹；要保證制度建設機制的先進性、可行性，也要以積極創新保證機制自身的創新性建設。

(一) 積極創新宣傳教育形式

企業對制度建設的宣傳非常重要，這可以使執行者更深刻理解制度內容，認同制度的執行，追求執行的效果，使各項制度深入人心。制度執行與否、執行好壞，關鍵在切實有效的宣傳。對企業制度建設的宣傳，特別要注重宣傳的要素組合：宣傳的實效性和長期性，宣傳的新穎性和指導性，宣傳的務實性和豐富性。從實效性與時效性看，就是要注重宣傳的實際效果，員工是否真正理解認同，以及在一定時段內執行制度的預期效果；從新穎性和指導性看，要突出目標、內容與形式的創新度，並通過指導性的運作，固化制度建設的先進性與可行性；從務實性和豐富性看，要突出制度的務實求真內容，以其豐富性展示生動性，進而增強制度的感染力和吸引力。在宣傳中，突出的一個基點，就是通過深入宣傳，為教育打下基礎，使教育方式、手段、實效有了相應的保證。宣傳與教育並行，但更要重視教育的能動作用，在教育的運行中注意採取執行者喜聞樂見的形式，如專題培訓、綜合學習、座談體會、網絡講授、娛樂穿插等；注意教育的具體手段，如知識問答、階段測驗、考核比較、網絡解疑等；注意教育的評價，如實際收效、綜合評估、

總結得失等。

(二)注重企業領導者表率作用的發揮

企業領導者做好表率、躬身垂範、帶頭執行，是保證企業制度執行的重要前提。企業領導者處在重要的工作崗位，負責確定企業的目標定位、發展思想、資源配置、各種規章制度的制定等，肩負著重大責任，對企業規章制度的執行起著決定性的作用。在這種情況下，作為企業的領導者必須堅持「八不能」原則：

①不能因為自己是制度的提出者、參與者、領導者而排除對自身的約束，忽視自身的表率作用。②不能因為自身作為企業法人代表的特殊地位，借制度強化權力威信，利用制度謀權擴權，自謀私利。③不能以制度為我所用，排斥企業的民主建設，必須防止制度的「專制化」或「一言堂」傾向。④不能以制度替代國家相關法律法規的明確規定，自搞一套，自行其是，用個人行為替代企業行為、個人意志替代員工意志、個人意願替代員工意願。⑤不能以個人表率混淆領導班子的表率而作為企業全體員工的表率，要分清關係，緊緊依靠員工這個最寶貴的「生產力」，使制度全員化、科學化、長期化、系統化，富有極大的生命力和延續性。⑥不能忽視中層管理者承上啓下，既是大團隊中的一員和夥伴，又是小團隊中的領導和教練的特殊作用。他們通過各方面的工作，影響、作用於每一位員工，是落實企業制度的重要力量。因此，領導者要善於以自身的率先垂範和帶頭執行的具體行為來影響和調動他們的主觀能動性、積極性，建立企業制度可靠的「橋頭堡」和「一線陣地」。⑦不能自搞特殊，貪圖享受，作風粗俗，素質低下，能力薄弱，缺乏領導者應有的素質與能力優勢。⑧不能拉關係，定親疏，搞小集團，弄小幫派，我行我素，淡化企業黨政工關係，漠視員工隊伍，形成企業「利益體」，各自為政，唯我獨尊。

在落實制度中負有第一責任的領導幹部，應當以對企業和職工高度負責的精神，敢於堅持原則、嚴於律己，反對庸俗作風和好人主義，營造一種人人講制度、人人自覺遵守制度、在制度面前人人平等的良好氛圍。唯其如此，才能保證企業通過制度精神去實現依法治企、把企業做大做強的總體目標。

(三) 進一步完善考評體系和監督機制

保證企業制度的有效運行，判定企業制度的建設績效離不開有效的考評體系和監督機制。制度沒有考核，沒有監督，就不可能有真正的績效，也不可能保證企業的健康發展。考評與監督是企業制度建設的具體運用，也是企業民主政治建設、企業黨建、企業工會等的重要工作的延伸和深化，具有廣泛的運用價值和執行意義。企業進一步完善考評體系和監督機制要做到四個「必須」，即：必須要防止滿足於開會時的泛泛而談或制度的表面制定，忽視工作與責任的落實到位，使制度流於形式，職責被束之高閣。必須要配合制度的建立而確立制度落實的監督系統，要定期和不定期以不同的形式，對已有規章制度的執行情況進行檢查，明確職責，細化分工，保證層層分解，責任到人，以確保實現各項規章制度的真正實現。必須加強對各項規章制度及其執行情況的評價和考核，並進行必要和恰當的獎勵和懲處，才能使各項規章制度做到公平、合理的執行。要建立科學的評價機制，不僅對規章制度的落實情況進行評價，而且要對其所產生的結果進行縱橫對比、合理評價。以考評機制對各項規章制度的完整性、科學性、可操作性的綜合性評價，促進制度的進一步落實、完善。必須要把建立完善的考評體系和監督機制，保證規章制度的正確執行作為企業社會主義民主政治建設的一個重要內容，促進其體制建設，從而構成長效的保證機制。

企業制度建設是一個制定制度、執行制度並在實踐中檢驗和完善制度的動態過程，也是一個長期過程。從這個意義上講，保持對制度建設的動態性和長期有效性的清醒認識，在思想上、行動上做好必要的準備非常重要。

(一) 創新性認識制度的兩重性

一方面，制度的先進性是新生力的催化劑，可以促進企業的制度建設和發展，不斷創造新業績，產生新成果。制度的公平性、感召性是一種競爭力量的源泉，可以充分調動一切可以調動的積極因素，同時化消極因素為積極因素，增強企業的凝聚力和向心力。制度的穩定性使人們產生一種有預期心理的理性行為，促使大家更自覺地遵守和執行各項規章制度，從而真正做到依法辦企、依法治企。制度的權威性能使一個單位形成高效良好的運作秩序，有很強的組織紀律性，有很高的辦事效率，有一種積極向上、團結奮進的良好的精神風貌。

另一方面，制度的落後性會限制和阻礙新生力的發展。制度的不公平性和不完善性會挫傷廣大員工的工作熱情和積極性，制度的不穩定性會使人們無所適從，制度的混亂性和無權威性會嚴重影響企業的運作秩序。因此，制度絕非萬古不變的教條，制度建設也絕非是一勞永逸、一蹴而就的事情。我們必須不斷加強和完善制度建設，不斷發現和考察制度建設的新情況，不斷研究和解決制度建設出現的新問題。

(二) 努力提高制度建設的質量和水準

提高企業制度建設的質量和水準非常重要。調查表明：在那些重視制度建設的企業，敢於制定和運用先進的規章制度，其運作秩序就比較好，效益比較高，員工意見比較少，領導班

子的威信也比較高。反之，一些忽視制度建設的企業，由於制度建設隨意性比較大、混亂性比較突出，其運作秩序就比較差，效益比較低，群眾意見比較大，領導班子的威信也不高。這是一個帶規律性的普遍現象。

加強制度建設，加快企業發展，應當不斷地提高制度建設的質量和水準，企業在具體運行中要充分注意：第一，必須注重企業制度建設的先進性、可行性、科學性，體現出國家相關法律法規的精神實質，體現國家大政方針、相關政策；第二，必須注重制度建設的整體性與完備性，進行有計劃、有步驟地全局考慮與設計；第三，必須突出重點，重質量而不求數量，重內在而不求形式；第四，必須注重制度的執行實效，要不斷地在實踐中予以完善、補充；第五，必須注重制度建設的前瞻性，要富有創建性地制定各種利於發展企業、體現員工願望和利益的制度，使之更具有針對性和指導性；第六，必須注重制度建設的民主程序，認真聽取員工的意見、建議，凡是利於發展企業的，利於團結員工的，利於構建和諧的，利於調動積極性的，都要積極思考、積極採納，做到制度建設的集思廣益，力求實現效果的舉一反三；第七，必須注重制度建設的制度化、長期化、系統化，真正形成長效機制和制度體系。

重視制度建設，加強制度建設，是企業實現依法辦企、依法治企的一項長期性的任務。我們一定要以鍥而不舍的精神，把這一帶根本性、全局性的大事認真規劃、優化目標、完善內容、創新管理、突出績效，真正抓出成效，使企業在爭優創先中不辜負廣大企業員工的殷切期望和社會發展所賦予的績效責任。

參考文獻：

1. 劉田．企業制度建設和規範化管理之道．北京：易中創業出版社，2007.

2. 周小其．改革與創新．成都：西南財經大學出版社，2008.

3. 王榮奎．成功企業市場行銷管理制度範本．北京：中國經濟出版社，2002.

4. 閆秀敏．企業制度建設的三大走向．現代管理科學，2008.

國家圖書館出版品預行編目（CIP）資料

創新與發展 / 周小其 主編. -- 第一版.
-- 臺北市：財經錢線文化發行：崧博, 2019.12
　面；　公分
POD版

ISBN 978-957-735-953-7(平裝)

1.企業管理 2.創意

494　　108018086

書　　名：創新與發展
作　　者：周小其 主編
發 行 人：黃振庭
出 版 者：崧博出版事業有限公司
發 行 者：財經錢線文化事業有限公司
E - m a i l：sonbookservice@gmail.com
粉 絲 頁：　　　　　　網　址：
地　　址：台北市中正區重慶南路一段六十一號八樓 815 室
8F.-815, No.61, Sec. 1, Chongqing S. Rd., Zhongzheng
Dist., Taipei City 100, Taiwan (R.O.C.)
電　　話：(02)2370-3310 傳　真：(02) 2388-1990
總 經 銷：紅螞蟻圖書有限公司
地　　址：台北市內湖區舊宗路二段 121 巷 19 號
電　　話:02-2795-3656 傳真:02-2795-4100　　網址：
印　　刷：京峯彩色印刷有限公司（京峰數位）

　　本書版權為西南財經大學出版社所有授權崧博出版事業股份有限公司獨家發行電子書及繁體書繁體字版。若有其他相關權利及授權需求請與本公司聯繫。

定　　價：580 元
發行日期：2019 年 12 月第一版
◎ 本書以 POD 印製發行